达茂旗气象服务手册

Damao Qi Qixiang Fuwu Shouce

林琳 主编

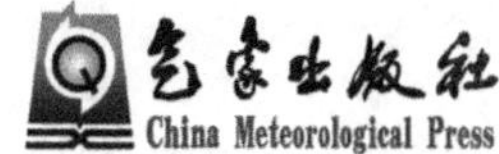

图书在版编目(CIP)数据

达茂旗气象服务手册/林琳主编. —北京:气象出版社,2014.11

ISBN 978-7-5029-6056-8

Ⅰ.①达… Ⅱ.①林… Ⅲ.①气象服务-达尔罕茂明安联合旗-手册 Ⅳ.①P451-62

中国版本图书馆 CIP 数据核字(2014)第 268712 号

Damao Qi Qixiang Fuwu Shouce

达茂旗气象服务手册

出版发行:气象出版社

地　　址:北京市海淀区中关村南大街 46 号　　**邮政编码**:100081

总 编 室:010-68407112　　**发 行 部**:010-68409198

网　　址:www.qxcbs.com　　**E-mail**:qxcbs@cma.gov.cn

责任编辑:黄菱芳　胡育峰　　**终　　审**:周诗健

封面设计:符　赋　　**责任技编**:吴庭芳

印　　刷:北京京华虎彩印刷有限公司

开　　本:787 mm×1092 mm　1/16　　**印　　张**:13.875

字　　数:337 千字

版　　次:2014 年 12 月第 1 版　　**印　　次**:2014 年 12 月第 1 次印刷

定　　价:39.00 元

《达茂旗气象服务手册》编著组

主　　编：林　琳

编著人员：张永贤　敖登其木格　张路平

前　　言

无论是人类社会的早期，还是科学技术已取得长足进步的今天，人类的生产与生活都与气候有着密切的关系。气候作为自然资源和自然环境的重要组成部分，是人类生存、经济发展和社会进步的基本条件之一。气候的任何变化将对自然生态系统、经济社会发展等产生重大影响。当今世界面临着人口膨胀、资源有限和环境恶化三大问题的严重困扰，如何合理开发利用气候资源，保护气候环境，防御天气和气候灾害，已成为人类社会普遍关注的问题。对本地区气象历史数据进行系统的统计分析，“摸清家底”，揭示本地气候状况和变化趋势，合理使用气候指标，在农牧业、能源、交通、建筑等对气候较为敏感的领域挖掘气候资源潜力，既可获得较大的经济、社会和生态效益，又可预防天气和气候灾害，对于经济社会的可持续发展具有重要意义。认识、掌握本地气候是科学安排部署农牧业生产的前提和基础，是提高气象服务针对性、有效性的基本途径，在气候规律指导下组织实施气象灾害防御工作，更具有主动性、超前性和根本性。

本书系统地统计、分析了达茂旗 1961—2010 年各类气象要素和灾害性天气现象，揭示了达茂旗气候特征及变化趋势，提出了农牧业生产建议，调查、汇总了部分农牧业气象服务指标，可为相关部门制订发展规划或计划、调整农牧业产业结构、开展气候可行性论证、开发利用气候资源以及组织开展气候灾害防御等工作提供参考依据，也可为相关管理人员、科技人员和气象服务人员了解有关背景资料提供帮助。

本书由林琳执笔编撰，张永贤、敖登其木格、张路平等同志在资料普查和统计等方面做了大量工作。

目　　录

前言
第1章　概　　述 …………………………………………………………………… (001)
　1.1　地理地貌和气候概要 ………………………………………………………… (001)
　1.2　资料来源 ……………………………………………………………………… (002)
第2章　四季划分及气候特征 …………………………………………………… (003)
　2.1　四季划分 ……………………………………………………………………… (003)
　2.2　四季气候特征 ………………………………………………………………… (003)
第3章　冷空气活动 ……………………………………………………………… (006)
　3.1　定义 …………………………………………………………………………… (006)
　3.2　冷空气活动时空分布 ………………………………………………………… (006)
　3.3　冷空气带来大风、沙尘和降水的概率 ……………………………………… (014)
　3.4　冷空气造成降温最大幅度和最长连续日数 ………………………………… (016)
第4章　降水分布 ………………………………………………………………… (019)
　4.1　定义 …………………………………………………………………………… (019)
　4.2　降水量空间分布 ……………………………………………………………… (020)
　4.3　降水量时间分布 ……………………………………………………………… (020)
　4.4　年降水量 ……………………………………………………………………… (021)
　4.5　月降水量 ……………………………………………………………………… (022)
　4.6　日降水量 ……………………………………………………………………… (024)
　4.7　最长连续降水天数、最大连续(过程)降水量和连续降水时段最大降水量 …… (026)
　4.8　最长连续无降水日数 ………………………………………………………… (028)
　4.9　降水量年际变化 ……………………………………………………………… (029)
　4.10　降水保证率 …………………………………………………………………… (030)
　4.11　降水强度 ……………………………………………………………………… (031)
　4.12　不同形态各级降水量时空分布 ……………………………………………… (032)
　4.13　不同形态各级降水初终日期、出现日数及降水量 ………………………… (034)
　4.14　各形态各级降水日数、降水量和百分率 …………………………………… (047)
　4.15　积雪初终日、积雪日数及最大积雪深度 …………………………………… (049)
第5章　热量分布 ………………………………………………………………… (051)
　5.1　气温 …………………………………………………………………………… (051)
　5.2　地面和地中浅层土壤温度 …………………………………………………… (062)

5.3 冻土 …… (066)
第6章 风的分布 …… (069)
6.1 定义 …… (069)
6.2 平均风速 …… (069)
6.3 平均最大风速和极端最大风速(10分钟自记) …… (070)
6.4 各风向平均风速 …… (071)
6.5 最多风向及频率 …… (072)
6.6 风的日变化 …… (073)
6.7 日最大风速对应风向频率 …… (074)
6.8 有效风速储量 …… (075)
6.9 城市规划最佳布局 …… (075)
第7章 空气相对湿度、蒸发量和日照 …… (077)
7.1 空气相对湿度 …… (077)
7.2 蒸发量 …… (078)
7.3 日照 …… (079)
第8章 干旱气候 …… (081)
8.1 定义 …… (081)
8.2 干旱气候的主要特征 …… (082)
8.3 干旱统计 …… (083)
第9章 重要天气及天气现象统计 …… (089)
9.1 大风 …… (089)
9.2 浮尘 …… (090)
9.3 扬沙 …… (092)
9.4 沙尘暴 …… (093)
9.5 雷暴 …… (095)
9.6 冰雹 …… (098)
第10章 农事活动和作物生长期气候条件 …… (100)
10.1 气候条件对农业生产的影响 …… (100)
10.2 农事活动季节气候条件 …… (101)
10.3 无霜期 …… (125)
第11章 各月气候与农(牧)事活动及生产建议 …… (127)
11.1 1月气候与农(牧)事活动及生产建议 …… (127)
11.2 2月气候与农(牧)事活动及生产建议 …… (130)
11.3 3月气候与农(牧)事活动及生产建议 …… (133)
11.4 4月气候与农(牧)事活动及生产建议 …… (137)
11.5 5月气候与农(牧)事活动及生产建议 …… (141)
11.6 6月气候与农(牧)事活动及生产建议 …… (145)
11.7 7月气候与农(牧)事活动及生产建议 …… (148)

11.8 8月气候与农(牧)事活动及生产建议 …… (152)
11.9 9月气候与农(牧)事活动及生产建议 …… (155)
11.10 10月气候与农(牧)事活动及生产建议 …… (159)
11.11 11月气候与农(牧)事活动及生产建议 …… (163)
11.12 12月气候与农(牧)事活动及生产建议 …… (166)
第12章 近50年气候变化 …… (170)
12.1 气温变化 …… (170)
12.2 地面温度变化 …… (181)
12.3 最大冻土深度变化 …… (183)
12.4 平均风速变化 …… (184)
12.5 天气现象日数变化 …… (184)
12.6 年降水量变化 …… (186)
12.7 气候要素变化分析 …… (186)
12.8 气候变化对农牧业的影响 …… (187)
第13章 气象服务关注重点 …… (189)
13.1 灾害性天气季节分布 …… (189)
13.2 常见气象灾害及主要影响 …… (189)
13.3 四季气象服务关注重点 …… (190)
13.4 重要时段气象服务 …… (193)
13.5 气象服务产品制作流程 …… (194)
第14章 重要性、转折性和异常天气气候的气象服务 …… (195)
14.1 连阴雨 …… (195)
14.2 转折性天气 …… (195)
14.3 连续高温的开始和结束 …… (196)
14.4 倒春寒 …… (196)
14.5 阶段性干旱 …… (196)
14.6 洪涝 …… (197)
14.7 极端天气气候事件 …… (198)
14.8 其他需关注的天气或事件 …… (198)
第15章 农牧业气象服务指标 …… (200)
15.1 设施牧业气象服务指标 …… (200)
15.2 天然牧草生长气象指标 …… (202)
15.3 设施农业气象服务指标 …… (203)
15.4 大田作物气象服务指标 …… (208)
15.5 蔬菜贮藏气象服务指标 …… (210)
参考文献 …… (212)

第1章　概　　述

1.1　地理地貌和气候概要

达尔罕茂明安联合旗(简称达茂旗)位于109°16′—111°25′E,41°20′—42°40′N,东邻乌兰察布市四子王旗,西接巴彦淖尔市乌拉特中旗,南连呼和浩特市武川县、包头市固阳县,北与蒙古国接壤,国境线长88.6 km。全旗辖7个镇、1个苏木、1个工业园区,南北长160 km,东西宽150 km,总面积18 177 km^2,其中天然草牧场面积1.66×10^4 km^2,占总面积的89.5%;耕地面积120×10^4亩①,其中水浇地面积19.8×10^4亩。总人口12.04万人,其中,少数民族1.83万人(蒙古族1.73万人),是包头市唯一以蒙古族为主体、汉族占多数、多民族聚居的边境少数民族地区。

达茂旗地处大青山西北内蒙古高原地带,地势南高北低,缓缓向北倾斜,其间丘陵、低山、丘间盆地、波状高平原交错分布。南部属丘陵区,中、西部有低山陡坡,北部属高平原台地,间有开阔原野,平均海拔1 367 m,最高点为哈布特盖吉苏敖包,海拔1 846 m,最低点为腾格淖尔,海拔1 058 m。主要山脉有文公山、白云鄂博、哈拉敖包、巴什哈拉敖包、巴特尔敖包等。

达茂旗远离海洋,深居内陆,大陆度为72,干燥度为2.10,大于或等于10 ℃积温为2 571.6 ℃·d,气温年较差为36.3 ℃,年降水量为236.6 mm,暖湿气流到达已是强弩之末。受温带天气系统、副热带天气系统和极地天气系统的影响,形成中温带大陆性半干旱与干旱气候;特点是:冬长夏短,四季分明,气候多样,寒暑变化强烈,气温较差大,无霜期短,干旱多风,降水量少且年际变化大,日照充足,有效积温多,蒸发迅速。春季升温迅速,干旱少雨,多大风沙尘天气,素有"十年九旱,年年春旱"之称,冷暖空气活动频繁,昼夜温差大,"早穿皮袄午穿纱"是其主要特点;夏季短促温热,降水集中,全年降水主要集中在7月和8月;秋季降温急剧,秋温低于春温,霜冻来临早,"一场秋风一场凉""一场秋雨一场寒"是其生动写照;冬季严寒漫长,降雪少,极地冷空气频繁南下,时有寒潮暴发,造成大风降温天气。

表1.1　达茂旗各地气候指标

	白云鄂博	百灵庙	满都拉	希拉穆仁
纬度/°N	41.46	41.42	42.32	41.19
大陆度	71	73	73	71
干燥度	1.71	1.85	3.21	1.44

① 1亩≈666.67 m^2

续表

	白云鄂博	百灵庙	满都拉	希拉穆仁
≥10 ℃积温/(℃·d)	2 365.2	2 683.6	2 984.2	2 253.4
年降水量/mm	243	252.9	167.8	282.6
气温年较差/℃	35.5	36.7	37.4	35.7

1.2 资料来源

文中采用的气象观测数据全部源于达茂旗境内 4 个国家气象站(分布在白云鄂博区、百灵庙镇、满都拉镇和希拉穆仁镇)1961—2010 年地面气象观测历史资料。

第2章　四季划分及气候特征

2.1　四季划分

根据达茂旗自然生态系统特征、农事活动、物候现象，选用日平均气温稳定在5～20 ℃为春季，大于或等于20 ℃为夏季，20～5 ℃为秋季，小于5 ℃为冬季。具体划分详见表2.1。

表2.1　达茂旗四季划分(1961—2010年)

		春季	夏季	秋季	冬季
平均	初日(日/月)	22/4	5/7	31/7	9/10
	终日(日/月)	4/7	30/7	8/10	21/4
平均历时天数/d		74	26	70	196
最早	初日(日/月)	3/4	15/6	18/7	26/9
	终日(日/月)	14/6	17/7	25/9	2/4
最短历时天数/d		50	12	46	173
最晚	初日(日/月)	6/5	16/7	25/8	26/10
	终日(日/月)	15/7	24/8	25/10	5/5
最长历时天数/d		95	46	88	217

春季多年平均起止时间为4月22日—7月4日，历时74 d，占全年天数20%；夏季多年平均起止时间为7月5日—7月30日，历时26 d，占全年天数7%；秋季多年平均起止时间为7月31日—10月8日，历时70 d，占全年天数19%；冬季多年平均起止时间为10月9日至次年4月21日，历时196 d，占全年天数54%。由此可见，达茂旗冬季最长，历时半年以上，其次是春、秋季，历时2个多月，夏季最短，历时不足一个月，海拔较高地区(如希拉穆仁镇)个别年份甚至全年无夏。

2.2　四季气候特征

为便于统计分析和比较，结合达茂旗四季划分，统一以4—5月为春季，6—8月为夏季，9—10月为秋季，11月至次年3月为冬季，以此描述达茂旗四季气候特征。将4—9月定义为生长季。

2.2.1　春季气候特征

春季地面蒙古冷高压逐渐北退，高压中心气压强度减弱，白天太阳辐射强烈，近地层大气升温迅速，夜间辐射降温快，天气寒凉，昼夜温差大。北方冷空气频繁南下常形成气旋，地面低压系统活跃，常带来大风降温和沙尘天气，造成天气变化不定，气温忽高忽低，多风少雨，空气干燥，土壤失墒严重。当较强冷空气入侵时，常带来大风降温甚至寒潮天气，形成倒春寒和终霜冻，给农牧业生产造成损失。

(1)气温回升快，冷热变化剧烈

春季地面得到的热量多于支出，温度迅速回升，平均气温每10 d上升2.0 ℃。升温快有利于农作物萌芽、生长，但会加速土壤水分蒸发，加剧春旱，使春播有利时间缩短。此外，春季温度的年际变化很大，春季开始时间早晚最多可差1个月左右。

(2)多冷空气活动，时有霜冻危害

春季是冷空气频发的季节，平均每7.1 d就有1次冷空气(日最低气温48 h降幅4 ℃以上)过境，其中每17.2 d就有1次寒潮天气过程。寒潮和强冷空气入境常使已经回升的气温又急剧下降。历年冷空气入境带来最大降温幅度达24.6 ℃，最长连续降温日数达8 d，造成严重回寒和霜冻。

(3)降水变化大，春旱严重

历年降水量为3.0～87.8 mm，多年平均为25.8 mm；降水百分率为1%～29%，多年平均为11%；降水量年际变率达58%。风多风大，蒸发强烈，干旱频率达51%，在降水偏少的年份，春旱现象更加严重。

(4)多大风、沙尘天气

春季是达茂旗多大风、沙尘天气的季节，大风日数占全年的30%，沙尘天气日数占全年的49%。春季植被覆盖差，湿度小，土质干松，耕地裸露，干旱少雨时，每当出现6级以上风时，极易卷起地面尘土，形成沙尘天气，伴随尘暴、扬沙或浮尘现象，使干旱加剧。

2.2.2 夏季气候特征

夏季地面蒙古冷高压基本消失，为大陆热低压所替代，气候温和，炎热天气持续时间短。南下冷空气若与西南或东南暖湿气流相遇，可形成较大的降水，山区常可出现大雨或暴雨。由于高空输入的水汽较多，夏季降水量为全年最多，且阵性降水多。大(暴)雨、冰雹、雷雨大风等灾害性天气主要集中在夏季的阵性降水中。

(1)气温稳定，气候温热

夏季气温年际变化小，较为稳定。平均最高气温为25.7 ℃，昼间午后气候温热；平均最低气温为12.8 ℃，夜间天气凉爽。

(2)短促温热，雨热同期，降水集中

达茂旗夏季多年平均气温为19.3 ℃，最热的7月平均气温为20.8 ℃；降水量为156.3 mm，占年雨量的66%。进入夏季，副热带高压雨带逐渐北抬，暖湿气流开始活跃，降水量明显增加，大(暴)雨频次增多，除满都拉、希拉穆仁外，白云鄂博和百灵庙均出现过暴雨。山区出现的短时大(暴)雨，可引发山洪，导致河水暴涨，但危害范围通常不大，很少形成大面积的涝灾。

(3)多阵性风、雨、雹天气

夏季大气层结极不稳定，常有小股冷空气入侵，阵性风、雨、雹天气较多。多年平均大风日数为14.1 d，占全年大风日数的21%，且多为雷雨阵性大风，破坏性较大。夏季还因热力不稳定，午后多雷阵雨，山区更是如此，在中、低山区和山麓地带，常有雷击和冰雹发生。

2.2.3 秋季气候特征

秋季地面大陆热低压减弱，蒙古冷高压开始建立，冷空气频繁南下，形成“一场秋风一场凉”“一场秋雨一场寒”。气温下降后，升温幅度逐渐减小，天气逐渐转凉。秋霜来得早，常使大田作物及秋菜受到冻害。

(1)天气晴朗，秋高气爽

入秋后，对流性天气大为减少，无论山区还是平原，晴天增多，阴雨天气迅速减少。晴天日数每月达 11～15 d，仅次于冬季，但空气质量远好于冬季。大风也显著减少，平均风速全年最小，日照时间长，天高云淡，秋高气爽，天气凉爽宜人。

(2)降温迅速，霜冻过早来临

入秋后，气温下降快，平均气温 9 月比 8 月低 6～7 ℃，10 月比 9 月低 7～8 ℃。9 月初寒潮开始活动，秋季寒潮次数占全年寒潮的 18%。最大过程降温幅度为 24.5 ℃，最长连续降温天数为 7 d。随着气温的下降，霜冻、降雪相继出现。

2.2.4 冬季气候特征

冬季受强大的蒙古高压控制，寒冷漫长，高空盛行寒冷干燥的偏北气流，不断有冷空气补充南下，有时伴有大风、降雪天气，造成气温频繁波动，甚至剧烈降温。多年平均冷空气(24 h 最低气温降幅 4 ℃以上)影响 21.2 次；出现寒潮天气 9.4 次，最多为 14～21 次。降雪稀少，降水量仅占年降水量的 6%，空气干燥。近地层大气常出现逆温，烟尘、灰霾聚集逆温层以下至近地面层，使水平能见度和垂直能见度都变得很差，特别是 12 月至次年 1 月期间的傍晚和早晨尤为严重。

第3章 冷空气活动

3.1 定义

冷空气是指位于低温区域的冷气团，其范围纵横长达数千千米，厚度达几千米到几十千米，多数在遥远的极地与严寒的西伯利亚形成。在特定的环流形势下，冷空气会东移南下，所经之地气温下降，天气状况随之发生变化。我们日常所关注的是呈现活动状态的冷空气，主要是水平方向上即将或正侵入本地、给人类生产生活带来影响的冷空气（只考虑 48 h 降温幅度大于或等于 4 ℃的冷空气）。每次冷空气的范围和强度不一样，造成的天气现象种类和强度不同，降温幅度有大有小。参照《冷空气等级》(GB/T 20484—2006)，将冷空气分为 5 个等级：弱冷空气、中等强度冷空气、较强冷空气、强冷空气和寒潮，详见表 3.1。

表 3.1 冷空气强度表

	24 h 降幅	48 h 降幅	72 h 降幅	日最低气温
弱冷空气		4 ℃≤$\Delta Tn48$<6 ℃		
中等空气		6 ℃≤$\Delta Tn48$<8 ℃		
较强冷空气		$\Delta Tn48$≥8 ℃		Tn>8 ℃
强冷空气		$\Delta Tn48$≥8 ℃		Tn≤8 ℃
寒潮	$\Delta Tn24$≥8 ℃	$\Delta Tn48$≥10 ℃	$\Delta Tn72$≥12 ℃	Tn≤4 ℃

注：Tn 指日最低气温，$\Delta Tn24$，$\Delta Tn48$ 和 $\Delta Tn72$ 分别指日最低气温过去 24 h，48 h 和 72 h 变化幅度。弱冷空气的定义未包含 48 h 内降温幅度小于 4 ℃的冷空气。

冷空气的主要影响是降温和刮风，有时也会带来大风和降水。刮风会带来清新的空气，稀释大气污染物，改善大气质量；降水会带来宝贵的水资源，清洁空气，增加空气和土壤湿度，改善生态环境。大范围的空气流动会平衡地表热量分布，调节大气温度差异，使某一地区不至于过冷或过热。但强冷空气和寒潮常常会带来风害、寒害、冻害、冰雪灾害和沙尘灾害，诱发呼吸道和心脑血管疾病，是灾害性天气之一。它的频繁发生不仅会造成国民经济，特别是农牧业生产的损失，而且还会对环境及人类的生产生活、健康造成严重的影响和危害。了解和掌握冷空气的活动规律，有助于做好防灾减灾工作，尽可能减少灾害性天气造成的损失。

3.2 冷空气活动时空分布

(1)年、季冷空气活动统计

达茂旗年内冷空气过境多年平均 65.2 次，历年最多 74 次，历年最少 55 次；其中南部的希拉穆仁最多，中西部的白云鄂博最少。全旗平均每 5.6 d 出现 1 次冷空气过程，其中南部的希拉穆仁平均每 6.8 d 出现 1 次冷空气过程，频率最高，中西部的白云鄂博平均每 9.1 d 出现 1 次冷空气过程，频率最低。

全旗季冷空气过境多年平均次数，春季 11.3 次，夏季 13.9 次，秋季 11.4 次，冬季 28.7 次，作物生长季 30.8 次。

从冷空气活动的频率来看，冬季冷空气入侵最为频繁，平均每 5.3 d 出现一次冷空气活动；秋季和春季次之，平均每 5.4 d 出现一次冷空气活动；夏季最低，平均每 6.6 d 出现 1 次冷空气活动。详见表 3.2。

表 3.2　达茂旗年、季冷空气活动次数统计(1961—2010 年)

		年	春季	夏季	秋季	冬季	生长季
白云鄂博	平均	40.0	7.4	7.0	7.6	18.0	18
	最多	47	11	11	10	28	23
	最少	29	5	3	4	12	11
百灵庙	平均	51.0	9.0	9.6	9.4	23.0	23.3
	最多	60	13	14	13	29	29
	最少	40	4	4	5	18	17
满都拉	平均	44.8	8.4	8.2	8.3	19.9	20.5
	最多	52	11	13	13	26	30
	最少	38	6	5	5	13	15
希拉穆仁	平均	53.6	9.7	10.5	9.5	23.9	25.1
	最多	62	14	14	12	29	33
	最少	43	3	5	6	17	16
全旗	平均	65.2	11.3	13.9	11.4	28.7	30.8
	最多	74	14	19	15	36	38
	最少	55	6	8	8	23	22

(2)冷空气活动月际分布

达茂旗各月冷空气活动多年平均次数从多到少依次为：1 月和 3 月 6.1 次，10 月和 12 月 5.8 次，5 月 5.7 次，4 月和 9 月 5.6 次，11 月 5.5 次，2 月 5.2 次，6 月 4.8 次，8 月 4.6 次，7 月 4.5 次。详见表 3.3。

表 3.3　达茂旗各月冷空气活动次数统计(1961—2010 年)

		1月	2月	3月	4月	5月	6月	7月	8月	9月	10月	11月	12月
白云鄂博	平均	3.6	3.1	3.7	3.8	3.6	2.8	2.1	2.2	3.6	4	3.9	3.7
	最多	6	5	6	6	6	4	5	5	7	6	7	6
	最少	1	0	1	2	1	0	0	0	0	2	1	0
百灵庙	平均	4.9	4.4	4.6	4.6	4.4	3.6	2.8	3.3	4.7	4.7	4.4	4.8
	最多	8	7	7	7	7	6	6	6	7	7	8	7
	最少	2	2	2	1	1	1	0	0	3	2	2	2
满都拉	平均	3.9	3.7	4.1	4.1	4.3	3.1	2.5	2.7	3.9	4.5	4.1	4.1
	最多	6	6	6	6	7	6	5	6	6	7	7	7
	最少	2	2	1	1	1	1	0	0	1	2	1	1

续表

		1月	2月	3月	4月	5月	6月	7月	8月	9月	10月	11月	12月
希拉穆仁	平均	5.0	4.2	4.9	4.6	5.1	3.8	3.1	3.7	4.9	4.6	4.8	5.0
	最多	8	6	8	7	8	6	6	7	7	7	8	8
	最少	2	2	2	2	0	1	1	1	2	2	2	3
全旗	平均	6.1	5.2	6.1	5.6	5.7	4.8	4.5	4.6	5.6	5.8	5.5	5.8
	最多	9	7	10	7	9	7	9	7	9	8	8	9
	最少	4	2	3	4	2	3	2	1	3	3	3	4

3.2.1 弱冷空气活动时空分布

弱冷空气是指地面水平方向侵入使本地日最低气温 48 h 内降温幅度小于 6 ℃的冷空气。

弱冷空气活动在稀释大气污染物、驱散灰霾、输送清新空气方面发挥着至关重要的作用。弱冷空气过境会带来和煦的清风和碧蓝的天空，有时还会带来稀缺宝贵的降水，滋润大地。

(1)年、季弱冷空气活动统计

全旗年内弱冷空气活动多年平均 46.1 次，历年最多 57 次，历年最少 37 次。全旗年内平均每 7.9 d 出现 1 次弱冷空气过程。

全旗各季弱冷空气活动多年平均次数，春季 7.4 次，夏季为 11.4 次，秋季为 8.1 次，冬季 19.2 次，作物生长季 23.0 次。

弱冷空气活动的频率，春季平均每 8.3 d 出现一次，夏季平均每 8.1 d 出现一次，秋季平均每 7.5 d 出现一次，冬季平均每 7.9 d 出现一次，生长季平均每 8.0 d 出现一次。详见表 3.4。

表 3.4 达茂旗年、季弱冷空气活动次数统计(1961—2010 年)

		年	春季	夏季	秋季	冬季	生长季
白云鄂博	平均	18.2	3.1	4.2	3.5	7.4	9.1
	最多	27	7	8	8	11	16
	最少	11	0	0	0	4	4
百灵庙	平均	18.7	3.0	5.1	3.4	7.2	9.9
	最多	25	7	9	7	13	15
	最少	11	0	2	0	3	5
满都拉	平均	17.9	3.1	4.5	3.3	7.0	9.2
	最多	28	7	7	8	13	17
	最少	10	0	1	0	3	5
希拉穆仁	平均	19.5	3.3	5.1	3.5	7.6	10.2
	最多	27	7	9	7	12	15
	最少	11	0	1	0	2	3
全旗	平均	46.1	7.4	11.4	8.1	19.2	23.0
	最多	57	13	16	14	26	29
	最少	37	3	5	3	13	17

(2)弱冷空气活动月际分布

达茂旗各月弱冷空气活动次数的多年平均从多到少依次为：1 月 4.2 次，9 月 4.1 次，10 月 4.0 次，7 月 3.9 次，3 月、5 月、8 月、11 月和 12 月 3.8 次，4 月和 6 月 3.7 次，2 月 3.6 次。详见表 3.5。

表 3.5 达茂旗各月弱冷空气活动次数统计(1961—2010 年)

		1月	2月	3月	4月	5月	6月	7月	8月	9月	10月	11月	12月
白云鄂博	平均	1.6	1.3	1.3	1.8	1.4	1.5	1.3	1.3	1.8	1.7	1.6	1.5
	最多	5	4	3	5	3	3	5	3	5	4	4	4
	最少	0	0	0	0	0	0	0	0	0	0	0	0
百灵庙	平均	1.6	1.3	1.3	1.6	1.5	1.7	1.7	1.7	1.8	1.6	1.3	1.6
	最多	5	4	4	5	4	4	5	4	5	4	4	4
	最少	0	0	0	0	0	0	0	0	0	0	0	0
满都拉	平均	1.5	1.4	1.3	1.5	1.6	1.6	1.6	1.3	1.6	1.7	1.3	1.4
	最多	4	5	3	4	4	4	3	4	5	5	4	4
	最少	0	0	0	0	0	0	0	0	0	0	0	0
希拉穆仁	平均	1.6	1.2	1.6	1.4	1.8	1.6	1.7	1.8	1.9	1.6	1.4	1.7
	最多	5	4	5	4	5	4	4	4	4	4	4	5
	最少	0	0	0	0	0	0	0	0	0	0	0	0
全旗	平均	4.2	3.6	3.8	3.7	3.8	3.7	3.9	3.8	4.1	4.0	3.8	3.8
	最多	8	7	7	6	7	7	7	7	8	7	6	8
	最少	1	1	1	1	1	1	2	1	2	1	1	1

3.2.2 中等强度冷空气活动时空分布

中等强度冷空气是指地面水平方向侵入使本地日最低气温 48 h 内降温幅度大于或等于 6 ℃并且小于 8 ℃的冷空气。

(1)年、季中等强度冷空气活动统计

达茂旗年内中等强度冷空气活动多年平均次数 33.7 d，历年最多 41 d，历年最少 25 d。全旗年内平均每 10.8 d 出现 1 次中等强度冷空气过程。

全旗各季中等强度冷空气活动多年平均次数，春季 5.7 次，夏季 6.5 次，秋季 6.7 次，冬季 14.8 次。详见表 3.6。

表 3.6 达茂旗年、季中等强度冷空气活动次数统计(1961—2010 年)

		年	春季	夏季	秋季	冬季	生长季
白云鄂博	平均	12.4	2.3	2.0	2.6	5.5	5.6
	最多	19	7	6	5	10	11
	最少	5	0	0	0	2	1

续表

		年	春季	夏季	秋季	冬季	生长季
百灵庙	平均	13.9	2.5	2.7	2.9	5.8	6.7
	最多	21	6	6	6	9	12
	最少	7	0	0	0	1	2
满都拉	平均	13.6	2.2	2.2	2.8	6.4	5.8
	最多	27	5	7	7	12	13
	最少	9	0	0	0	1	0
希拉穆仁	平均	14.1	2.7	3.1	2.6	5.7	7.3
	最多	21	7	7	5	11	11
	最少	7	0	0	0	0	3
全旗	平均	33.7	5.7	6.5	6.7	14.8	15.8
	最多	41	11	11	10	20	23
	最少	25	1	2	2	10	8

(2)中等强度冷空气活动月际分布

达茂旗各月中等强度冷空气活动次数的多年平均从多到少依次为:9月3.5次,1月、3月、5月和10月3.1次,11月和12月3.0次,2月和4月2.6次,6月2.5次,8月2.1次,7月1.9次。详见表3.7。

表3.7 达茂旗各月中等强度冷空气活动次数统计(1961—2010年)

		1月	2月	3月	4月	5月	6月	7月	8月	9月	10月	11月	12月
白云鄂博	平均	1.2	0.9	1.3	1.0	1.3	0.8	0.6	0.6	1.3	1.3	1.0	1.1
	最多	4	3	3	4	4	2	3	3	4	3	4	3
	最少	0	0	0	0	0	0	0	0	0	0	0	0
百灵庙	平均	1.0	1.2	1.3	1.2	1.4	1.0	0.8	0.9	1.5	1.3	1.3	1.1
	最多	3	4	4	4	4	2	3	3	3	5	4	3
	最少	0	0	0	0	0	0	0	0	0	0	0	0
满都拉	平均	1.3	1.0	1.5	0.9	1.3	0.9	0.6	0.8	1.4	1.4	1.2	1.2
	最多	4	3	4	3	4	3	3	3	3	5	3	4
	最少	0	0	0	0	0	0	0	0	0	0	0	0
希拉穆仁	平均	1.4	0.9	0.9	1.2	1.5	1.1	0.9	1.1	1.4	1.1	1.4	1.2
	最多	3	2	4	4	4	4	4	3	3	4	5	4
	最少	0	0	0	0	0	0	0	0	0	0	0	0
全旗	平均	3.1	2.6	3.1	2.6	3.1	2.5	1.9	2.1	3.5	3.1	3.0	3.0
	最多	6	6	6	5	6	4	6	6	7	6	7	6
	最少	1	0	0	0	0	0	0	0	1	1	0	1

3.2.3 较强冷空气活动时空分布

较强冷空气是指地面水平方向侵入使本地日最低气温48 h内降温幅度大于或等于

8 ℃,并且日最低气温在 8 ℃以上的冷空气。

(1)年、季较强冷空气活动统计

达茂旗年内较强冷空气活动多年平均 1.7 次,历年最多 4 次,历年最少 0 次。

全旗较强冷空气活动季节分布,春季多年平均 0.0 次,历年最多 1 次;夏季多年平均 1.6 次,历年最多 4 次;秋季多年平均 0.1 次,历年最多 1 次;冬季无较强冷空气活动。详见表 3.8。

表 3.8 达茂旗年、季较强冷空气活动次数统计(1961—2010 年)

		年	春季	夏季	秋季	冬季	生长季
白云鄂博	平均	0.3	0.0	0.3	0.0	0.0	0.3
	最多	2	0	2	0	0	2
	最少	0	0	0	0	0	0
百灵庙	平均	0.9	0.0	0.9	0.0	0.0	0.9
	最多	4	1	4	1	0	4
	最少	0	0	0	0	0	0
满都拉	平均	0.9	0.0	0.9	0.0	0.0	0.9
	最多	4	0	4	1	0	4
	最少	0	0	0	0	0	0
希拉穆仁	平均	0.4	0.0	0.4	0.0	0.0	0.4
	最多	3	0	3	0	0	3
	最少	0	0	0	0	0	0
全旗	平均	1.7	0.0	1.6	0.1	0.0	1.7
	最多	4	1	4	1	0	4
	最少	0	0	0	0	0	0

(2)较强冷空气活动月际分布

全旗各月较强冷空气活动主要出现在 5—9 月,其中 7 月和 8 月最多,多年平均 0.6 次,6 月多年平均 0.4 次,9 月多年平均 0.1 次,其他月份 0.0 次。详见表 3.9。

表 3.9 达茂旗历年各月较强冷空气活动次数统计(1961—2010 年)

		1月	2月	3月	4月	5月	6月	7月	8月	9月	10月	11月	12月
白云鄂博	平均	0.0	0.0	0.0	0.0	0.0	0.1	0.1	0.1	0.0	0.0	0.0	0.0
	最多	0	0	0	0	0	1	1	2	0	0	0	0
	最少	0	0	0	0	0	0	0	0	0	0	0	0
百灵庙	平均	0.0	0.0	0.0	0.0	0.0	0.2	0.3	0.4	0.0	0.0	0.0	0.0
	最多	0	0	0	0	1	2	1	2	1	0	0	0
	最少	0	0	0	0	0	0	0	0	0	0	0	0
满都拉	平均	0.0	0.0	0.0	0.0	0.0	0.2	0.2	0.4	0.0	0.0	0.0	0.0
	最多	0	0	0	0	0	2	2	2	1	0	0	0
	最少	0	0	0	0	0	0	0	0	0	0	0	0
希拉穆仁	平均	0.0	0.0	0.0	0.0	0.0	0.0	0.3	0.1	0.0	0.0	0.0	0.0
	最多	0	0	0	0	0	1	3	1	0	0	0	0
	最少	0	0	0	0	0	0	0	0	0	0	0	0

续表

		1月	2月	3月	4月	5月	6月	7月	8月	9月	10月	11月	12月
全旗	平均	0.0	0.0	0.0	0.0	0.0	0.4	0.6	0.6	0.1	0.0	0.0	0.0
	最多	0	0	0	0	1	2	3	3	1	0	0	0
	最少	0	0	0	0	0	0	0	0	0	0	0	0

3.2.4 强冷空气活动时空分布

强冷空气是指地面水平方向侵入使本地日最低气温 48 h 内降温幅度大于或等于8 ℃，并且日最低气温在 8 ℃或以下的冷空气。

(1)年、季强冷空气活动统计

达茂旗年内强冷空气活动次数多年平均 3.3 次，历年最多 7 次，历年最少 1 次。

全旗强冷空气活动季节分布，春季多年平均 0.6 次，历年最多 2 次；夏季多年平均 2.1 次，历年最多 5 次；秋季多年平均 0.6 次，历年最多 3 次；冬季无强冷空气活动。详见表 3.10。

表 3.10 达茂旗年、季强冷空气活动次数统计(1961—2010 年)

		年	春季	夏季	秋季	冬季	生长季
白云鄂博	平均	0.5	0.0	0.4	0.1	0.0	0.5
	最多	3	1	2	2	0	3
	最少	0	0	0	0	0	0
百灵庙	平均	1.3	0.3	0.7	0.3	0.0	1.3
	最多	5	2	5	2	0	5
	最少	0	0	0	0	0	0
满都拉	平均	1.2	0.4	0.5	0.3	0.0	1.2
	最多	3	2	2	2	0	3
	最少	0	0	0	0	0	0
希拉穆仁	平均	1.1	0.0	1.0	0.1	0.0	1.1
	最多	4	1	4	1	0	4
	最少	0	0	0	0	0	0
全旗	平均	3.3	0.6	2.1	0.6	0.0	3.3
	最多	7	2	5	3	0	7
	最少	1	0	0	0	0	1

(2)强冷空气活动月际分布

全旗强冷空气活动主要出现在 5—9 月，各月多年平均次数由多到少依次为：6 月 1.1 次，8 月 0.8 次，5 月和 9 月 0.6 次，7 月 0.3 次，其他月份均为 0.0 次。详见表 3.11。

表 3.11　达茂旗各月强冷空气活动次数统计(1961—2010 年)

		1月	2月	3月	4月	5月	6月	7月	8月	9月	10月	11月	12月
白云鄂博	平均	0.0	0.0	0.0	0.0	0.0	0.2	0.0	0.1	0.1	0.0	0.0	0.0
	最多	0	0	0	0	1	1	1	1	2	0	0	0
	最少	0	0	0	0	0	0	0	0	0	0	0	0
百灵庙	平均	0.0	0.0	0.0	0.0	0.3	0.4	0.0	0.3	0.3	0.0	0.0	0.0
	最多	0	0	0	0	2	2	1	3	2	0	0	0
	最少	0	0	0	0	0	0	0	0	0	0	0	0
满都拉	平均	0.0	0.0	0.0	0.0	0.4	0.4	0.0	0.1	0.3	0.0	0.0	0.0
	最多	0	0	0	0	2	2	0	2	2	0	0	0
	最少	0	0	0	0	0	0	0	0	0	0	0	0
希拉穆仁	平均	0.0	0.0	0.0	0.0	0.0	0.4	0.3	0.4	0.1	0.0	0.0	0.0
	最多	0	0	0	0	1	2	2	2	1	0	0	0
	最少	0	0	0	0	0	0	0	0	0	0	0	0
全旗	平均	0.0	0.0	0.0	0.0	0.6	1.1	0.3	0.8	0.6	0.0	0.0	0.0
	最多	0	0	0	0	2	3	2	3	3	0	0	0
	最少	0	0	0	0	0	0	0	0	0	0	0	0

3.2.5　寒潮时空分布

寒潮是指地面水平方向侵入使本地日最低气温 24 h 内降温幅度大于或等于 8 ℃,或 48 h内降温幅度大于或等于 10 ℃,或 72 h 内降温幅度大于或等于 12 ℃,并且日最低气温下降到 4 ℃或以下的冷空气。

(1)年、季寒潮活动统计

达茂旗年内寒潮活动多年平均 28.0 次,平均每 13.0 d 出现 1 次寒潮天气过程。其中希拉穆仁每 16.7 d 出现 1 次寒潮天气过程,白云鄂博每 35.4 d 出现 1 次寒潮天气过程。

全旗各季寒潮多年平均次数,春季 5.8 次,夏季 1.2 次,秋季 5.1 次,冬季 15.9 次。详见表 3.12。

表 3.12　达茂旗年、季寒潮次数统计(1961—2010 年)

		年	春季	夏季	秋季	冬季	生长季
白云鄂博	平均	10.3	2.4	0.2	1.7	6.0	3.2
	最多	17	5	2	5	14	7
	最少	6	0	0	0	2	0
百灵庙	平均	19.1	3.8	0.3	3.3	11.7	5.5
	最多	30	7	2	8	20	14
	最少	10	1	0	0	6	1
满都拉	平均	13.2	3.4	0.1	2.2	7.5	4.0
	最多	23	7	1	6	16	9
	最少	7	1	0	0	2	1

续表

		年	春季	夏季	秋季	冬季	生长季
希拉穆仁	平均	21.8	4.5	1.1	4.1	12.1	7.4
	最多	35	9	4	8	18	14
	最少	12	1	0	1	5	2
全旗	平均	28.0	5.8	1.2	5.1	15.9	9.1
	最多	40	10	4	9	22	16
	最少	18	3	0	1	9	3

(2)寒潮活动月际分布

全旗寒潮活动3月最多,7月最少。各月寒潮活动次数多年平均由多到少依次为:3月3.4次,12月3.3次,1月和4月3.2次,10月和11月3.0次,2月2.9次,5月2.6次,9月2.1次,6月0.8次,8月0.3次,7月0.0次。详见表3.13。

表3.13 达茂旗各月寒潮活动次数统计(1961—2010年)

		1月	2月	3月	4月	5月	6月	7月	8月	9月	10月	11月	12月
白云鄂博	平均	0.9	1.1	1.3	1.4	1.1	0.2	0.0	0.1	0.5	1.2	1.4	1.3
	最多	3	5	4	5	4	1	0	2	2	4	3	4
	最少	0	0	0	0	0	0	0	0	0	0	0	0
百灵庙	平均	2.6	2.2	2.4	2.2	1.7	0.3	0.0	0.1	1.3	2.0	2.1	2.5
	最多	5	5	6	5	5	2	0	2	5	4	5	6
	最少	1	0	0	0	0	0	0	0	0	0	0	0
满都拉	平均	1.3	1.4	1.5	2.2	1.2	0.0	0.0	0.0	0.6	1.6	1.7	1.6
	最多	4	5	4	5	4	1	0	1	2	5	4	5
	最少	0	0	0	0	0	0	0	0	0	0	0	0
希拉穆仁	平均	2.2	2.3	2.8	2.5	2.1	0.8	0.0	0.3	1.8	2.2	2.3	2.5
	最多	5	5	5	5	5	3	1	2	6	4	5	6
	最少	0	0	0	0	0	0	0	0	0	0	1	0
全旗	平均	3.2	2.9	3.4	3.2	2.6	0.8	0.0	0.3	2.1	3.0	3.0	3.3
	最多	6	6	6	5	6	3	1	2	5	5	6	6
	最少	1	1	0	0	0	0	0	0	0	0	1	1

3.3 冷空气带来大风、沙尘和降水的概率

(1)年、季冷空气过境带来大风、沙尘和降水天气的概率

冷空气过境带来降温的同时,往往也会带来大风、沙尘(扬沙、浮尘甚至沙尘暴)和降水(雨、雪、冰雹等)等天气。

达茂旗年内冷空气过境出现大风的概率为29.3%,其中春季最高,为50.6%;其次是夏季,为27.0%;冬季较低,为25.3%;秋季最低,为21.7%。

全旗年内冷空气侵入带来沙尘天气的概率为8.9%,其中春季最高,为27.7%;其次是冬季,为5.9%;夏季较低,为5.2%;秋季最低,为2.5%。

全旗年内冷空气影响伴随降水天气的概率为30.0%，其中夏季最高，为44.6%；其次是春季，为27.4%；冬季较低，为25.6%；秋季最低，为25.2%。详见表3.14。

表3.14　达茂旗年、季冷空气带来大风、沙尘、降水的概率(1961—2010年)　　单位：%

		年	春季	夏季	秋季	冬季	生长季
白云鄂博	大风	24.7	42.9	17.7	14.9	24.3	26.5
	沙尘	6.1	17.0	3.7	1.8	4.5	8.7
	降水	22.2	24.0	35.7	18.3	17.7	27.7
百灵庙	大风	14.0	30.2	13.3	8.5	10.5	18.7
	沙尘	4.7	16.2	2.3	0.9	2.9	7.2
	降水	17.9	20.2	28.6	14.3	14.2	22.6
满都拉	大风	23.9	40.5	26.5	17.3	18.8	29.6
	沙尘	5.7	15.2	4.4	1.2	4.2	8.1
	降水	17.7	13.3	34.5	14.1	13.9	22.2
希拉穆仁	大风	15.1	28.1	11.0	8.4	14.5	16.9
	沙尘	4.7	16.4	0.9	0.4	3.4	6.8
	降水	19.9	19.3	28.3	18.1	17.2	22.8
全旗	大风	29.3	50.6	27.0	21.7	25.3	33.8
	沙尘	8.9	27.7	5.2	2.5	5.9	12.7
	降水	30.0	27.4	44.6	25.2	25.6	35.3

(2)月冷空气过境带来大风、沙尘和降水天气的概率

全旗各月冷空气过境带来大风天气的概率4月最高，8月最低。各月多年平均概率由高到低依次为：4月53.2%，5月48.1%，6月40.2%，3月29.4%，11月29.3%，12月28%，10月26.3%，7月23.8%，2月19.7%，1月18.4%，9月16.8%，8月16.2%。

全旗各月冷空气影响出现沙尘天气的概率4月最高，9月最低。各月多年平均概率由高到低依次为：4月30.7%，5月24.7%，3月13.1%，6月8.7%，12月5.2%，11月4.8%，7月4.4%，10月3.8%，1月3.0%，2月2.3%，8月2.2%，9月1.1%。

全旗各月冷空气入侵伴随降水天气的概率7月最高，1月最低。各月多年平均概率由高到低依次为：8月47.2%，7月46.3%，6月40.7%，11月32.2%，5月31.8%，9月28%，3月26.5%，2月25.5%，12月24.2%，4月22.9%，10月22.5%，1月21.0%。

表3.15　达茂旗各月冷空气过境带来大风、沙尘、降水的概率(1961—2010年)　　单位：%

		1月	2月	3月	4月	5月	6月	7月	8月	9月	10月	11月	12月
白云鄂博	大风	18.7	19.1	30.4	44.0	41.7	26.8	12.6	11.0	10.0	19.3	25.1	25.7
	沙尘	3.3	1.9	11.4	17.8	16.1	5.1	1.9	3.7	1.1	2.5	2.1	3.3
	降水	14.3	15.9	20.1	20.9	27.2	32.6	42.7	33.0	20.0	16.8	22.1	15.8
百灵庙	大风	6.1	7.3	20.6	32.5	27.9	23.0	10.7	4.9	7.7	9.4	8.2	9.1
	沙尘	0.8	1.4	9.2	18.9	13.5	3.9	2.1	0.6	0.0	1.7	0.9	2.1
	降水	13.1	13.2	13.6	17.1	23.4	23.6	34.3	29.3	14.5	14.0	16.8	13.3
满都拉	大风	14.8	12.0	25.0	40.6	40.4	38.5	22.8	15.8	12.4	21.4	21.0	19.5
	沙尘	2.0	0.5	9.3	15.0	15.5	7.7	4.1	0.8	0.5	1.8	3.9	4.4
	降水	12.8	10.9	11.3	11.1	15.5	30.1	41.5	33.1	15.5	12.9	21.0	14.1

续表

		1月	2月	3月	4月	5月	6月	7月	8月	9月	10月	11月	12月
希拉穆仁	大风	9.2	11.1	19.5	29.7	26.7	20.1	9.1	3.3	7.4	9.5	15.0	15.9
	沙尘	0.8	1.9	11.0	20.7	12.5	2.1	0.6	0.0	0.0	0.9	1.3	1.6
	降水	10.8	16.3	19.1	15.1	23.1	23.3	27.9	33.7	17.7	18.6	23.8	16.3
全旗	大风	18.4	19.7	29.4	53.2	48.1	40.2	23.8	16.2	16.8	26.3	29.3	28.0
	沙尘	3.0	2.3	13.1	30.7	24.7	8.7	4.4	2.2	1.1	3.8	4.8	5.2
	降水	21.0	25.5	26.5	22.9	31.8	40.7	46.3	47.2	28.0	22.5	32.2	24.2

3.4 冷空气造成降温最大幅度和最长连续日数

(1)年、季日最低气温最大下降幅度和最长连续降温日数

冷空气影响造成达茂旗日最低气温下降，冬季气温下降最为剧烈，其次是春季和秋季，夏季降温幅度最小。

全旗春季24 h最大降温幅度为18.2 ℃，48 h最大降温幅度为21.9 ℃，72 h最大降温幅度为24.6 ℃，冷空气影响过程最大降温幅度为24.6 ℃，最长连续降温过程降温幅度为18.4 ℃，最长连续降温日数为8 d。

全旗夏季24 h最大降温幅度为13.3 ℃，48 h最大降温幅度为16.1 ℃，72 h最大降温幅度为15.4 ℃，冷空气影响过程最大降温幅度为16.5 ℃，最长连续降温过程降温幅度为16.0 ℃，最长连续降温日数为8 d。

全旗秋季24 h最大降温幅度为19.5 ℃，48 h最大降温幅度为21.8 ℃，72 h最大降温幅度为22.4 ℃，冷空气影响过程最大降温幅度为24.5 ℃，最长连续降温过程降温幅度为24.5 ℃，最长连续降温日数为7 d。

全旗冬季24 h最大降温幅度为20.4 ℃，48 h最大降温幅度为28.9 ℃，72 h最大降温幅度为32.9 ℃，冷空气影响过程最大降温幅度为33.6 ℃，最长连续降温过程降温幅度为30.0 ℃，最长连续降温日数为9 d。详见表3.16。

表3.16 达茂旗年、季日最低气温最大降幅和最长连续降温日数(1961—2010年)

		年	春季	夏季	秋季	冬季
白云鄂博	24 h最大降幅/℃	18.6	14.4	13.3	13.7	18.6
	48 h最大降幅/℃	20.2	16.7	13.8	16.5	20.2
	72 h最大降幅/℃	23.8	20.9	12.9	17.8	23.8
	过程最大降幅/℃	23.8	20.9	13.8	21.8	23.8
	最长连续降温日数/d	9	8	7	6	9
	最长连续降温幅度/℃	21.8	12.1	11.6	21.8	19.3
百灵庙	24 h最大降幅/℃	18.4	15.9	12.4	14.4	18.4
	48 h最大降幅/℃	22.9	20.3	14.3	18.6	22.9
	72 h最大降幅/℃	30.0	24.6	13.4	20.9	30.0
	过程最大降幅/℃	30.5	24.6	16.5	21.1	30.5
	最长连续降温日数/d	8	5	7	6	8
	最长连续降温幅度/℃	30.0	17.8	14.2	17.6	30.0

续表

		年	春季	夏季	秋季	冬季
满都拉	24 h最大降幅/℃	19.5	15.2	12.7	19.5	17.1
	48 h最大降幅/℃	20.4	19.8	14.6	18.3	20.4
	72 h最大降幅/℃	24.4	22.1	14.6	22.4	24.4
	过程最大降幅/℃	27.2	22.1	14.6	22.4	27.2
	最长连续降温日数/d	8	6	8	7	6
	最长连续降温幅度/℃	27.2	15.7	14.2	20.0	27.2
希拉穆仁	24 h最大降幅/℃	20.4	18.2	13.0	14.5	20.4
	48 h最大降幅/℃	28.9	21.9	16.1	21.8	28.9
	72 h最大降幅/℃	32.9	22.8	15.4	20.2	32.9
	过程最大降幅/℃	33.6	22.8	16.1	24.5	33.6
	最长连续降温日数/d	8	5	6	6	8
	最长连续降温幅度/℃	25.8	18.4	16.0	24.5	25.8
全旗	24 h最大降幅/℃	20.4	18.2	13.3	19.5	20.4
	48 h最大降幅/℃	28.9	21.9	16.1	21.8	28.9
	72 h最大降幅/℃	32.9	24.6	15.4	22.4	32.9
	过程最大降幅/℃	33.6	24.6	16.5	24.5	33.6
	最长连续降温日数/d	9	8	8	7	9
	最长连续降温幅度/℃	30.0	18.4	16.0	24.5	30.0

(2)各月日最低气温最大下降幅度和最长连续降温日数

各月日最低气温 24 h 最大降幅的最大值，白云鄂博为 18.6 ℃，出现在 1 月；百灵庙为 18.4 ℃，出现在 3 月；满都拉为 19.5 ℃，出现在 10 月；希拉穆仁为 20.4 ℃，出现在 12 月。

各月日最低气温 48 h 最大降幅的最大值，白云为鄂博 20.2 ℃，出现在 11 月；百灵庙为 22.9 ℃，出现在 12 月；满都拉为 20.4 ℃，出现在 11 月；希拉穆仁为 28.9 ℃，出现在 1 月。

各月日最低气温 72 h 最大降幅的最大值，白云鄂博为 23.8 ℃，出现在 11 月；百灵庙为 30.0 ℃，出现在 11 月；满都拉为 24.4 ℃，出现在 3 月；希拉穆仁为 32.9 ℃，出现在 1 月。

各月日最低气温最长连续降温日数的最大值，白云鄂博 9 d，出现在 1 月；百灵庙 8 d，出现在 2 月；满都拉 8 d，出现在 8 月；希拉穆仁 8 d，出现在 12 月。详见表 3.17。

表 3.17 达茂旗各月日最低气温最大降幅和最长连续降温日数(1961—2010 年)

		1月	2月	3月	4月	5月	6月	7月	8月	9月	10月	11月	12月
白云鄂博	24 h最大降幅/℃	18.6	10.6	17.1	14.4	14.2	13.3	10.9	9.6	11.7	13.7	16.3	15.4
	48 h最大降幅/℃	18.8	17.6	16.9	16.7	16.1	13.8	11.8	10.5	15.8	16.5	20.2	17.3
	72 h最大降幅/℃	17.2	17.6	19.7	20.9	15.1	12.9	10.2	12.1	17.2	17.8	23.8	17.2
	过程最大降幅/℃	18.8	17.6	19.7	20.9	16.1	13.8	11.7	12.1	17.2	21.8	23.8	18.6
	最长连续降温日数/d	9	5	5	6	8	5	6	7	6	6	6	8
	最长连续降温幅度/℃	15.7	17.6	19.7	14.3	15.1	11.5	9.6	11.6	13.7	21.8	19.3	18.6

续表

		1月	2月	3月	4月	5月	6月	7月	8月	9月	10月	11月	12月
百灵庙	24 h最大降幅/℃	15.3	15.5	18.4	15.8	15.9	10.9	10.1	12.4	14.4	12.4	15.8	16.2
	48 h最大降幅/℃	21.7	20.6	19.3	20.3	19.9	14.3	12.4	14.3	18.6	16.3	20.4	22.9
	72 h最大降幅/℃	29.7	20.2	28.6	24.6	16.8	12.7	11.5	13.4	20.9	18.8	30.0	24.7
	过程最大降幅/℃	29.7	23.2	30.0	24.6	19.9	14.3	12.4	16.5	20.9	21.1	30.5	24.7
	最长连续降温日数/d	5	8	5	5	5	5	5	7	6	6	6	6
	最长连续降温幅度/℃	20.7	23.2	30.0	15.9	17.8	12.7	11.5	14.2	17.9	21.1	30.5	21.5
满都拉	24 h最大降幅/℃	12.3	12.3	16.0	14.7	15.2	12.3	10.6	12.7	12.6	19.5	14.2	17.1
	48 h最大降幅/℃	17.6	18.1	17.7	19.8	17.2	14.6	12.8	12.1	15.5	18.3	20.4	20.1
	72 h最大降幅/℃	19.5	17.2	24.4	22.1	17.8	14.6	11.3	14.6	16.2	22.4	22.2	21.5
	过程最大降幅/℃	21.7	18.5	27.2	22.1	17.8	14.6	11.1	14.6	16.2	22.4	25.5	21.5
	最长连续降温日数/d	5	4	5	6	5	6	5	8	7	5	5	6
	最长连续降温幅度/℃	21.7	18.5	27.2	15.7	17.8	14.2	9.7	14.6	15.7	20.0	25.5	20.1
希拉穆仁	24 h最大降幅/℃	17.1	16.6	18.4	18.2	15.1	13.0	10.0	12.5	14.5	13.7	16.2	20.4
	48 h最大降幅/℃	28.9	22.8	21.3	21.9	18.2	15.4	11.7	16.1	21.8	18.0	22.1	23.1
	72 h最大降幅/℃	32.9	20.5	26.7	22.8	17.2	14.8	13.4	15.4	20.2	18.7	32.4	22.6
	过程最大降幅/℃	33.6	23.4	26.7	22.8	18.4	15.4	12.0	16.1	21.8	24.5	32.4	25.8
	最长连续降温日数/d	6	6	5	5	5	6	5	6	6	6	6	8
	最长连续降温幅度/℃	33.6	23.4	26.7	17.3	18.4	14.8	12.0	16.0	21.5	24.5	27.0	25.8
全旗	24 h最大降幅/℃	18.6	16.6	18.4	18.2	15.9	13.3	10.9	12.7	14.5	19.5	16.3	20.4
	48 h最大降幅/℃	28.9	22.8	21.3	21.9	19.9	15.4	12.8	16.1	21.8	18.3	22.1	23.1
	72 h最大降幅/℃	32.9	20.5	28.6	24.6	17.8	14.8	13.4	15.4	20.9	22.4	32.4	24.7
	过程最大降幅/℃	33.6	23.4	30.0	24.6	19.9	15.4	12.4	16.5	21.8	24.5	32.4	25.8
	最长连续降温日数/d	9	8	5	6	8	6	6	8	7	6	6	8
	最长连续降温幅度/℃	33.6	23.4	30.0	17.3	18.4	14.8	12.0	16.0	21.5	24.5	30.5	25.8

第4章　降水分布

4.1　定义

降水是指从天空降落到地面上的液态、液固混合态或固态(经融化后)的水。根据降水物的形态可分为11种降水现象,其中液态降水有雨、阵雨、毛毛雨;液固混合态降水有雨夹雪、阵性雨夹雪等;固态降水有雪、阵雪、霰、米雪、冰粒、冰雹。根据降水性质可分为3种降水类型,即阵性降水、连续性降水和间歇性降水。阵性降水又称对流性降水,降水时间短促,降水强度变化大,骤降骤止,并伴有气温、气压、风向风速等气象要素的显著变化,常降自积雨云和浓积云;连续性降水具有持续时间长、强度变化小的特点,常降自雨层云和高层云;间歇性降水表现为时降时停,雨量时大时小,但这些变化都很缓慢,常降自层积云和厚薄不均的高层云。达茂旗各地均存在液态、液固混合态和固态这3种形式的降水。

动植物的一切生命活动只有在一定的水分供应下才能进行。没有水,就没有生命,也就没有以生物为对象进行生产的农业。在农业生产上,水是决定收成的最重要因素,水利是农业的命脉。降水量及自然水体贮水量的多少,决定了一个地区的农业类型,如旱地农业、灌溉农业、雨养农业、水田农业等。大气降水是农业水分供应的主要来源,对于雨养农业和旱地农业则几乎构成其水分的全部来源。对于灌溉农业和水产养殖业,其水源虽然包括江河、湖泊、水库、塘坝和地下水等,但这些水源的水量也与大气降水密切相关。土壤贮水量的消长也随大气降水的多少而转移。降水还影响着许多农事活动的进行,如机耕、施肥、喷药、运输、收获、脱粒、晾晒等。

地表水、土壤水和地下水归根结底都来源于大气的自然降水,因而降水是人们生产、生活甚至生存不可或缺的一种十分重要的自然资源。全球陆地平均年降水量为834 mm,亚洲陆地平均年降水量为740 mm,我国平均年降水量为628 mm,而达茂旗各地平均年降水量为170～280 mm,远少于全球、亚洲及全国的年平均降水量。因此,降水资源在达茂旗这样一个大陆性半干旱与干旱地区,对工、农、牧业生产以及居民生活尤为重要。降水量的多少对农牧业生产的丰歉与生态建设起重要作用。了解达茂旗降水的时空分布特点及其变化规律,更好地利用宝贵的降水资源,对发展经济具有十分重要的作用。随着达茂旗经济建设的快速发展,对水资源的需求日益增加,水资源短缺已成为经济发展的制约因素。

达茂旗降水时空分布不均,水热分布不平衡,雨热同季,平均年降水量自南向北、由东向西递减,降水保证率低。每年落在达茂旗境内的降水量平均为43.0亿吨,多雨年可达67.5亿吨,少雨年为23.7亿吨。如果这些降水,特别是山区、丘陵降水形成的径流能够得到资源化开发利用,既可补充当年用水,又可调剂旱年之需,缓解工、农、牧业生产和生态建设及生活用水的紧缺状况。

4.2 降水量空间分布

达茂旗降水量南多北少，东多西少。南部的希拉穆仁年降水量最大，多年平均为283 mm，历年最多450 mm。降水量由南向北逐渐减少，北部中蒙边境的满都拉是全旗降水最少的地区，年降水量多年平均为168 mm，历年最少为73 mm，属严重干旱地区。达茂旗各地年降水量详见图4.1。

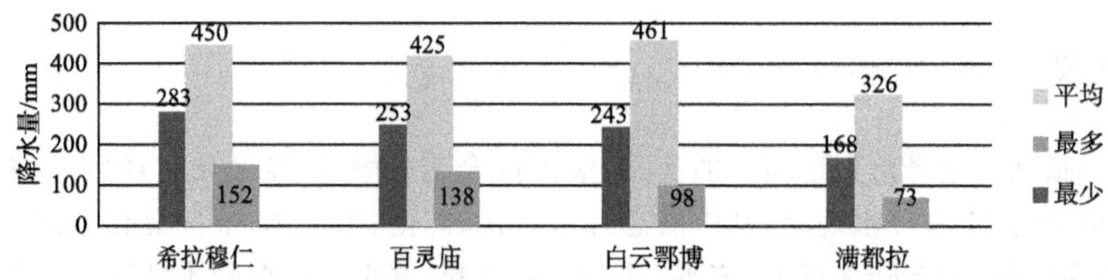

图4.1 达茂旗各地年降水量统计(1961—2010年)

4.3 降水量时间分布

4.3.1 降水量季节分布

达茂旗降水分布不均，夏季降水最多，降水量多年平均为156 mm，降水百分率为66%；秋季和春季次之，多年平均降水量分别为40 mm和26 mm，降水百分率为17%和11%；冬季最少，多年平均降水量为14 mm，降水百分率仅为6%。详见表4.1。

表4.1 达茂旗各地四季降水量和降水百分率(1961—2010年平均)

		白云鄂博	百灵庙	满都拉	希拉穆仁
春季	降水量/mm	23.1	26.8	20.2	33.1
	百分率/%	10	11	12	12
夏季	降水量/mm	166.2	165.9	108.1	184.8
	百分率/%	68	65	64	65
秋季	降水量/mm	41.1	43.4	27.2	48.6
	百分率/%	17	17	16	17
冬季	降水量/mm	12.6	16.8	12.1	16.0
	百分率/%	5	7	8	6

4.3.2 降水量月际分布

从达茂旗降水量的月际分布(图4.2)可以看出，11月至次年4月降水量最少，只占年降水量的9%，78%的降水量集中在6—9月，其中7—8月的降水量占年降水量的54%。这一时期正是作物生长旺盛、需水量最多的季节，也正值气温最高的季节，而达茂旗夏季降水量和夏季热量分布在趋势和时间上基本一致，形成雨热同季的特征，有利于充分发挥降水资源的作用，在一定程度上弥补了降水资源的不足。

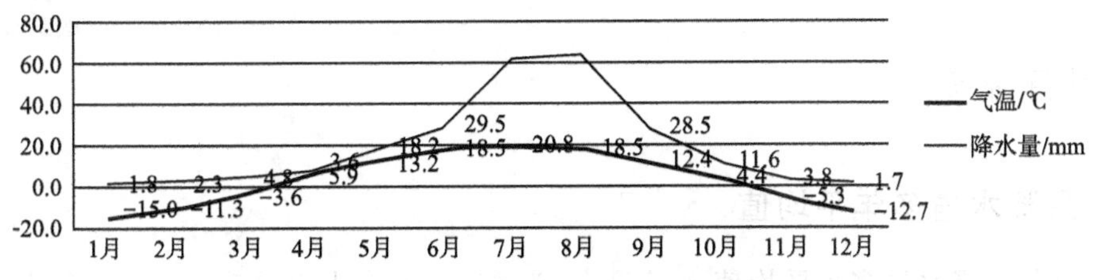

图 4.2 达茂旗气温、降水量的月际分布(1961—2010 年平均)

4.4 年降水量

4.4.1 年降水量多年平均值

平均降水量的大小,能够反映该地区降水的基本状况,是衡量一个地区干湿程度重要指标。一般年降水量在 800 mm 以上的地区为湿润地区,年降水量为 400～800 mm 的地区为半湿润地区,年降水量为 200～400 mm 的地区称为半干旱地区,年降水量在 200 mm 以下的地区称为干旱地区。

达茂旗多年平均年降水量为 237 mm,中南部属半干旱地区,北部属干旱地区。

4.4.2 年降水量历年最大值

达茂旗历年最大年降水量为 371.2 mm,出现在 2003 年;各地最大年降水量的最大值为 461.0 mm,1981 年出现在中部的白云鄂博。

了解各地最大年降水量,对于各类工程设计,特别是水库、堤坝的设计非常必要,能够确保设计既科学合理,又安全可靠,既保证丰水年有足够的拦洪蓄水能力,又能有效地进行防洪、泄洪。

4.4.3 年降水量历年最小值

达茂旗历年最小年降水量为 130.5 mm,出现在 1965 年;各地最小年降水量的最小值为 73.0 mm,2005 年出现在北部的满都拉。

达茂旗各地最小年降水量普遍较小,其分布特征也与多年平均年降水量有所不同。历年最小年降水量的最大值出现在南部的希拉穆仁镇,最小值出现北部的满都拉镇。

了解各地最小年降水量,即可认识到在达茂旗这样一个干旱与半干旱地区,大力兴修水利、加快农田和草牧场基本建设的重要性,坚持实施节水灌溉,管好水、用好水,最大限度地发挥降水资源的作用,从而牢固地树立起长期抗旱的意识。全旗各地年降水量详见表 4.2。

表 4.2 达茂旗各地年降水量统计(1961—2010 年) 单位:mm

	白云鄂博	百灵庙	满都拉	希拉穆仁
多年平均	243.1	253.0	167.8	282.6
历年最多(出现年份)	461.0(1981)	425.2(2003)	325.8(1973)	450.4(2003)
历年最少(出现年份)	97.7(2005)	138.4(2009)	73.0(2005)	151.5(1965)

4.5 月降水量

4.5.1 月降水量多年平均值

达茂旗各月降水量多年平均值8月最大，为65 mm，降水百分率为28%；7月次之，为62 mm，降水百分率为26%；以下依次是6月、9月、5月和10月，降水百分率分别为13%，12%，8%和5%；其他月份的降水量加起来不足年降水量的8%。

4.5.2 月降水量历年最大值

达茂旗各地月降水量历年最大值都出现在7月和8月(其中百灵庙、满都拉出现在7月，白云鄂博、希拉穆仁出现在8月)。这是由于受夏季风影响，盛夏我国主要降雨带由南向北移到华北一带，降水频繁，而且强度大，雨量大所致。月降水量的地区分布，1月、4月、9月和11月希拉穆仁最大，3月、5月和7月百灵庙最大，6月、8月和10月白云鄂博最大，2月和12月满都拉最大。全旗最大月降水量的最大值为210.6 mm，出现在中部的白云鄂博；最大月降水量的最小值为131.5 mm，出现在北部的满都拉镇。全旗各地历年最大月降水量与多年平均月降水量相比较，差异较大，5—10月相差3～4倍，11月至次年4月相差4～7倍。了解全旗月最大降水量及其时空分布特征，对开发利用气候资源，合理安排生产和生活十分有益。

4.5.3 月降水量历年最小值

达茂旗冬半年由于受强大的蒙古冷高压下沉气流控制，天气寒冷干燥，极少出现降水。春季冷空气活动频繁，干燥多风，降水量少，十年九旱。各地4月份降水量历年最小值均为0.0 mm，5月份除希拉穆仁历年最小降水量为2.8 mm外，其余地区历年最小降水量为0.0～0.1 mm。因此，整个冬、春季是全旗历年最小月降水量量值最小、气候最为干燥的时期。达茂旗各地月降水量及降水百分率统计详见表4.3。

表4.3 达茂旗各地月降水量及降水百分率(1961—2010年)

		白云鄂博	百灵庙	满都拉	希拉穆仁
1月	月降水量平均值/mm	1.6	2.1	1.7	1.9
	百分率/%	0.6	0.8	1.0	0.7
	月降水量最大值/mm	7.8	10.1	6.6	13.1
	出现年份	1971	1971	2010	1971
	月降水量最小值/mm	0.0	0.0	0.0	0.0
2月	月降水量平均值/mm	2.0	2.9	2.0	2.4
	百分率/%	0.8	1.2	1.2	0.9
	月降水量最大值/mm	8.8	10.8	14.3	13.0
	出现年份	1998	1962	1998	1962
	月降水量最小值/mm	0.0	0.0	0.0	0.0

续表

		白云鄂博	百灵庙	满都拉	希拉穆仁
3月	月降水量平均值/mm	4.3	5.4	3.6	5.7
	百分率/%	1.8	2.1	2.2	2.0
	月降水量最大值/mm	21.1	36.8	26.5	24.7
	出现年份	1992	2007	1991	1963
	月降水量最小值/mm	0.1	0.2	0.0	0.1
4月	月降水量平均值/mm	6.6	7.9	6.1	9.9
	百分率/%	2.7	3.1	3.6	3.5
	月降水量最大值/mm	29.6	42.1	29.9	45.4
	出现年份	1964	1964	1976	2003
	月降水量最小值/mm	0.0	0.0	0.0	0.0
5月	月降水量平均值/mm	16.5	18.9	14.1	23.2
	百分率/%	6.8	7.5	8.4	8.2
	月降水量最大值/mm	60.8	67.7	64.8	61.4
	出现年份	1992	2003	2003	2004
	月降水量最小值/mm	0.1	0.1	0.0	2.8
6月	月降水量平均值/mm	31.6	30.7	21.5	34.2
	百分率/%	13.0	12.1	12.8	12.1
	月降水量最大值/mm	116.9	103.8	63.8	71.0
	出现年份	1979	2002	2007	2008
	月降水量最小值/mm	4.1	2.0	0.5	8.0
7月	月降水量平均值/mm	66.5	66.5	43.8	71.2
	百分率/%	27.4	26.3	26.1	25.2
	月降水量最大值/mm	129.4	164.4	131.5	151.3
	出现年份	1998	1979	1969	1988
	月降水量最小值/mm	11.1	12.2	8.1	22
8月	月降水量平均值/mm	68.0	68.8	42.9	79.3
	百分率/%	28.0	27.2	25.6	28.1
	月降水量最大值/mm	210.6	154.8	114.6	189.4
	出现年份	1981	1970	1973	1961
	月降水量最小值/mm	6.8	16.4	3.0	15.3
9月	月降水量平均值/mm	30.5	30.8	20.1	32.5
	百分率/%	12.5	12.2	12.0	11.5
	月降水量最大值/mm	92.7	86.9	69.0	127.0
	出现年份	1961	2010	1973	1973
	月降水量最小值/mm	1.7	4.1	1.8	4.7
10月	月降水量平均值/mm	10.7	12.6	7.1	16.0
	百分率/%	4.4	5.0	4.3	5.7
	月降水量最大值/mm	62.4	44.4	33.0	48.3
	出现年份	1995	1995	1977	1995
	月降水量最小值/mm	0.0	0.0	0.0	0.9

续表

		白云鄂博	百灵庙	满都拉	希拉穆仁
11月	月降水量平均值/mm	3.3	4.3	3.3	4.3
	百分率/%	1.3	1.7	2.0	1.5
	月降水量最大值/mm	16.2	20.1	17.0	20.7
	出现年份	1967	1967	1989	1962
	月降水量最小值/mm	0.0	0.0	0.0	0.0
12月	月降水量平均值/mm	1.5	2.0	1.7	1.8
	百分率/%	0.6	0.8	1.0	0.6
	月降水量最大值/mm	6.2	9.4	9.9	6.4
	出现年份	1982	2002	2002	2002
	月降水量最小值/mm	0.0	0.0	0.0	0.0

4.6 日降水量

4.6.1 平均日降水量

达茂旗平均日降水量，冬季为 0.4～0.5 mm，春季为 1.2～1.9 mm，夏季为 3.6～4.7 mm，秋季为 2.3～2.4 mm。

各地平均日降水量普遍很小，其量值自北向南均小于 4.7 mm，其中南部的希拉穆仁平均日降水量最大，北部的满都拉平均日降水量最小。全旗平均日降水量的分布特征与平均年降水量的分布特征相同，自东向西、自南向北逐渐递减。全旗各地平均日降水量与当地最大日降水量相比较，其差值差异极大，平均相差 41～58 倍，最大相差 82～147 倍。

4.6.2 最大日降水量

达茂旗各地最大日降水量都出现在夏季强降水天气过程集中出现期。由于达茂旗境内地形、地貌及下垫面复杂多样，受降水天气系统影响程度不同，因而各地最大日降水量差异较大。全旗最大日降水量的分布特征与平均年降水量的分布特征有所不同，不是自南向北呈规律递减。最大日降水量最大值和最小值都出现在北部的满都拉，最大值为 101.0 mm，出现在 1969 年 7 月 31 日，最小值为 10.6 mm，出现在 1964 年 4 月 19 日。了解和掌握全旗各地最大日降水量，对于农牧林业、水利、铁路、公路、桥梁、矿业等各类工程设计及野外设施的建立是十分有益的，既能保证投资科学合理，又能保证工程的安全。达茂旗各地多年平均最大日降水量和历年最大日降水量详见表 4.4。

表 4.4 达茂旗各地多年平均最大日降水量和历年最大日降水量(1961—2010 年) 单位：mm

		白云鄂博	百灵庙	满都拉	希拉穆仁
1月	平均最大日降水量	0.2	0.2	0.2	0.2
	最大日降水量(出现年份)	5.8(2004)	7.0(2000)	7.4(2010)	8.2(1971)
2月	平均最大日降水量	0.2	0.3	0.3	0.2
	最大日降水量(出现年份)	4.7(1998)	9.3(2007)	10.2(1998)	5.0(1962)

续表

		白云鄂博	百灵庙	满都拉	希拉穆仁
3月	平均最大日降水量	0.4	0.5	0.4	0.5
	最大日降水量(出现年份)	9.2(1988)	16.2(2007)	17.3(1991)	16.9(1963)
4月	平均最大日降水量	0.7	0.7	0.6	0.9
	最大日降水量(出现年份)	13.1(1976)	15.9(1976)	24.5(1976)	15.5(1976)
5月	平均最大日降水量	1.2	1.4	1.2	1.9
	最大日降水量(出现年份)	28.7(1985)	40.6(1998)	43.5(2003)	29.3(1988)
6月	平均最大日降水量	2.6	2.2	1.4	2.4
	最大日降水量(出现年份)	37.4(1982)	37.6(1984)	25.0(2007)	28.7(1984)
7月	平均最大日降水量	4.5	4.7	3.6	4.0
	最大日降水量(出现年份)	61.9(2001)	90.8(1962)	101.0(1969)	48.9(1992)
8月	平均最大日降水量	4.4	4.5	2.8	3.9
	最大日降水量(出现年份)	80.6(1981)	67.0(2006)	67.7(2006)	61.8(1985)
9月	平均最大日降水量	2.3	2.4	2.4	2.3
	最大日降水量(出现年份)	63.3(2006)	53.5(1999)	39.2(1975)	31.7(1999)
10月	平均最大日降水量	1.2	1.1	0.6	1.9
	最大日降水量(出现年份)	36.8(1995)	20.6(1995)	18.4(1995)	20.2(1965)
11月	平均最大日降水量	0.3	0.4	0.3	0.4
	最大日降水量(出现年份)	10.4(1971)	11.4(1971)	11.9(1989)	17.7(1962)
12月	平均最大日降水量	0.2	0.2	0.1	0.2
	最大日降水量(出现年份)	4.7(1982)	5.5(1986)	3.4(1982)	4.2(2004)
年	平均最大日降水量	1.5	1.5	1.2	1.6
	最大日降水量(出现年份)	80.6(1981)	90.8(1962)	101.0(1969)	61.8(1985)

4.6.3 年最大日降水量占年降水量百分率

达茂旗降水夏季集中的特点还表现在降水集中在最大雨日，甚至集中在几个小时的暴雨上。在多雨月，往往一日乃至数小时最大降水量在全年降水量中占有相当大的比重。达茂旗日降水量占全年降水量的百分率平均为14%，平均最大为33%，详见表4.5。

表4.5 达茂旗各地年最大日降水量占年降水量百分率(1961—2010年) 单位：%

	白云鄂博	百灵庙	满都拉	希拉穆仁
平均	14	14	16	11
最大	29	40	39	23
最小	9	6	7	7

4.7 最长连续降水天数、最大连续(过程)降水量和连续降水时段最大降水量

4.7.1 最长连续降水天数

达茂旗最长连续降水天数为 13 d,1995 年 7 月 7—19 日出现在南部的希拉穆仁。

4.7.2 最大连续降水量

达茂旗历年最大连续降水量为 102.6 mm,1973 年 9 月 7—19 日出现在南部的希拉穆仁。

4.7.3 最大过程降水量

达茂旗历年最大过程降水量为 102.8 mm,1969 年 9 月 8—11 日出现在达茂旗北部的满都拉。

了解历年最长连续降水天数、最大连续降水量、最大过程降水量极值及其分布,对于安排作物育种、粮食及中草药晾晒,防御局部洪涝灾害具有重要意义。达茂旗各地最长连续降水天数、最大连续降水量和最大过程降水量详见表 4.6。

表 4.6 达茂旗最长连续降水天数、最大连续降水量和最大过程降水量(1961—2010 年)

		白云鄂博	百灵庙	满都拉	希拉穆仁
最长连续降水日数/d	年	10	8	8	13
	春季	6	5	5	7
	夏季	8	8	8	13
	秋季	10	8	4	13
	冬季	9	7	6	9
最大连续降水量/mm	年	69.4	88.4	97.1	102.6
	春季	30.7	36.4	39.4	32.0
	夏季	69.4	88.4	97.1	96.1
	秋季	44.1	66.5	47.9	102.6
	冬季	13.2	24.7	19.1	16.2
最大过程降水量/mm	年	81.7	98.4	102.8	102.6
	春季	30.7	40.6	53.6	32.0
	夏季	81.7	98.4	102.8	96.1
	秋季	63.3	66.5	47.9	102.6
	冬季	13.2	24.7	19.1	20.3

4.7.4 连续降水时段最大降水量

达茂旗各地历年最长连续降水时数,白云鄂博为 24 h,百灵庙为 31 h,满都拉为 36 h,希拉穆仁为 25 h。可见满都拉最长连续降水时数最长,白云鄂博最短。

1 h 连续降水量历年最大值为 49.6 mm,2006 年 8 月 6 日 18 时出现在百灵庙。

2 h 连续降水量历年最大值为 61.0 mm,2006 年 8 月 6 日 17—18 时出现在百灵庙。

3 h 连续降水量历年最大值为 67.1 mm,2006 年 8 月 6 日 17—19 时出现在百灵庙。

4 h 连续降水量历年最大值为 53.3 mm,2007 年 7 月 13 日 16—19 时出现在白云鄂博。

5 h 连续降水量历年最大值为 53.2 mm,1981 年 7 月 26 日 14—18 时出现在百灵庙。

6 h 连续降水量历年最大值为 49.4 mm,2006 年 8 月 7 日 07—12 时出现在北部的满都拉。

其他连续降水时段历年最大降水量统计详见表 4.7。

表 4.7 达茂旗各地连续降水时段最大降水量统计(1991—2010 年)

	白云鄂博	百灵庙	满都拉	希拉穆仁
1 h 连续降水量最大值/mm	38.4	49.6	22.8	23.6
截止时间	2007-07-13 17 时	2006-08-06 18 时	1992-07-08 20 时	2009-08-08 16 时
2 h 连续降水量最大值/mm	51.0	61.0	27.8	24.3
截止时间	2007-07-13 17 时	2006-08-06 18 时	2004-07-10 10 时	2007-08-08 17 时
3 h 连续降水量最大值/mm	52.5	67.1	30.7	27.5
截止时间	2007-07-13 18 时	2006-08-06 19 时	2004-07-10 10 时	1998-07-05 19 时
4 h 连续降水量最大值/mm	53.3	52.9	40.9	32.3
截止时间	2007-07-13 19 时	1981-07-26 17 时	2006-08-07 10 时	1998-07-05 20 时
5 h 连续降水量最大值/mm	45.5	53.2	44.7	35.1
截止时间	1999-08-05 12 时	1981-07-26 18 时	2006-08-07 11 时	1998-07-06 21 时
6 h 连续降水量最大值/mm	49.2	44.5	49.4	36.7
截止时间	1999-08-05 12 时	1981-08-05 10 时	2006-08-07 12 时	1992-07-25 12 时
7 h 连续降水量最大值/mm	51.4	46.9	52.9	43.9
截止时间	1999-08-05 12 时	1981-08-05 11 时	2006-08-07 13 时	1992-07-25 13 时
8 h 连续降水量最大值/mm	53.3	48.7	54.3	46.6
截止时间	1999-08-05 13 时	1981-08-14 05 时	2006-08-07 14 时	1992-07-25 14 时
9 h 连续降水量最大值/mm	55.8	52.8	54.5	48.7
截止时间	2006-09-20 10 时	1981-08-14 05 时	2006-08-07 15 时	1992-07-25 15 时
10 h 连续降水量最大值/mm	61.2	55.5	54.6	49.0
截止时间	2006-09-20 10 时	1981-08-14 05 时	2006-08-07 16 时	1992-07-25 16 时
11 h 连续降水量最大值/mm	63.2	57.2	54.9	38.5

续表

	白云鄂博	百灵庙	满都拉	希拉穆仁
截止时间	2006-09-20 10时	1981-08-14 07时	2006-08-07 17时	1996-08-19 05时
12 h连续降水量最大值/mm	63.4	59.9	45.2	39.1
截止时间	2006-09-20 11时	1981-08-14 07时	2004-07-10 13时	1996-08-19 06时
13 h连续降水量最大值/mm	63.5	62.5	46.7	39.6
14 h连续降水量最大值/mm	56.3	62.6	47.6	39.8
15 h连续降水量最大值/mm	56.4	50.5	31.7	44.1
16 h连续降水量最大值/mm	56.5	52.0	33.2	49.8
17 h连续降水量最大值/mm	20.5	53.2	35.1	52.9
18 h连续降水量最大值/mm	20.6	50.9	36.6	56.2
19 h连续降水量最大值/mm	16.3	52.6	38.0	57.0
20 h连续降水量最大值/mm	17.6	53.3	40.4	57.4
21 h连续降水量最大值/mm	19.0	55.1	41.9	35.5
22 h连续降水量最大值/mm	21.0	56.6	43.4	36.1
23 h连续降水量最大值/mm	22.4	58.8	44.7	36.3
24 h连续降水量最大值/mm	23.3	60.2	45.5	36.4
25 h连续降水量最大值/mm		61.2	46.3	36.5
26 h连续降水量最大值/mm		62.1	47.2	
27 h连续降水量最大值/mm		63.5	49.1	
28 h连续降水量最大值/mm		64.5	50.6	
29 h连续降水量最大值/mm		65.0	51.4	
30 h连续降水量最大值/mm		65.1	52.2	
31 h连续降水量最大值/mm		65.2	52.4	
32 h连续降水量最大值/mm			53.0	
33 h连续降水量最大值/mm			53.5	
34 h连续降水量最大值/mm			53.7	
35 h连续降水量最大值/mm			53.9	
36 h连续降水量最大值/mm			54.0	

4.8 最长连续无降水日数

日降水量小于0.1 mm(无降水)的最长连续天数，是表示一个地区气候干湿状况的一种气候指标。通常最长连续无降水日数越长，表明这个地区气候越干旱，反之，则表明这个地区气候越湿润。

达茂旗历年最长连续无降水日数为94 d，1988年10月3日—1989年1月4日出现在北部的满都拉。各地年、季最长无降水日数详见表4.8。

表 4.8　达茂旗各地历年年、季最长连续无降水日数(1961—2010 年)　　单位:d

		白云鄂博	百灵庙	满都拉	希拉穆仁
最长连续无降水日数	年	81	68	94	58
	出现时间	1979-11-28/1980-02-16	1979-11-28/1980-02-03	1988-10-03/1989-01-04	1972-02-01/1972-03-29
	春季	47	49	74	55
	夏季	37	41	82	27
	秋季	36	35	35	29
	冬季	81	68	94	58

4.9　降水量年际变化

平均降水量的大小固然能表示水分资源的丰歉程度,但降水量的年际变化与水资源开发利用的有效性大小关系更为密切。降水量年际变化通常用降水相对变率表示。所谓降水相对变率,就是历年降水量的平均变幅与多年平均降水量之比的百分率,即:降水相对变率 $= \frac{1}{n}\sum(\mid$ 逐年降水量 $- n$ 年平均降水量 $\mid)/n$ 年平均降水量 $\times 100\%$。

降水相对变率是表示一地降水量逐年变化程度的指标,数值大,说明该地平均降水量的可靠性小,降水量不稳定,出现旱涝的概率大;反之,说明逐年降水比较稳定。降水相对变率还可以用来比较不同地区降水量变动程度的差异。了解一地降水相对变率的大小,便可知道当地降水量的可靠程度和可以利用的价值。凡降水相对变率大的地方,旱涝发生的机会就多,对国民经济特别是对农牧业生产的影响也就愈大。

达茂旗多年平均年降水相对变率为 22%;历年最大降水相对变率为 91%。由于年降水相对变率是各季降水相对变率综合的结果,所以年降水相对变率比季降水相对变率小。

在一年中,降水相对变率最大的季节是春季,为 64%;降水相对变率最小的季节是夏季,为 28%。这说明降水相对变率的大小与降水量多少密切相关,多雨的季节降水相对变率小,而少雨的季节降水相对变率大。降水量的季节分配不均和降水相对变率大,是达茂旗旱涝,特别是干旱频繁发生的重要原因。

作物生长季降水相对变率为 24%,略高于年降水相对变率。

降水相对变率最大的月份是 4 月,为 82%;最小的月份是 7 月,为 39%。

达茂旗由于受大陆性气候影响,冬季受蒙古高压控制,多下沉气流,气候寒冷干燥,夏季副热带高压达到机会少,夏季风弱,所以不但降水少,而且多阵性降水,降水和阶段性干旱交替出现,降水的利用率不高,少雨年更低,因而降水量年际变率大,保证率不高。各地年、季、月降水相对变率详见表 4.9。

表 4.9　达茂旗各地年、季、月降水相对变率(1961—2010 年)　　单位:%

		白云鄂博	百灵庙	满都拉	希拉穆仁
年	平均	25	19	25	19
	最大	85	66	91	56

续表

		白云鄂博	百灵庙	满都拉	希拉穆仁
春季	平均	64	64	73	57
	最大	279	295	394	233
夏季	平均	30	23	33	24
	最大	115	97	76	61
秋季	平均	53	50	55	43
	最大	159	147	185	192
冬季	平均	40	38	40	46
	最大	108	240	156	231
生长季	平均	27	21	28	21
	最大	92	70	106	60
1月	平均	84	79	77	84
	最大	380	383	372	598
2月	平均	74	76	78	78
	最大	264	250	535	429
3月	平均	70	83	72	88
	最大	346	711	569	419
4月	平均	79	86	74	87
	最大	421	535	397	425
5月	平均	77	73	92	56
	最大	336	320	473	181
6月	平均	47	49	50	37
	最大	245	221	196	131
7月	平均	36	42	47	31
	最大	90	128	189	91
8月	平均	42	38	48	38
	最大	190	118	155	136
9月	平均	66	68	69	49
	最大	230	240	270	297
10月	平均	59	54	69	63
	最大	401	218	271	196
11月	平均	84	80	83	69
	最大	369	355	389	372
12月	平均	76	73	75	77
	最大	285	385	502	260

4.10 降水保证率

降水保证率是指等于或超过某一数值(界限)降水量的累计频率,以百分数(%)表示。如保证率为90%的降水量,是指有90%的年份可以达到或超过这个雨量值;保证率为10%的降水量,即有90%的年份达不到这一降水量。一般农业生产要求降水保证率在80%以上。

达茂旗各地降水保证率不高(表 4.10)。根据农业生产要求降水保证率达 80%和各种作物全生育期需水量,达茂旗降水量都小于 250～350 mm 的下限,若无灌溉条件就难以进行旱作农业。

表 4.10 达茂旗各地各级保证率对应降水量(1961—2010 年) 单位:mm

	保证率	白云鄂博	百灵庙	满都拉	希拉穆仁
年	70%	194.2	218.2	133.4	231.4
	80%	172.8	199.0	113.6	216.4
	90%	153.2	176.3	100.4	196.6
春季	70%	14.2	14.5	10.2	18.5
	80%	10.6	11.5	8.4	15.4
	90%	6.5	8.7	3.8	9.7
夏季	70%	128.3	145.1	76.3	145.3
	80%	117.1	121.3	68.9	126.7
	90%	86.0	97.2	56.3	117.0
秋季	70%	23.8	24.8	14.2	30.3
	80%	14.8	20.0	10.9	25.6
	90%	10.3	15.8	7.3	21.4
生长季	70%	178.4	187.9	112.3	204.9
	80%	146.8	177.4	96.8	184.2
	90%	133.4	152.6	87.3	167.6

4.11 降水强度

单位时间内的降水量,常用的单位是“mm/d”和“mm/h”,时间单位视应用部门需要而定。为了比较各地的降水强度,气象上常应用下列公式计算降水强度值。

平均降水强度,即单位降水日的降水量(mm/d)为

$$R_p = \text{年降水量}/\text{年降水日数}$$

相对降水强度指超过指定限值的降水日数占全年降水日数的百分比,如日降水量≥10.0 mm 相对降水强度 R_{10} 为

$$R_{10} = (\text{日降水量}\geqslant 10.0\ \text{mm 日数}/\text{全年降水日数})\times 100\%$$

达茂旗平均降雨强度的多年平均值为 3.9 mm/d;平均降雨夹雪强度的多年平均值为 1.0 mm/d;平均降雪强度的多年平均值为 0.8 mm/d。达茂旗各地平均降水强度的多年平均值详见表 4.11。

表 4.11 达茂旗各地平均降水强度(1961—2010 年平均) 单位:mm/d

	白云鄂博	百灵庙	满都拉	希拉穆仁
雨	4.2	4.1	3.4	4.0
雨夹雪	1.0	1.0	1.1	1.1
雪	0.9	0.9	0.8	0.9

达茂旗日降水量≥10.0 mm 相对降水强度的多年平均值为 8.9%;日降水量≥25.0 mm 相对降水强度的多年平均值为 1.6%;日降水量≥50.0 mm 相对降水强度的多年平均值为

0.2%。达茂旗各地相对降水强度的多年平均值详见表4.12。

表4.12 达茂旗各地相对降水强度(1961—2010年平均) 单位:%

	白云鄂博	百灵庙	满都拉	希拉穆仁
≥10 mm	9.5	9.7	6.9	9.5
≥25 mm	1.8	2.0	1.1	1.3
≥50 mm	0.3	0.2	0.1	0.1

降水强度大,表示该地只要出现降水,便有较大的降水量;反之,则表示即使出现降水现象,一般降水量也较小。降水强度决定着一地降水量的利用价值,只有当降水强度适中时,降水才有可能被充分利用。达茂旗各地降水强度普遍较小,这主要是因为受大青山脉阻挡,季风和随之带来的暖湿气流到达这些地区已经明显减弱,因而降水强度相应较小。这些地方雨日虽多,但降雨量一般都不大。了解各地降水强度,对于水库、堤坝、桥梁、涵洞、铁路、公路等各项工程的设计十分重要。

4.12 不同形态各级降水量时空分布

达茂旗降水有3种形态:液态的雨、冰水共存半融化的雨夹雪或液态雨与固态雪同时降下的雨夹雪、固态的雪。历年12月至次年1月降水基本上是固态的雪,降雪百分率为100%;2月份满都拉和希拉穆仁开始出现雨夹雪;3—5月和10—11月全旗各地雨、雨夹雪和雪3种形态降水均可出现;9月可出现雨和雨夹雪2种形态降水;6—8月基本上只有雨1种形态降水,极个别年份会出现雨夹雪。详见表4.13。

表4.13 达茂旗各地各月各形态降水量及占总降水量的百分率(1961—2010年平均)

		白云鄂博	百灵庙	满都拉	希拉穆仁
1月	雨量/mm	0.0	0.0	0.0	0.0
	百分率/%	0	0	0	0
	雨夹雪量/mm	0.0	0.0	0.0	0.0
	百分率/%	0	0	0	0
	雪量/mm	1.6	2.1	1.7	1.9
	百分率/%	100	100	100	100
2月	雨量/mm	0.0	0.0	0.0	0.0
	百分率/%	0	0	0	0
	雨夹雪量/mm	0.0	0.0	0.1	0.1
	百分率/%	0	0	4	5
	雪量/mm	2.0	2.9	1.9	2.3
	百分率/%	100	100	96	95
3月	雨量/mm	0.1	0.2	0.6	0.2
	百分率/%	2	3	16	3
	雨夹雪量/mm	0.5	1.2	1.0	1.1
	百分率/%	12	23	28	20
	雪量/mm	3.7	4.0	2.0	4.4
	百分率/%	86	74	56	77

续表

		白云鄂博	百灵庙	满都拉	希拉穆仁
4月	雨量/mm	2.7	4.1	2.9	4.6
	百分率/%	41	52	47	46
	雨夹雪量/mm	2.0	2.9	2.6	3.6
	百分率/%	30	37	43	36
	雪量/mm	1.9	0.9	0.6	1.7
	百分率/%	28	11	10	18
5月	雨量/mm	13.7	15.9	12.1	20.0
	百分率/%	83	84	86	86
	雨夹雪量/mm	2.2	2.8	1.8	2.5
	百分率/%	13	15	13	11
	雪量/mm	0.5	0.2	0.2	0.7
	百分率/%	3	1	1	3
6月	雨量/mm	31.6	30.7	21.5	34.1
	百分率/%	100	100	100	99
	雨夹雪量/mm	0.0	0.0	0.0	0.2
	百分率/%	0	0	0	1
	雪量/mm	0.0	0.0	0.0	0.0
	百分率/%	0	0	0	0
7月	雨量/mm	66.5	66.4	43.5	71.2
	百分率/%	100	100	99	100
	雨夹雪量/mm	0.0	0.0	0.3	0.0
	百分率/%	0	0	1	0
	雪量/mm	0.0	0.0	0.0	0.0
	百分率/%	0	0	0	0
8月	雨量/mm	68.0	68.8	42.9	79.3
	百分率/%	100	100	100	100
	雨夹雪量/mm	0.0	0.0	0.0	0.0
	百分率/%	0	0	0	0
	雪量/mm	0.0	0.0	0.0	0.0
	百分率/%	0	0	0	0
9月	雨量/mm	29.5	30.5	19.9	31.5
	百分率/%	97	99	99	97
	雨夹雪量/mm	0.9	0.3	0.1	1.0
	百分率/%	3	1	1	3
	雪量/mm	0.0	0.0	0.0	0.0
	百分率/%	0	0	0	0
10月	雨量/mm	5.8	7.9	3.9	9.5
	百分率/%	54	62	54	59
	雨夹雪量/mm	3.3	3.7	2.7	5.1
	百分率/%	31	30	37	32
	雪量/mm	1.6	1.0	0.6	1.5
	百分率/%	15	8	9	9

续表

		白云鄂博	百灵庙	满都拉	希拉穆仁
11月	雨量/mm	0.2	0.5	0.3	0.2
	百分率/%	7	12	10	6
	雨夹雪量/mm	0.4	0.8	0.4	0.5
	百分率/%	12	19	13	12
	雪量/mm	2.7	3.0	2.5	3.5
	百分率/%	81	69	77	83
12月	雨量/mm	0.0	0.0	0.0	0.0
	百分率/%	0	0	0	0
	雨夹雪量/mm	0.0	0.0	0.0	0.0
	百分率/%	2	0	2	0
	雪量/mm	1.5	2.0	1.6	1.8
	百分率/%	98	100	98	100
年	雨量/mm	218.2	224.9	147.6	250.6
	百分率/%	90	89	88	89
	雨夹雪量/mm	9.4	11.8	9.0	14.0
	百分率/%	4	5	5	5
	雪量/mm	15.4	16.2	11.2	17.9
	百分率/%	6	6	7	6

4.13 不同形态各级降水初终日期、出现日数及降水量

不论何种形态降水，其共有的好处是：增加空气和土壤湿度，降低近地层气温，调节小气候。为人类和所有陆地生物提供宝贵的淡水资源，调节地表水，补充地下水。吸收大气中碳氧化物、氮氧化合物、硫氧化物等酸性气态污染物，降低其浓度；黏附大气粉尘等固体颗粒污染物，净化空气；降水日数越多，降水量越大，清洁大气的效果就越显著。

但是降水过程量或累积量超过一定量级会形成灾害。

不同形态的降水，又具有不同的特点和效应。液态的雨具有流动性、渗透性，能够迅速湿润、渗透植被和土壤，被动植物、微生物吸收利用，直接对下垫面产生影响。固态的雪没有流动性，会累积在面上形成重力，积雪超过一定厚度会压垮棚圈、房舍，造成灾害。雪还会影响道路交通和人们出行，即使微量的雪也会使道路变得湿滑，容易造成车轮打滑甚至刹车失灵。混合态的雨夹雪（湿雪）中的液态水受固态雪的束缚，其流动性、渗透性大为减弱，具有滞后性，同时又具有一定黏性，容易黏附在物体上，特别是空中输电线、通信线、架空输水（气）管道及塔架等物体上，增加悬空管线负荷，如遇较强冷空气伴随强降温时（气温降至0 ℃以下），会使附着在管线上的湿雪冻结形成覆冰，加剧管线负重，增加管线断裂风险。湿雪冻结在路面上，会使道路湿滑，极易引发交通事故。

由此可见，不同形态、不同量级的降水对人类生产生活的影响是不同的。了解和掌握不同形态各级降水的初终日及出现日数，对于制订降水资源开发利用和防灾减灾预案，提前安排生产生活具有前瞻性意义。

4.13.1 各级降雨的初终日期、出现日数及降雨量

(1)日降雨量≥0.1 mm的初终日期、出现日数及降雨量

日降雨量≥0.1 mm的降雨即小雨以上降雨。0.1 mm的降雨相当于向每亩地浇了约66.7 kg水。

达茂旗日降雨量≥0.1 mm降雨的多年平均初日为4月中下旬,历年最早日期为3月上中旬,历年最晚日期为5月下旬;多年平均终日为10月中旬,历年最早日期为9月中下旬,历年最晚日期为11月中下旬。

日降雨量≥0.1 mm的年降雨日数的多年平均值,称为年降雨日数的多年平均值,以d为单位。达茂旗日降雨量≥0.1 mm的年降雨日数的多年平均值为46.3 d。

达茂旗各地日降雨量≥0.1 mm的初终日及年降雨日数的多年平均值见表4.14。

表4.14 达茂旗各地日降雨量≥0.1 mm的初终日及年降雨日数的多年平均值(1961—2010年)

			白云鄂博	百灵庙	满都拉	希拉穆仁
初日	平均	月	4	4	4	4
		日	24	18	20	20
	最早	月	3	3	3	3
		日	14	12	16	16
	最晚	月	5	5	6	6
		日	31	27	22	22
终日	平均	月	10	10	10	10
		日	12	17	14	14
	最早	月	9	9	9	9
		日	18	26	12	12
	最晚	月	11	11	11	11
		日	17	10	24	24
≥0.1 mm降雨日数/d			45.9	47.1	38.3	54.1

达茂旗日降雨量≥0.1 mm的年降雨量的多年平均值为210.3 mm。年内降雨主要集中在6—9月,其中7,8月份最大,详见表4.15。

表4.15 达茂旗各地日降雨量≥0.1 mm的月、年降雨量(1961—2010年) 单位:mm

	白云鄂博	百灵庙	满都拉	希拉穆仁
1月	0.0	0.0	0.0	0.0
2月	0.0	0.0	0.0	0.0
3月	0.1	0.2	0.6	0.2
4月	2.7	4.1	2.9	4.6
5月	13.7	15.9	12.1	20.0
6月	31.6	30.7	21.5	34.1
7月	66.5	66.4	43.5	71.2
8月	68.0	68.8	42.9	79.3

续表

	白云鄂博	百灵庙	满都拉	希拉穆仁
9月	29.5	30.5	19.9	31.5
10月	5.8	7.9	3.9	9.5
11月	0.2	0.5	0.3	0.2
12月	0.0	0.0	0.0	0.0
年	218.1	225.0	147.6	250.6
最多年	428.7	369.0	310.6	378.7
最少年	88.8	130.0	61.6	119.8

(2)日降雨量≥5 mm 的初终日期、出现日数及降雨量

5 mm 以下的降雨，通常只能湿润地表，难以形成径流，很快会蒸发掉，对缓解旱情作用不显著，特别是干旱的春季。5 mm 以上降雨，缓解旱情的作用才有所显现。5 mm 的降雨相当于向每亩地浇了约 3.3 吨水，渗透 3～6 cm 土壤。了解和掌握日降雨量≥5 mm 的初终日期、出现日数及降雨量，对于安排旱作农牧播种期是有意义的。

达茂旗日降雨量≥5 mm 降雨的多年平均初日为 5 月中下旬，历年最早日期为 3 月下旬至 4 月上旬，历年最晚日期为 6 月底至 7 月下旬；多年平均终日为 9 月中下旬，历年最早日期为 7 月中旬至 8 月中旬，历年最晚日期为 11 月上旬。

日降雨量≥5 mm 年降雨日数的多年平均值，即年小到中雨以上降雨日数的多年平均值。达茂旗日降雨量≥5 mm 的年降雨日数的多年平均值为 13 d。

达茂旗各地日降雨量≥5 mm 的初终日及年降雨日数的多年平均值详见表 4.16

表 4.16 达茂旗各地日降雨量≥5 mm 初终日及年降雨日数的多年平均值(1961—2010 年)

			白云鄂博	百灵庙	满都拉	希拉穆仁
初日	平均	月	5	5	5	5
		日	20	23	31	31
	最早	月	4	4	3	3
		日	4	4	24	24
	最晚	月	6	7	7	7
		日	28	18	27	27
终日	平均	月	9	9	9	9
		日	21	28	17	17
	最早	月	7	8	7	7
		日	31	15	19	19
	最晚	月	11	11	11	11
		日	2	7	2	2
≥5.0 mm 降雨日数/d			13.1	13.6	9.2	16.0

达茂旗日降雨量≥5 mm 的年降雨量的多年平均值为 162.8 mm。年内降雨主要集中在 6—9 月，详见表 4.17。

表 4.17　达茂旗各地日降雨量≥5 mm 的月、年降雨量(1961—2010 年)　　单位:mm

	白云鄂博	百灵庙	满都拉	希拉穆仁
1 月	0.0	0.0	0.0	0.0
2 月	0.0	0.0	0.0	0.0
3 月	0.0	0.0	0.2	0.0
4 月	1.6	2.3	1.1	2.7
5 月	9.2	10.7	8.0	12.7
6 月	23.3	22.6	13.6	24.4
7 月	53.9	54.7	33.6	58.8
8 月	57.9	58.3	32.6	67.8
9 月	22.8	23.5	14.9	22.7
10 月	3.5	4.5	2.0	6.4
11 月	0.2	0.3	0.1	0.2
12 月	0.0	0.0	0.0	0.0
年	172.4	176.9	106.1	195.7
最多年	401.2	336.3	273.0	310.1
最少年	49.9	69.8	22.9	62.3

(3)日降雨量≥10 mm 的初终日期、出现日数及降雨量

日降雨量≥10 mm 的降雨,即中雨以上降雨,对作物和牧草生长十分重要。在春季和夏季,往往一场中雨以上的降水即可扭转农牧业生产因前期干旱造成的不利和被动局面,甚至可以奠定农牧业丰收的基础。

达茂旗日降雨量≥10 mm 降雨的多年平均初日为 6 月中下旬,历年最早日期为 4 月上中旬,历年最晚日期为 8 月上旬至 9 月下旬;多年平均终日为 8 月中旬至 9 月中旬,历年最早日期为 4 月中旬至 7 月下旬,历年最晚日期为 10 月上旬至 11 月初。

一年中日降雨量≥10 mm 降雨日数的多年平均值,即年平均中雨以上降雨日数。全旗日降雨量≥10 mm 的年降雨日数的多年平均值为 6 d。

达茂旗各地日降雨量≥10 mm 的初终日及年降雨日数的多年平均值详见表 4.18。

表 4.18　达茂旗各地日降雨量≥10 mm 的初终日及年降雨日数的多年平均值(1961—2010 年)

			白云鄂博	百灵庙	满都拉	希拉穆仁
初日	平均	月	6	6	6	6
		日	16	14	29	29
	最早	月	4	4	4	4
		日	20	4	20	20
	最晚	月	8	8	9	9
		日	18	6	29	29
终日	平均	月	9	9	8	8
		日	6	11	20	20
	最早	月	7	7	4	4
		日	8	31	20	20
	最晚	月	11	11	10	10
		日	2	2	6	6
≥10 mm 降雨日数/d			6.2	6.6	3.7	7.3

达茂旗日降雨量≥10 mm 的年降雨量的多年平均值为 113.1 mm。年内降雨主要集中在 7—8 月,详见表 4.19。

表 4.19 达茂旗各地日降雨量≥10 mm 的月、年降雨量(1961—2010 年) 单位:mm

	白云鄂博	百灵庙	满都拉	希拉穆仁
1 月	0.0	0.0	0.0	0.0
2 月	0.0	0.0	0.0	0.0
3 月	0.0	0.0	0.0	0.0
4 月	0.5	1.2	0.2	1.3
5 月	4.1	6.1	4.8	8.5
6 月	16.6	15.2	7.6	13.8
7 月	41.9	40.9	24.8	41.6
8 月	43.6	45.0	21.3	51.8
9 月	14.9	16.8	8.4	14.6
10 月	1.6	2.0	0.2	2.8
11 月	0.2	0.2	0.0	0.0
12 月	0.0	0.0	0.0	0.0
年	123.4	127.4	67.3	134.4
最多年	354.2	293.3	215.7	266.9

(4)日降雨量≥25 mm 的初终日期、出现日数及降雨量

达茂旗日降雨量≥25 mm 降雨的多年平均初日为 7 月中旬,历年最早日期为 5 月上旬,历年最晚日期为 9 月上中旬;多年平均终日为 8 月上中旬,历年最早日期为 5 月上中旬,历年最晚日期为 9 月上旬至 10 月中旬。

日降雨量≥25.0 mm 的年降雨日数的多年平均值,即年大雨以上降雨日数的多年平均值。一年当中出现大雨以上的降雨日数比较少,其分布状况与年降水量的分布状况基本一致,由东向西、由南向北逐渐减少。大雨以上降水日数多些,对于增加地表水和地下水,保障农牧业丰收,保障城市用水和工业用水等方面,利远大于弊,因而是十分重要的降水资源。

达茂旗日降雨量≥25 mm 的年降雨日数的多年平均值为 1.1 d。

达茂旗各地日降雨量≥25 mm 初终日及年降雨日数的多年平均值详见表 4.20。

表 4.20 达茂旗各地日降雨量≥25 mm 初终日及年降雨日数的多年平均值(1961—2010 年)

			白云鄂博	百灵庙	满都拉	希拉穆仁
初日	平均	月	7	7	7	7
		日	18	18	17	17
	最早	月	5	5	5	5
		日	6	6	1	1
	最晚	月	9	9	9	9
		日	8	18	8	8

续表

			白云鄂博	百灵庙	满都拉	希拉穆仁
终日	平均	月	8	8	8	8
		日	14	8	1	1
	最早	月	5	5	5	5
		日	6	15	4	4
	最晚	月	10	9	9	9
		日	13	27	9	9
≥25 mm降雨日数/d			1.2	1.4	0.6	1.1

达茂旗日降雨量≥25 mm的年降雨量的多年平均值为38.0 mm。大雨主要集中在7—8月,详见表4.21。

表4.21 达茂旗各地日降雨量≥25 mm的月、年降雨量(1961—2010年) 单位:mm

	白云鄂博	百灵庙	满都拉	希拉穆仁
1月	0.0	0.0	0.0	0.0
2月	0.0	0.0	0.0	0.0
3月	0.0	0.0	0.0	0.0
4月	0.0	0.0	0.0	0.0
5月	1.1	2.1	1.8	0.6
6月	3.8	4.8	0.5	2.1
7月	16.6	17.5	10.4	11.8
8月	19.2	18.6	5.3	18.1
9月	4.4	6.0	2.8	3.6
10月	0.7	0.0	0.0	0.0
11月	0.0	0.0	0.0	0.0
12月	0.0	0.0	0.0	0.0
年	45.8	49.0	20.8	36.2
最多年	228.8	184.6	132.2	109.9

(5)日降雨量≥50 mm的初终日期、出现日数及降雨量

日降雨量≥50 mm的年降雨日数的多年平均值,即年暴雨以上降水日数的多年平均值。

达茂旗日降雨量≥50 mm降雨的多年平均初日为8月上旬,历年最早日期为7月上旬至下旬,历年最晚日期为8月上旬至9月中旬;多年平均终日为8月上旬,历年最早日期为7月上旬至下旬,历年最晚日期为8月上旬至9月中旬。

全旗日降雨量≥50 mm年降雨日数多年平均为0.1 d。白云鄂博年暴雨日数多年平均为0.2 d,为全旗最多,满都拉年暴雨日数多年平均为0.04 d,为全旗最少。

达茂旗各地日降雨量≥50 mm初终日及年降雨量的多年平均值详见表4.22。

达茂旗各地虽然暴雨以上降水日数极少,但由于一次暴雨以上天气过程所产生的降雨量往往占一个地区年降水量的20%甚至50%以上,占年降水资源的比重很大,因而是十分重要的降水资源,对于增加地表水和地下水,增加工业和城市用水十分有利。但由于暴雨以上降水量大、降雨急,易造成流域、低洼地区雨涝和山区山洪,从而容易造成灾害损失。因

此，加大投资力度，大力兴修水利工程，改进低洼地区防洪排涝设施，提高对暴雨洪水的调控能力，保护农田、村庄、城市、厂矿企业和人民群众生命财产的安全，减轻灾害损失，趋利避害，最大限度地发挥暴雨以上降水资源的效益，是十分必要和十分迫切的。

表 4.22 达茂旗各地日降雨量≥50 mm 初终日及年降雨日数的多年平均值(1961—2010 年)

			白云鄂博	百灵庙	满都拉	希拉穆仁
初日	平均	月	8	8	8	8
		日	2	1	4	4
	最早	月	7	7	7	7
		日	13	5	31	31
	最晚	月	9	9	8	8
		日	20	18	7	7
终日	平均	月	8	8	8	8
		日	3	4	4	4
	最早	月	7	7	7	7
		日	13	5	31	31
	最晚	月	9	9	8	8
		日	20	18	7	7
≥50 mm 降雨日数/d			0.2	0.2	0.0	0.1

达茂旗日降雨量≥50 mm 的年降雨量的多年平均值为 7.7 mm。暴雨主要集中在 7—8 月，详见表 4.23。

表 4.23 达茂旗各地日降雨量≥50 mm 的月、年降雨量(1961—2010 年) 单位：mm

	白云鄂博	百灵庙	满都拉	希拉穆仁
1 月	0.0	0.0	0.0	0.0
2 月	0.0	0.0	0.0	0.0
3 月	0.0	0.0	0.0	0.0
4 月	0.0	0.0	0.0	0.0
5 月	0.0	0.0	0.0	0.0
6 月	0.0	0.0	0.0	0.0
7 月	5.4	5.2	2.0	0.0
8 月	5.1	3.9	1.4	5.5
9 月	1.3	1.1	0.0	0.0
10 月	0.0	0.0	0.0	0.0
11 月	0.0	0.0	0.0	0.0
12 月	0.0	0.0	0.0	0.0
年	11.8	10.2	3.4	5.5
最多年	141.7	116.0	101.0	61.8

4.13.2 各级降雪的初终日期、出现日数及降雪量

(1)日降雪量≥0.1 mm 的初终日期、出现日数及降雪量

雪是指水以白色不透明的星状、六角形片状等形状的冰晶形式从云层中降落到地面的

降水现象。日降雪量≥0.1 mm 的降雪即小雪以上降雪。

降雪是达茂旗冬半年的一种主要降水资源，对于土壤保墒增墒十分重要。由于冬季天寒地冻，牧区各天然水源全部封冻，牲畜主要靠吃地面积雪当饮水，如果无积雪或积雪很少，大批牲畜吃不上雪，就会形成牧业生产中的“黑灾”，导致牲畜掉膘、瘦弱、疫病流行，甚至会引起牲畜大量死亡。相反，若牧区冬季降雪过多，积雪过深，严重掩盖草场，造成牲畜采食十分困难，挨饿受冻，就会致使牲畜瘦弱掉膘，母畜流产，仔畜成活率低，老、弱、幼畜死亡率增高，牧业生产中称之为“白灾”。因此，对于牧区，适度降雪十分重要，过多过少都会对牧业生产造成不利影响。另外，降雪能够大量吸附空气中的各种粉尘、烟粒，覆盖地面的尘沙，从而净化空气，美化环境，使各种呼吸道疾病的发生减少。因而，降雪也是一种环保资源。

但是，降雪会降低能见度，造成道路湿滑，减小机动车牵引力，降低机动车稳定性、灵活性、可操作性和行车速度，容易造成道路拥堵，增加事故风险，给人们出行带来不利影响。

达茂旗日降雪量≥0.1 mm 降雪的多年平均初日为 10 月下旬至 11 月上旬，历年最早日期为 9 月上旬至下旬，历年最晚日期为 11 月中旬至次年 1 月上旬；多年平均终日为 4 月上中旬，历年最早日期为 2 月上旬至下旬，历年最晚日期为 5 月上中旬。

日降雪量≥0.1 mm 的年降雪日数的多年平均值，称为年降雪日数的多年平均值。达茂旗日降雪量≥0.1 mm 的年降雪日数的多年平均值为 18 d。

达茂旗各地日降雪量≥0.1 mm 初终日及年降雪日数的多年平均值详见表 4.24。

表 4.24　达茂旗各地日降雪量≥0.1 mm 初终日及年降雪日数的多年平均值(1961—2010 年)

			白云鄂博	百灵庙	满都拉	希拉穆仁
初日	平均	月	10	10	11	10
		日	28	30	6	27
	最早	月	9	9	9	9
		日	8	23	27	28
	最晚	月	12	11	1	11
		日	20	23	5	19
终日	平均	月	4	4	4	4
		日	16	3	1	13
	最早	月	2	2	2	2
		日	22	19	4	19
	最晚	月	5	5	5	5
		日	16	9	5	17
≥0.1 mm 降雪日数/d			18.6	18.6	14.5	20.9

达茂旗日降雪量≥0.1 mm 的年降雪量的多年平均值为 15.1 mm。降雪主要集中在 10 月至次年 4 月，其中 3 月降雪量最大，11 月和 2 月次之，详见表 4.25。

表 4.25　达茂旗各地日降雪量≥0.1 mm 的月、年降雪量统计(1961—2010 年)　单位：mm

	白云鄂博	百灵庙	满都拉	希拉穆仁
1 月	1.6	2.1	1.7	1.9
2 月	2.0	2.9	1.9	2.3
3 月	3.7	4.0	2.0	4.4

续表

	白云鄂博	百灵庙	满都拉	希拉穆仁
4月	1.9	0.9	0.6	1.7
5月	0.5	0.2	0.2	0.7
6月	0.0	0.0	0.0	0.0
7月	0.0	0.0	0.0	0.0
8月	0.0	0.0	0.0	0.0
9月	0.0	0.0	0.0	0.0
10月	1.6	1.0	0.6	1.5
11月	2.7	3.0	2.5	3.5
12月	1.5	2.0	1.6	1.8
年	15.5	16.1	11.1	17.8

(2)日降雪量≥2.5 mm的初终日期、出现日数及降雪量

达茂旗日降雪量≥2.5 mm降雪的多年平均初日为1月上旬，历年最早日期为10月上旬至下旬，历年最晚日期为4月下旬至5月上旬；多年平均终日为2月上中旬，历年最早日期为10月上旬至下旬，历年最晚日期为5月上中旬。

日降雪量≥2.5 mm(中雪以上降雪)的年降雪日数的多年平均值为1.4 d。

达茂旗各地日降雪量≥2.5 mm初终日及年降雪日数的多年平均值详见表4.26。

表4.26 达茂旗日降雪量≥2.5 mm初终日及年降雪日数的多年平均值(1961—2010年)

			白云鄂博	百灵庙	满都拉	希拉穆仁
初日	平均	月	1	1	1	1
		日	10	2	9	1
	最早	月	10	10	10	10
		日	2	2	22	5
	最晚	月	5	4	5	4
		日	2	23	2	26
终日	平均	月	2	2	2	2
		日	12	10	8	20
	最早	月	10	10	10	10
		日	9	28	28	5
	最晚	月	5	5	5	5
		日	12	3	2	17
≥2.5 mm降雪日数/d			1.5	1.6	0.9	1.7

达茂旗日降雪量≥2.5 mm的年降雪量的多年平均为6.3 mm。降雪主要集中在10月至次年4月，其中3月降雪量最大，11月次之，详见表4.27。

表4.27 达茂旗各地日降雪量≥2.5 mm的月、年降雪量统计(1961—2010年) 单位：mm

	白云鄂博	百灵庙	满都拉	希拉穆仁
1月	0.5	0.7	0.5	0.6
2月	0.3	0.9	0.4	0.7

续表

	白云鄂博	百灵庙	满都拉	希拉穆仁
3月	1.8	2.3	0.7	2.0
4月	1.0	0.4	0.2	0.9
5月	0.4	0.2	0.2	0.6
6月	0.0	0.0	0.0	0.0
7月	0.0	0.0	0.0	0.0
8月	0.0	0.0	0.0	0.0
9月	0.0	0.0	0.0	0.0
10月	1.2	0.7	0.4	0.9
11月	0.9	1.6	1.1	1.7
12月	0.2	0.6	0.3	0.3
年	6.3	7.4	3.8	7.7
最多年	22.2	43.4	14.9	33.6
最少年	0.0	0.0	0.0	0.0

(3)日降雪量≥5.0 mm的初终日期、出现日数及降雪量

达茂旗日降雪量≥5.0 mm降雪的多年平均初日为12月底至次年1月下旬，历年最早日期为10月上旬至下旬，历年最晚日期为3月底至5月中旬；多年平均终日为1月上旬至2月中旬，历年最早日期为10月上旬至下旬，历年最晚日期为3月底至5月中旬。

全旗日降雪量≥5.0 mm(大雪以上降雪)的年降雪日数的多年平均值为0.4 d。

达茂旗各地日降雪量≥5.0 mm初终日及年降雪量的多年平均值详见表4.28。

表4.28　达茂旗各地日降雪量≥5.0 mm初终日及年降雪日数的多年平均值(1961—2010年)

			白云鄂博	百灵庙	满都拉	希拉穆仁
初日	平均	月	1	1	12	1
		日	25	4	31	28
	最早	月	10	10	10	10
		日	20	24	27	5
	最晚	月	4	3	5	5
		日	11	31	2	17
终日	平均	月	2	1	1	2
		日	7	9	7	18
	最早	月	10	10	10	10
		日	20	24	28	5
	最晚	月	4	3	5	5
		日	22	31	2	17
≥5.0 mm降雪日数/d			0.4	0.5	0.2	0.5

达茂旗日降雪量≥5.0 mm的年降雪量的多年平均值为2.7 mm。大雪以上降雪主要集中在1—3月和10—11月，其中3月最大，10—11月次之，详见表4.29。

表 4.29 达茂旗日降雪量≥5.0 mm 的月、年降雪量统计(1961—2010 年) 单位:mm

	白云鄂博	百灵庙	满都拉	希拉穆仁
1月	0.1	0.5	0.3	0.4
2月	0.0	0.3	0.2	0.1
3月	0.8	1.3	0.1	0.8
4月	0.4	0.0	0.0	0.4
5月	0.0	0.0	0.2	0.6
6月	0.0	0.0	0.0	0.0
7月	0.0	0.0	0.0	0.0
8月	0.0	0.0	0.0	0.0
9月	0.0	0.0	0.0	0.0
10月	0.6	0.5	0.3	0.6
11月	0.4	0.6	0.6	0.8
12月	0.0	0.1	0.0	0.0
年	2.3	3.3	1.6	3.7
最多年	15.8	43.4	13.9	28.2
最少年	0.0	0.0	0.0	0.0

4.13.3 各级雨夹雪的初终日期、出现日数及降雪量

在秋末和初春,近地层气温在 0 ℃以上,但这层空气不厚,温度也不很高,会使高空降落的雪花尚未完全融化就落到了地面,形成降湿雪,或雨雪并降的现象,这种现象叫"雨夹雪"。

雨夹雪是冷暖空气辐合运动的产物。降雨夹雪同时若伴随强冷空气使气温降至 0 ℃以下时,会使附着在悬空管线和塔架上的湿雪冻结形成覆冰,厚度达到一定程度容易发生管线断裂或塔架倾斜,有关部门,特别是电力部门应做好防御雨夹雪冰害预案。

降雨夹雪会降低能见度,使道路湿滑,影响人们日常出行。

(1)日降雨夹雪量≥0.1 mm 的初终日期、出现日数及降雨夹雪量

一年中雨夹雪集中出现在 2 个时段,秋季和春季。

达茂旗秋季日降雨夹雪量≥0.1 mm 的多年平均初日为 10 月上中旬,多年平均终日为 10 月中下旬;春季日降雨夹雪量≥0.1 mm 的多年平均初日为 3 月下旬至 4 月中旬,多年平均终日为 4 月中旬至 5 月上旬。

日降雨夹雪量≥0.1 mm 的年降雨夹雪日数的多年平均值,称为年降雨夹雪日数的多年平均值。达茂旗日降雨夹雪量≥0.1 mm 的年降雨夹雪日数为 3.4 d。

达茂旗各地日降雨夹雪量≥0.1 mm 初终日及年降雨夹雪日数的多年平均值详见表 4.30。

表 4.30　达茂旗日降雨夹雪量≥0.1 mm初终日及年降雨夹雪日数的多年平均值(1961—2010年)

				白云鄂博	百灵庙	满都拉	希拉穆仁
秋季	初日	平均	月	10	10	10	10
			日	10	16	13	9
		最早	月	9	9	7	9
			日	1	7	4	2
		最晚	月	11	11	11	11
			日	9	12	15	4
	终日	平均	月	10	10	10	10
			日	19	28	25	22
		最早	月	9	10	7	9
			日	7	1	22	8
		最晚	月	12	11	12	11
			日	15	25	2	25
春季	初日	平均	月	4	3	4	4
			日	15	29	1	4
		最早	月	3	2	2	2
			日	16	25	17	13
		最晚	月	5	5	5	5
			日	26	16	16	26
	终日	平均	月	5	4	4	5
			日	2	25	18	3
		最早	月	4	3	2	3
			日	1	2	25	17
		最晚	月	5	5	5	6
			日	30	17	27	5
≥0.1 mm降雨夹雪日数/d				2.7	4.0	2.9	4.1

达茂旗日降雨夹雪量≥0.1 mm的年降雨夹雪量多年平均为11.0 mm;历年最大降雨夹雪量为60.2 mm,出现在北部的满都拉镇。日降雨夹雪量≥0.1 mm的雨夹雪主要集中在9—11月和3—5月,其中10月最大,4月次之,详见表4.31。

表 4.31　达茂旗日降雨夹雪量≥0.1 mm的月、年降雨夹雪量统计(1961—2010年)　单位:mm

	白云鄂博	百灵庙	满都拉	希拉穆仁
1月	0.0	0.0	0.0	0.0
2月	0.0	0.0	0.1	0.1
3月	0.5	1.2	1.0	1.1
4月	2.0	2.9	2.6	3.6
5月	2.2	2.8	1.8	2.5
6月	0.0	0.0	0.0	0.2
7月	0.0	0.0	0.3	0.0
8月	0.0	0.0	0.0	0.0
9月	0.9	0.3	0.1	1.0

续表

	白云鄂博	百灵庙	满都拉	希拉穆仁
10月	3.3	3.7	2.7	5.1
11月	0.4	0.8	0.4	0.5
12月	0.0	0.0	0.0	0.0
年	9.3	11.7	9.0	14.1
最多年	34.6	48.2	60.2	51.1

(2)日降雨夹雪量≥5.0 mm 的初终日期、出现日数及降雨夹雪量

达茂旗秋季日降雨夹雪量≥5.0 mm 的多年平均初日为10月上旬,多年平均终日为10月中旬;春季日降雨夹雪量≥5.0 mm 的多年平均初日为4月中旬,多年平均终日为4月下旬。

全旗日降雨夹雪量≥5.0 mm 的年降雨夹雪日数的多年平均值为0.7 d。

达茂旗各地日降雨夹雪量≥5.0 mm 初终日及年降雨夹雪日数的多年平均值详见表4.32。

表4.32 达茂旗各地日降雨夹雪量≥5.0 mm 初终日及年降雨夹雪日数的多年平均值(1961—2010年)

				白云鄂博	百灵庙	满都拉	希拉穆仁
秋季	初日	平均	月	10	10	10	10
			日	6	18	5	5
		最早	月	9	10	7	9
			日	1	1	22	2
		最晚	月	10	11	11	10
			日	25	9	25	30
	终日	平均	月	10	10	10	10
			日	9	19	8	12
		最早	月	9	10	7	9
			日	2	1	22	23
		最晚	月	10	11	11	11
			日	29	9	25	13
春季	初日	平均	月	4	4	4	4
			日	21	21	15	22
		最早	月	3	3	3	3
			日	21	12	3	3
		最晚	月	5	5	5	5
			日	5	16	16	27
	终日	平均	月	4	4	4	5
			日	28	22	17	3
		最早	月	3	3	3	3
			日	21	12	3	3
		最晚	月	5	5	5	6
			日	30	16	16	5
≥5.0 mm 雨夹雪天数/d				0.5	0.7	0.5	1.1

达茂旗日降雨夹雪量≥5.0 mm的年降雨夹雪量多年平均为6.9 mm；历年最大降雨夹雪量为58.3 mm，出现在北部的满都拉镇。日降雨夹雪量≥5.0 mm的雨夹雪主要集中在10—11月和3—5月，其中10月最大，5月和4月次之，详见表4.33。

表4.33 达茂旗各地日降雨夹雪量≥5.0 mm的月、年降雨夹雪量统计(1961—2010年) 单位：mm

	白云鄂博	百灵庙	满都拉	希拉穆仁
1月	0.0	0.0	0.0	0.0
2月	0.0	0.0	0.0	0.0
3月	0.1	0.5	0.6	0.6
4月	0.9	1.0	1.4	2.2
5月	1.5	1.9	1.4	1.9
6月	0.0	0.0	0.0	0.2
7月	0.0	0.0	0.2	0.0
8月	0.0	0.0	0.0	0.0
9月	0.7	0.0	0.0	0.8
10月	2.5	3.0	1.8	3.7
11月	0.0	0.3	0.2	0.2
12月	0.0	0.0	0.0	0.0
年	5.7	6.7	5.6	9.6
最多年	28.7	38.4	58.3	47.8
最少年	0.0	0.0	0.0	0.0

4.14 各形态各级降水日数、降水量和百分率

4.14.1 各量级降雨日数、降雨量和百分率

达茂旗多年平均年小雨日数为40.4 d，年小雨雨量为97 mm，小雨雨量占总降雨量的百分率为47%。

多年平均年中雨日数为4.9 d，年中雨雨量为75 mm，中雨雨量占总降雨量的百分率为35%。

多年平均年大雨日数为0.9 d，年大雨雨量为30.3 mm，大雨雨量占总降雨量的百分率为14%。

多年平均年暴雨日数为0.1 d，年暴雨雨量为7.7 mm，暴雨雨量占总降雨量的百分率为3.6%。

达茂旗各地各量级降雨的年降雨日数、年降雨量和百分率详见表4.34。

表4.34 达茂旗各地各量级降雨的年降雨日数、年降雨量和百分率(1961—2010年平均)

		白云鄂博	百灵庙	满都拉	希拉穆仁
小雨	日数/d	39.7	40.5	34.6	46.8
	雨量/mm	94.6	97.6	80.2	116.2
	百分率/%	43.4	43.4	54.4	46.4

续表

		白云鄂博	百灵庙	满都拉	希拉穆仁
中雨	日数/d	5.0	5.2	3.1	6.3
	雨量/mm	77.7	78.3	46.6	98.1
	百分率/%	35.6	34.8	31.6	39.2
大雨	日数/d	1.0	1.2	0.5	1.0
	雨量/mm	34.1	39.0	17.4	30.8
	百分率/%	15.6	17.3	11.8	12.3
暴雨及以上	日数/d	0.2	0.2	0.0	0.1
	雨量/mm	11.7	10.1	3.4	5.5
	百分率/%	5.4	4.5	2.3	2.2

4.14.2 各量级降雪日数、降雪量和百分率

达茂旗多年平均年小雪日数为 16.8 d，年小雪雪量为 8.9 mm，小雪雪量占总降雪量的百分率为 60%。

多年平均年中雪日数为 1.0 d，年中雪雪量为 3.5 mm，中雪雪量占总降雪量的百分率为 23%。

多年平均年大雪日数为 0.3 d，年大雪雪量为 2.1 mm，大雪雪量占总降雪量的百分率为 14%。

多年平均年暴雪日数为 0.04 d，年暴雪雪量为 0.6 mm，暴雪雪量占总降雪量的百分率为 3.8%。

达茂旗各地各量级降雪的年降雪日数、年降雪量和百分率详见表 4.35。

表 4.35 达茂旗各地各量级降雪的年降雪日数、年降雪量和百分率(1961—2010 年平均)

		白云鄂博	百灵庙	满都拉	希拉穆仁
小雪	日数/d	17.2	17.0	13.6	19.3
	雪量/mm	9.2	8.9	7.3	10.2
	百分率/%	59.8	55.1	65.7	57.3
中雪	日数/d	1.1	1.2	0.7	1.2
	雪量/mm	3.9	3.9	2.2	4.0
	百分率/%	25.4	24.3	19.6	22.3
大雪	日数/d	0.4	0.4	0.2	0.4
	雪量/mm	2.3	2.5	1.2	2.6
	百分率/%	14.8	15.2	10.8	14.7
暴雪及以上	日数/d	0.00	0.06	0.04	0.06
	雪量/mm	0.0	0.9	0.4	1.0
	百分率/%	0.0	5.4	4.0	5.7

4.14.3 各量级降雨夹雪日数、降雨夹雪量和百分率

达茂旗多年平均年小雨夹雪日数为 2.0 d，年小雨夹雪量为 1.8 mm，小雨夹雪量占总降雨夹雪量的百分率为 17%。

多年平均年中雨夹雪日数为 0.7 d，年中雨夹雪量为 2.3 mm，中雨夹雪量占总雨夹雪量的百分率为 21%。

多年平均年大雨夹雪日数为 0.5 d,年大雨夹雪量为 3.4 mm,大雨夹雪量占总降雨夹雪量的百分率为 30%。

多年平均年暴雨夹雪日数为 0.2 d,年暴雨夹雪量为 3.4 mm,暴雨夹雪量占总降雨夹雪量的百分率为 32%。

达茂旗各地各量级降雨夹雪的年降雨夹雪日数、年降雨夹雪量和百分率详见表 4.36。

表 4.36 达茂旗各地各量级雨夹雪的年降雨夹雪日数、年降雨夹雪量和百分率(1961—2010 年平均)

		白云鄂博	百灵庙	满都拉	希拉穆仁
小雨夹雪	日数/d	1.6	2.4	1.9	2.3
	雨夹雪量/mm	1.5	2.1	1.7	2.0
	百分率/%	15.8	18.1	19.3	14.4
中雨夹雪	日数/d	0.6	0.8	0.5	0.7
	雨夹雪量/mm	2.1	3.0	1.7	2.6
	百分率/%	22.9	25.2	18.7	18.4
大雨夹雪	日数/d	0.3	0.5	0.4	0.8
	雨夹雪量/mm	2.2	3.2	2.5	5.8
	百分率/%	23.8	27.1	27.2	41.7
暴雨夹雪及以上	日数/d	0.2	0.2	0.2	0.3
	雨夹雪量/mm	3.5	3.5	3.1	3.6
	百分率/%	37.5	29.6	34.8	25.6

4.15 积雪初终日、积雪日数及最大积雪深度

气象观测站四周视野被雪(包括霰、米雪、冰粒)覆盖地面达到能见面积一半以上时,气象上称为积雪,该日称为一个积雪日。由于冬半年第一场雪和最后一场雪出现时,地面温度一般在 0 ℃左右,雪往往降到地面后就很快融化,有降雪而不易形成积雪,因此,积雪的初终日往往比降雪的初终日推迟或提早 11~36 d。

4.15.1 积雪初终日

达茂旗多年平均积雪初日为 10 月下旬至 11 月上旬,历年最早日期为 9 月上旬至下旬,历年最晚日期为 11 月下旬至 12 月中下旬;多年平均积雪终日为 4 月上旬至下旬,历年最早日期为 1 月中旬至 2 月下旬,历年最晚日期为 5 月中下旬,详见表 4.37。

表 4.37 达茂旗各地积雪初终日(1961—2010 年)

			白云鄂博	百灵庙	满都拉	希拉穆仁
初日	平均	月	10	11	11	10
		日	24	2	6	22
	最早	月	9	9	9	9
		日	7	27	27	2
	最晚	月	12	12	12	11
		日	17	18	28	23

续表

			白云鄂博	百灵庙	满都拉	希拉穆仁
终日	平均	月	4	4	4	4
		日	21	8	3	17
	最早	月	2	2	2	1
		日	27	28	9	20
	最晚	月	5	5	5	5
		日	25	17	16	17

4.15.2 积雪日数

达茂旗多年平均年积雪日数为 59 d。积雪主要出现在冬季 11 月至次年 3 月，其中 1 月份积雪日数最多，12 月和 2 月次之，详见表 4.38。

表 4.38 达茂旗各地月、年积雪日数统计(1961—2010 年) 单位：d

	白云鄂博	百灵庙	满都拉	希拉穆仁
1 月	16.1	14.9	10.4	17.0
2 月	13.6	12.8	8.4	12.5
3 月	7.6	6.6	3.9	9.2
4 月	2.4	1.2	0.9	2.3
5 月	0.5	0.3	0.1	0.6
6 月	0.0	0.0	0.0	0.0
7 月	0.0	0.0	0.0	0.0
8 月	0.0	0.0	0.0	0.0
9 月	0.1	0.0	0.1	0.1
10 月	2.2	1.3	0.8	2.5
11 月	9.7	8.6	6.0	10.8
12 月	14.3	12.8	9.2	15.9
年	66.5	58.5	39.8	70.9
最多年	129.0	106.0	97.0	135.0
最少年	17.0	16.0	12.0	13.0

4.15.3 最大积雪深度

达茂旗历年最大积雪深度为 29 cm，1962 年 11 月 2 日出现在南部的希拉穆仁镇。达茂旗各地历年最大积雪深度详见表 4.39。

表 4.39 达茂旗各地历年最大积雪深度(1961—2010 年)

地区	雪深/cm	出现时间
白云鄂博	18	1967-11-28
百灵庙	21	1977-10-29
满都拉	18	1967-11-28
希拉穆仁	29	1962-11-02

第5章 热量分布

5.1 气温

气温是表示空气冷热程度的物理量。气象站地面观测中测定的是离地面1.5 m高度处的空气温度。气温包括定时气温、日最高气温和日最低气温。气温是和工农业生产、人民生活、军事行动密切相关的一个最简便易得的热量指标。

5.1.1 平均气温的时空分布

年平均气温是指年中每月平均气温总和的平均值,季平均气温是指季中每月平均气温总和的平均值,月平均气温指各月中每日平均气温总和的平均值。

(1)年平均气温

达茂旗各地年平均气温见图5.1。从空间分布来看,全旗年平均气温呈现南部低、北部高的特点,符合气温随地理纬度和海拔高度的升高而降低、低纬高于高纬、平原高于山区的一般规律。从南部的希拉穆仁镇到百灵庙镇,海拔高度降低,纬度升高,海拔高度起主要作用,气温升高;从百灵庙镇到白云鄂博区,海拔高度和纬度都升高,气温下降;从白云鄂博区到满都拉镇,海拔高度降低,纬度升高,海拔高度起主要作用,气温升高。总体趋势是年平均气温从南到北由低到高。年平均气温最高值出现在北部最北端海拔高度最低的满都拉镇(5.3 ℃),最低值出现在南部海拔高度最高的希拉穆仁镇(2.6 ℃),两者之差为2.7 ℃。

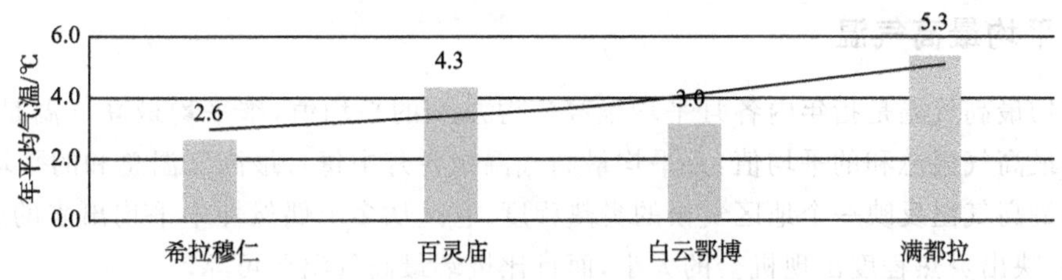

图5.1 达茂旗各地年平均气温(1961—2010年平均)

(2)季、月平均气温

全旗季平均气温夏季最高,为19.3 ℃,春季次之,为9.4 ℃,秋季较低,为8.4 ℃,冬季最低,为-9.6 ℃;月平均气温7月份最高,为20.8 ℃,1月份最低,为-15.0 ℃,气温年较差为35.8 ℃。

一年中,全旗月平均气温2月开始逐渐回升,3—5月是回升最快的时期,平均每个月升高8.2 ℃,4月开始月平均气温升到0 ℃以上。春季气温的快速回升为作物的播种、发芽及时提供了热量条件。进入8月全旗气温开始下降,9月以后迅速下降,9—10月平均每月下

降 7.1 ℃,但秋季降温幅度比春季的升温幅度略小。气温的这种季节性变化,可以延长作物生长期,充分利用热量,增加干物质的积累,提高作物的产量。

全旗月平均气温变率很大,3—5 月气温近于直线上升,9—12 月气温近于直线下降,6—8 月气温变化较为平缓。

达茂旗各地年、季、月平均气温详见表 5.1。

表 5.1 达茂旗各地年、季、月平均气温(1961—2010 年平均) 单位:℃

	白云鄂博	百灵庙	满都拉	希拉穆仁
年	3.0	4.3	5.3	2.6
春季	8.4	10.0	11.0	8.2
夏季	18.3	19.8	21.3	17.7
秋季	7.6	8.9	10.1	7.1
冬季	−10.1	−9.2	−8.5	−10.6
1 月	−15.2	−14.9	−14.0	−16.0
2 月	−11.6	−11.0	−10.1	−12.5
3 月	−4.3	−3.0	−2.4	−4.8
4 月	4.5	6.1	7.0	4.5
5 月	12.2	13.8	14.9	11.9
6 月	17.6	19.1	20.5	17.0
7 月	19.8	21.3	22.9	19.2
8 月	17.6	19.0	20.6	16.9
9 月	11.6	12.9	14.3	10.9
10 月	3.6	4.9	5.8	3.3
11 月	−6.2	−4.7	−4.2	−6.2
12 月	−13.2	−12.3	−11.6	−13.6

5.1.2 平均最高气温

年平均最高气温是指年内各月平均最高气温总和的平均值,季平均最高气温是指季内每月平均最高气温总和的平均值,月平均最高气温指各月中每日最高气温总和的平均值。

平均最高气温反映一个地区气候的炎热程度,它是从多个偶然性中平均出来的必然性。因此,它反映出炎热程度出现机会的大小,而且比极端最高气温要可靠。

达茂旗年平均最高气温为 10.9 ℃,和年平均气温一样,从南向北随着纬度升高而降低,随着海拔高度的降低而升高,其中海拔高度起主要作用。故年平均最高气温从南到北由低到高,北部的满都拉镇比南部的希拉穆仁镇高 2.2 ℃。

达茂旗季平均最高气温夏季最高,为 25.7 ℃,春季次之,为 16.7℃,秋季较低,为 15.7 ℃,冬季最低,为−2.3 ℃;月平均最高气温 7 月最高,为 27.1 ℃,6 月次之,为25.3 ℃,8 月较低,为 24.8 ℃,1 月最低,为−7.7 ℃,其他月份平均最高气温由高到低依次是 5 月 20.3 ℃,9 月 19.4 ℃,4 月 13.0 ℃,10 月 11.8 ℃,3 月 3.9 ℃,11 月 1.8 ℃,2 月−3.6 ℃,12 月−5.8 ℃。

达茂旗各地年、季、月平均最高气温详见表5.2。

表5.2 达茂旗各地年、季、月平均最高气温统计(1961—2010年平均) 单位:℃

	白云鄂博	百灵庙	满都拉	希拉穆仁
年	9.6	11.7	12.2	10.0
春季	15.4	17.5	18.3	15.5
夏季	24.4	26.5	27.8	24.2
秋季	14.3	16.4	17.2	14.7
冬季	−3.6	−1.4	−1.5	−2.6
1月	−9.0	−6.9	−7.2	−7.7
2月	−4.8	−2.7	−2.7	−4.0
3月	2.6	4.8	5.2	3.0
4月	11.7	13.8	14.5	11.9
5月	19.1	21.1	22.1	19.0
6月	24.0	26.0	27.2	23.8
7月	25.8	27.9	29.2	25.6
8月	23.5	25.5	26.9	23.3
9月	18.1	20.2	21.2	18.2
10月	10.5	12.6	13.1	11.1
11月	0.3	2.6	2.7	1.5
12月	−7.2	−5.0	−5.3	−5.8

5.1.3 平均最低气温

年平均最低气温是指年内各月平均最低气温总和的平均值,季平均最低气温是指季内各月平均最低气温总和的平均值,月平均最低气温指各月中每日最低气温总和的平均值。

平均最低气温反映一个地区气候的寒冷程度,哪个地区的平均最低气温越低,哪个地区就越寒冷。夏季平均最低气温从一个侧面反映着一个地区气候的凉爽程度,平均最低气温越低,气候越凉爽。

达茂旗年平均最低气温为−2.5 ℃,其分布规律也是从南向北随着纬度的升高而降低,随着海拔高度的降低而升高,海拔高度起主要作用,北部的满都拉镇比南部的希拉穆仁镇高3.4 ℃。季平均最低气温的分布,夏季最高,为12.8 ℃,冬季最低,为−15.4 ℃,春季2.1 ℃和秋季2.4 ℃居中,秋季略高于春季。月平均最低气温7月最高,为14.5 ℃,8月次高,为12.7 ℃,6月较低,为11.2 ℃,1月最低,为−20.7 ℃,其他月份平均最低气温由高到低依次为9月6.3 ℃,5月5.7 ℃,4月−1.5 ℃,10月−1.5 ℃,11月−10.7 ℃,3月−10.0 ℃,2月−17.4 ℃,12月−18.2 ℃。

达茂旗各地年、季、月平均最低气温详见表5.3。

表5.3 达茂旗各地年、季、月平均最低气温统计(1961—2010年平均) 单位:℃

	白云鄂博	百灵庙	满都拉	希拉穆仁
年	−2.5	−2.3	−0.9	−4.3
春季	1.7	2.5	3.8	0.3
夏季	12.4	13.2	14.9	10.7
秋季	2.4	2.6	4.0	0.6

续表

	白云鄂博	百灵庙	满都拉	希拉穆仁
冬季	−15.1	−15.3	−14.1	−17.0
1月	−19.9	−21.0	−19.3	−22.4
2月	−16.7	−17.7	−16.0	−19.2
3月	−9.9	−9.6	−8.7	−11.6
4月	−1.9	−1.1	0.0	−3.1
5月	5.3	6.1	7.6	3.7
6月	10.9	11.6	13.4	9.0
7月	14.0	14.9	16.7	12.4
8月	12.3	13.0	14.7	10.7
9月	6.2	6.4	8.1	4.3
10月	−1.5	−1.3	−0.2	−3.1
11月	−10.9	−10.3	−9.5	−12.2
12月	−17.9	−18.0	−17.0	−19.7

5.1.4 极端气温

极端最高气温:一月当中每日最高气温的最大值为该月的极端最高气温,一年中每月极端最高气温的最大值为该年的极端最高气温,从历年极端最高气温中挑取的最大值为历年极端最高气温。

极端最低气温:一月当中每日最低气温的最小值为该月的极端最低气温,一年中每月极端最低气温的最小值为该年的极端最低气温,从历年极端最低气温中挑取的最小值为历年极端最低气温。

达茂旗历年极端最高气温为39.8 ℃,1999年7月27日出现在北部的满都拉镇;历年极端最低气温为−41.1 ℃,1971年1月21日出现在南部的希拉穆仁镇。

达茂旗各地年、月极端气温详见表5.4。

表5.4 达茂旗各地年、月极端气温统计(1961—2010年) 单位:℃

		白云鄂博	百灵庙	满都拉	希拉穆仁
年	最高	36.3	38.1	39.8	35.9
	最低	−35.1	−39.4	−35.3	−41.1
1月	最高	5.4	8.2	13.3	8.7
	最低	−35.1	−39.4	−35.3	−41.1
2月	最高	12.8	16.8	14.9	14.6
	最低	−31.5	−36.6	−33.0	−38.3
3月	最高	20.4	21.7	23.4	20.1
	最低	−26.5	−30.2	−28.3	−31.1
4月	最高	27.1	30.2	31.3	28.2
	最低	−18.9	−17.1	−17.0	−18.0
5月	最高	32.0	33.7	34.7	31.6
	最低	−8.9	−8.9	−6.3	−10.0

续表

		白云鄂博	百灵庙	满都拉	希拉穆仁
6月	最高	35.1	37.5	38.0	35.8
	最低	−1.2	−0.1	1.5	−3.7
7月	最高	36.3	38.1	39.8	35.9
	最低	5.4	4.0	8.4	2.1
8月	最高	34.3	35.3	38.6	33.2
	最低	−1.6	0.5	0.2	−6.5
9月	最高	32.1	33.4	34.8	31.6
	最低	−6.4	−6.6	−4.9	−9.4
10月	最高	22.8	25.4	26.4	23.3
	最低	−18.0	−17.0	−26.3	−25.3
11月	最高	17.1	18.7	20.4	17.5
	最低	−28.3	−29.6	−26.7	−33.0
12月	最高	9.1	10.7	11.1	12.2
	最低	−31.6	−39.2	−33.7	−37.6

5.1.5 气温的波动幅度

(1)气温日较差

气温日较差是指气温在一昼夜内最高值与最低值之差。月中每天气温日较差的平均(极端)值为该月的月平均(极端)气温日较差;季中每天气温日较差的平均(极端)值为该季的季平均(极端)气温日较差;年内每天气温日较差的平均(极端)值为该年的年平均(极端)气温日较差。

气温日较差反映了气温在一日之中的波动幅度,其大小对农作物生长有很大影响,也是判断一地气候大陆性的指标。一般以气温日较差10 ℃为大陆性气候与海洋性气候的分界。

达茂旗多年平均气温日较差为13.3 ℃,极端最大日较差为36.9 ℃。可见气温变化之剧烈,是具有明显的大陆性气候特点的地区之一。

季平均气温日较差春季最大,为14.6 ℃,秋季次之,为13.3 ℃,冬季较小,为13.1 ℃,夏季最小,为12.9 ℃。极端最大气温日较差为36.9 ℃,出现在秋季,极端最小气温日较差为1.2 ℃,出现在冬季。月平均气温日较差5月最大,8月最小。

平均气温日较差的空间分布是北部小,南部大。南部由于海拔高度更高,水汽含量更少,大气透明度更好,所以气温日较差更大一些。

达茂旗各地年、季、月气温日较差详见表5.5。

表5.5 达茂旗各地年、季、月气温日较差(1961—2010年) 单位:℃

		白云鄂博	百灵庙	满都拉	希拉穆仁
年	平均	12.1	13.9	13.1	14.2
	最高	27.7	29.8	35.0	36.9
	最低	1.3	1.6	1.2	1.8

续表

		白云鄂博	百灵庙	满都拉	希拉穆仁
春季	平均	13.7	15.0	14.5	15.2
	最高	24.8	27.9	27.2	30.4
	最低	3.6	3.5	3.5	2.9
夏季	平均	12.0	13.3	12.8	13.5
	最高	24.0	27.1	26.6	28.6
	最低	1.6	1.9	2.5	2.3
秋季	平均	12.0	13.8	13.2	14.0
	最高	27.7	25.7	35.0	36.9
	最低	1.6	1.6	1.8	2.2
冬季	平均	11.5	13.9	12.6	14.4
	最高	25.2	29.8	26.7	32.4
	最低	1.3	1.6	1.2	1.8
1月	平均	10.9	14.1	12.0	14.7
	最高	20.7	26.4	26.7	32.4
	最低	2.1	3.4	3.3	2.5
2月	平均	11.9	15.0	13.4	15.2
	最高	21.5	29.8	26.2	31.3
	最低	2.7	3.1	1.2	3.4
3月	平均	12.5	14.4	13.9	14.5
	最高	23.5	26.8	25.0	28.6
	最低	2.6	1.6	2.4	2.8
4月	平均	13.6	14.9	14.5	15.0
	最高	24.8	27.9	27.2	29.7
	最低	3.7	4.0	3.5	3.3
5月	平均	13.8	15.1	14.5	15.4
	最高	24.3	27.8	26.3	30.4
	最低	3.6	3.5	5.1	2.9
6月	平均	13.1	14.4	13.8	14.8
	最高	24.0	27.1	26.6	28.6
	最低	1.6	1.9	2.5	2.8
7月	平均	11.9	13.0	12.5	13.1
	最高	21.0	23.0	21.4	23.1
	最低	3.5	3.5	3.6	2.4
8月	平均	11.1	12.5	12.2	12.6
	最高	21.0	23.9	23.5	27.5
	最低	2.0	2.2	2.5	2.3
9月	平均	11.9	13.7	13.1	13.9
	最高	21.9	25.7	21.6	27.4
	最低	2.2	2.4	3.1	2.6

续表

		白云鄂博	百灵庙	满都拉	希拉穆仁
10月	平均	12.1	13.9	13.3	14.1
	最高	27.7	25.2	35.0	36.9
	最低	1.6	1.6	1.8	2.2
11月	平均	11.2	12.9	12.2	13.7
	最高	25.2	24.4	21.8	28.6
	最低	1.3	1.8	1.3	1.8
12月	平均	10.7	13.1	11.6	13.9
	最高	23.3	23.2	22.4	29.0
	最低	2.1	2.4	2.7	3.6

(2)气温年较差

一年内最热月与最冷月平均气温的差值,是表征一个地区气候大陆性强弱的重要指标,一般年较差越大,气候的大陆性越强。

达茂旗多年平均气温年较差为36.3 ℃;历年最大气温年较差为44.7 ℃,1968年出现在北部的满都拉镇;历年最小气温年较差为29.4 ℃,1979年出现在南部的希拉穆仁镇。

达茂旗各地气温年较差详见表5.6。

表5.6　达茂旗各地气温年较差(1961—2010年)　　单位:℃

	白云鄂博	百灵庙	满都拉	希拉穆仁
平均	35.5	36.7	37.4	35.7
最高(出现年份)	40.5(1968)	43.9(1968)	44.7(1968)	42.2(1967)
最低(出现年份)	31.0(1979)	30.8(1979)	32.8(1979)	29.4(1979)

5.1.6　各界限温度日数

(1)日平均气温各界限温度日数

日平均气温各界限温度日数既可反映一个地区热量资源和农业生产条件,也可以反映该地区寒冷或炎热的程度和持续时间长短。

达茂旗日平均气温≤−20 ℃的多年平均日数为11.0 d,南部比北部多8.3 d。

日平均气温≤−15 ℃的多年平均日数为35.5 d,南部比北部多14.8 d。

日平均气温≤−10 ℃的多年平均日数为73.4 d,南部比北部多15.9 d。

日平均气温≤−5 ℃的多年平均日数为112.7 d,南部比北部多14.7 d。

日平均气温≤0 ℃的多年平均日数为147.9 d,南部比北部多14.7 d。

日平均气温≤2 ℃的多年平均日数为161.6 d,南部比北部多15.2 d。

日平均气温>0 ℃的多年平均日数为217.4 d,南部比北部少14.7 d。

日平均气温≥5 ℃的多年平均日数为183.5 d,南部比北部少16.4 d。

日平均气温≥10 ℃的多年平均日数为147.4 d,南部比北部少22.0 d。

日平均气温≥20 ℃的多年平均日数为42.6 d,南部比北部少45.2 d。

日平均气温≥25 ℃的多年平均日数为5.2 d,南部比北部少13.5 d。

日平均气温≥30 ℃的多年平均日数为0.2 d,南部比北部少0.6 d。

达茂旗各地日平均气温各界限温度日数详见表5.7。

表5.7 达茂旗各地日平均气温各界限温度日数(1961—2010年) 单位:d

		白云鄂博	百灵庙	满都拉	希拉穆仁
≤−20 ℃	平均	10.4	10.2	7.6	15.9
	最多	36	42	37	42
	最少	0	0	0	1
≤−15 ℃	平均	37.2	33.4	28.3	43.1
	最多	71	65	63	78
	最少	14	10	5	21
≤−10 ℃	平均	78.7	69.7	64.7	80.6
	最多	108	95	94	111
	最少	53	41	39	53
≤−5 ℃	平均	118.8	108.7	104.3	119.0
	最多	140	131	131	142
	最少	90	86	84	93
≤0 ℃	平均	154.1	143.2	139.7	154.4
	最多	168	157	156	166
	最少	136	118	116	137
≤2 ℃	平均	167.8	157.5	152.9	168.1
	最多	187	170	173	183
	最少	154	140	131	154
>0 ℃	平均	211.2	222.0	225.5	210.8
	最多	229	247	249	228
	最少	198	208	210	199
≥5 ℃	平均	177.4	187.3	192.8	176.4
	最多	192	202	207	193
	最少	161	171	176	161
≥10 ℃	平均	140.9	151.8	159.4	137.4
	最多	158	174	179	156
	最少	128	137	143	123
≥20 ℃	平均	30.3	48.6	68.3	23.1
	最多	54	76	92	46
	最少	11	20	49	8
≥25 ℃	平均	1.5	4.4	14.2	0.7
	最多	14	24	32	6
	最少	0	0	0	0
≥30 ℃	平均	0.0	0.1	0.6	0.0
	最多	0	2	8	0
	最少	0	0	0	0

(2)日最高气温各界限温度日数

日最高气温和日平均气温一样，其各界限温度日数也可以反映本地区寒冷或炎热的程度及持续时间长短。日最高气温各界限温度日数，主要反映白天的气温状况和增温程度。日最高气温低于各界限温度的日数越多，表明白天气温越低，气温回升幅度越小，气候越寒冷；反之，则表明白天气温越高，在太阳辐射下气温回升幅度越大。同理，日最高气温高于各界限温度的日数越多，表明白天气温越高，地面接收的太阳辐射及大气储存的热量越多，气候越温暖或炎热；反之，则表明白天气温越低，地面接收的太阳辐射及大气储存的热量越少。日最高气温小于各界限温度日数可以反映冬季的寒冷程度，日最高气温大于各界限温度日数可以反映夏季的炎热程度。

达茂旗日最高气温≤−20 ℃的多年平均日数为 0.9 d，南部比北部多 0.5 d。

日最高气温≤−15 ℃的多年平均日数为 7.1 d，南部比北部多 2.5 d。

日最高气温≤−10 ℃的多年平均日数为 24.6 d，南部比北部多 4.3 d。

日最高气温≤−5 ℃的多年平均日数为 56.3 d，南部比北部多 5.4 d。

日最高气温≤0 ℃的多年平均日数为 95.1 d，南部比北部多 8.3 d。

日最高气温≤2 ℃的多年平均日数为 110.6 d，南部比北部多 10.8 d。

日最高气温>0 ℃的多年平均日数为 270.2 d，南部比北部少 8.3 d。

日最高气温≥5 ℃的多年平均日数为 234.0 d，南部比北部少 11.8 d。

日最高气温≥10 ℃的多年平均日数为 200.0 d，南部比北部少 13.7 d。

日最高气温≥20 ℃的多年平均日数为 120.9 d，南部比北部少 29.6 d。

日最高气温≥25 ℃的多年平均日数为 63.9 d，南部比北部少 42.1 d。

日最高气温≥30 ℃的多年平均日数为 15.2 d，南部比北部少 25.6 d。

日最高气温≥35 ℃的多年平均日数为 0.8 d，南部比北部少 2.4 d。

达茂旗各地日最高气温各界限温度日数详见表 5.8。

表 5.8 达茂旗各地日最高气温各界限温度日数(1961—2010 年) 单位：d

		白云鄂博	百灵庙	满都拉	希拉穆仁
≤−20 ℃	平均	1.3	0.6	0.6	1.1
	最多	7	6	5	8
	最少	0	0	0	0
≤−15 ℃	平均	9.0	5.3	5.7	8.3
	最多	37	22	28	29
	最少	0	0	0	0
≤−10 ℃	平均	30.5	20.2	21.7	26.0
	最多	60	51	50	56
	最少	10	3	5	9
≤−5 ℃	平均	66.4	49.7	51.9	57.3
	最多	95	81	82	80
	最少	40	29	29	34
≤0 ℃	平均	106.6	87.6	88.9	97.2
	最多	127	113	112	120
	最少	86	67	67	74

续表

		白云鄂博	百灵庙	满都拉	希拉穆仁
≤2 ℃	平均	120.9	104.1	103.3	114.1
	最多	135	121	123	136
	最少	99	84	87	91
>0 ℃	平均	258.6	277.7	276.3	268.0
	最多	279	298	298	291
	最少	238	252	253	245
≥5 ℃	平均	224.5	239.9	241.6	229.8
	最多	244	264	262	249
	最少	206	224	228	211
≥10 ℃	平均	191.1	206.1	208.3	194.6
	最多	207	220	220	210
	最少	177	190	188	180
≥20 ℃	平均	108.2	129.4	137.8	108.2
	最多	127	150	157	131
	最少	83	110	122	85
≥25 ℃	平均	48.0	74.3	87.6	45.5
	最多	71	98	109	68
	最少	19	41	66	18
≥30 ℃	平均	6.5	18.4	30.7	5.1
	最多	23	43	53	20
	最少	0	4	14	0
≥35 ℃	平均	0.1	0.6	2.5	0.1
	最多	2	8	14	2
	最少	0	0	0	0

(3)日最低气温各界限温度日数

日最低气温各界限温度日数，主要反映夜间的气温状况和降温程度。日最低气温低于各界限温度的日数越多，表明夜间气温越低，地表辐射冷却使气温降低幅度越大，气候越寒冷；反之，则表明夜间气温越高，气温降低幅度越小。同理，日最低气温高于各界限温度的日数越多，表明夜间气温越高，地面接收的太阳辐射及大气储存的热量越多，气候越温暖或炎热；反之，则表明夜间气温越低，地面接收的太阳辐射及大气储存的热量越少。日最低气温小于各界限温度日数可以反映冬季的寒冷程度，日最低气温大于各界限温度日数可以反映夏季的炎热程度。

达茂旗日最低气温≤−25 ℃的多年平均日数为 14.4 d，南部比北部多 14.7 d。

日最低气温≤−20 ℃的多年平均日数为 41.3 d，南部比北部多 23.4 d。

日最低气温≤−15 ℃的多年平均日数为 79.7 d，南部比北部多 23.0 d。

日最低气温≤−10 ℃的多年平均日数为 118.5 d，南部比北部多 19.8 d。

日最低气温≤−5 ℃的多年平均日数为 155.6 d，南部比北部多 20.7 d。

日最低气温≤0 ℃的多年平均日数为 194.3 d，南部比北部多 27.1 d。

日最低气温≤2 ℃的多年平均日数为 209.7 d，南部比北部多 29.7 d。

日最低气温>0 ℃的多年平均日数为 170.6 d，南部比北部少 26.2 d。

日最低气温≥5 ℃的多年平均日数为132.8 d,南部比北部少31.5 d。

日最低气温≥10 ℃的多年平均日数为86.1 d,南部比北部少43.3 d。

日最低气温≥20 ℃的多年平均日数为2.0 d,南部比北部少5.2 d。

日最低气温≥25 ℃的多年平均日数为0.0 d,南部比北部少0.1 d。

统计表明,达茂旗历年平均日最低气温几乎都在22 ℃以下。达茂旗各地日最低气温各界限温度日数详见表5.9。

表5.9 达茂旗各地日最低气温各界限温度日数(1961—2010年) 单位:d

		白云鄂博	百灵庙	满都拉	希拉穆仁
≤−25 ℃	平均	9.0	16.1	8.8	23.5
	最多	31	52	38	54
	最少	0	1	0	1
≤−20 ℃	平均	36.4	42.6	31.5	54.8
	最多	74	81	69	92
	最少	11	15	7	29
≤−15 ℃	平均	79.1	78.1	69.2	92.2
	最多	108	106	102	130
	最少	48	52	43	69
≤−10 ℃	平均	120.7	115.4	108.9	128.8
	最多	141	136	137	166
	最少	99	91	77	96
≤−5 ℃	平均	156.8	152.3	146.2	166.9
	最多	175	172	164	198
	最少	130	123	110	132
≤0 ℃	平均	195.0	192.2	181.5	208.6
	最多	216	214	204	248
	最少	179	170	155	181
≤2 ℃	平均	209.9	207.6	195.7	225.4
	最多	229	232	218	262
	最少	187	182	168	199
>0 ℃	平均	170.1	172.9	182.8	156.6
	最多	186	195	204	184
	最少	148	151	161	117
≥5 ℃	平均	131.9	135.5	147.7	116.2
	最多	148	162	170	148
	最少	116	112	126	81
≥10 ℃	平均	83.8	90.2	106.8	63.5
	最多	104	110	122	88
	最少	67	72	87	21
≥20 ℃	平均	0.5	1.8	5.5	0.3
	最多	6	14	20	3
	最少	0	0	0	0
≥25 ℃	平均	0.0	0.0	0.1	0.0
	最多	0	0	2	0
	最少	0	0	0	0

5.2 地面和地中浅层土壤温度

地面温度指地面与空气交界处的温度，即地表 0 cm 处的温度。地中浅层温度指地下 5 cm，10 cm，15 cm，20 cm，40 cm 深处的土壤温度。地温的高低对近地面气温，地面有效辐射，土壤水分蒸发，植物种子的发芽出苗、根系的形成、生长发育，微生物的繁殖及其活动，病虫害的越冬，地下害虫的活动等有很大影响，并与城市给排水工程、市政建设、水利工程、房屋建筑、地下管道的安装、交通运输等关系密切。地温资料是十分有用的气候资源，了解和掌握地面和地中浅层土壤温度的空间和时间分布，对于科学指导农牧业生产，制订农、林、牧业发展区域规划，合理设计建设施工方案，具有重要的实际意义。此外，冻土带修建铁路、地下矿产和地热资源开采等都需要参考多年的地温资料。

5.2.1 地面温度

达茂旗多年平均地面温度为 6.1 ℃，南部比北部低 2.8 ℃；多年平均地面温度比多年平均空气温度高 2.2 ℃。

多年平均地面最高温度为 25.6 ℃，南部比北部低 2.8 ℃；多年平均地面最高温度比多年平均空气最高温度高 14.6 ℃。

历年极端最高地面温度为 74.0 ℃，2010 年 7 月 6 日出现在中部的百灵庙镇，比历年极端最高气温高 34.2 ℃。

多年平均地面最低温度为－5.4 ℃，南部比北部低 3.3 ℃；多年平均地面最低温度比多年平均空气最低温度低 3.0 ℃。

历年极端地面最低温度为－43.8 ℃，1971 年 1 月 21 日出现在南部的希拉穆仁镇，比历年极端最低气温低 2.7 ℃。

一年中夏季平均地面温度最高，为 23.7 ℃，春季次之，为 13.5 ℃，秋季较低，为 10.4 ℃，冬季最低，为－9.4 ℃。月平均地面温度最高值为 25.4 ℃，出现在 7 月，最低值为－15.3 ℃，出现在 1 月。地面温度年较差达 40.7 ℃；年极端最高与年极端最低地面温度之差的历年最大值为 107.4 ℃。

达茂旗各地年、季、月地面温度详见表 5.10。

表 5.10 达茂旗各地年、季、月地面温度统计(1961—2010 年) 单位：℃

		白云鄂博	百灵庙	满都拉	希拉穆仁
年	多年平均	5.4	6.6	7.6	4.8
	平均最高	24.9	26.1	27.0	24.2
	极端最高	69.8	74.0	69.3	69.0
	平均最低	－5.9	－4.8	－3.7	－7.0
	极端最低	－42.7	－42.4	－41.3	－43.8
春季	多年平均	12.8	14.1	14.9	12.0
	平均最高	35.1	36.9	37.2	33.8
	极端最高	61.6	65.0	62.9	60.1
	平均最低	－1.8	－0.4	0.8	－2.9
	极端最低	－21.4	－20.5	－23.0	－23.4

续表

		白云鄂博	百灵庙	满都拉	希拉穆仁
夏季	多年平均	22.9	24.1	25.9	22.0
	平均最高	45.0	46.2	48.4	43.4
	极端最高	69.8	74.0	69.3	69.0
	平均最低	9.7	11.2	12.6	8.7
	极端最低	−7.3	−6.1	−3.8	−13.2
秋季	多年平均	9.6	10.9	11.8	9.1
	平均最高	29.0	30.5	31.3	28.5
	极端最高	54.9	60.8	59.7	53.6
	平均最低	−1.3	0.0	0.8	−1.8
	极端最低	−22.9	−21.0	−19.7	−24.5
冬季	多年平均	−9.9	−8.8	−8.3	−10.4
	平均最高	6.7	7.9	8.2	6.9
	极端最高	44.1	49.1	42.4	40.2
	平均最低	−18.9	−18.3	−17.4	−20.4
	极端最低	−42.7	−42.4	−41.3	−43.8
1月	多年平均	−15.6	−15.0	−14.3	−16.4
	平均最高	−0.3	0.8	0.4	0.3
	极端最高	16.0	17.6	18.3	17.5
	平均最低	−24.0	−24.0	−22.5	−25.9
	极端最低	−41.8	−40.5	−38.4	−43.8
2月	多年平均	−11.2	−10.4	−9.7	−11.8
	平均最高	7.0	7.8	8.4	7.2
	极端最高	25.9	33.9	26.0	30.2
	平均最低	−21.2	−20.5	−19.4	−22.6
	极端最低	−38.0	−42.4	−36.8	−40.8
3月	多年平均	−2.3	−0.9	−0.5	−3.1
	平均最高	17.7	19.1	20.0	16.7
	极端最高	44.1	49.1	42.4	40.2
	平均最低	−13.9	−12.3	−12.2	−14.8
	极端最低	−31.0	−30.3	−33.2	−39.3
4月	多年平均	8.1	9.6	10.2	7.6
	平均最高	30.0	31.9	32.1	28.6
	极端最高	56.8	53.2	52.9	53.2
	平均最低	−5.7	−4.3	−3.3	−6.4
	极端最低	−21.4	−20.5	−23.0	−23.4
5月	多年平均	17.2	18.4	19.4	16.3
	平均最高	40.2	41.7	42.2	38.9
	极端最高	61.6	65.0	62.9	60.1
	平均最低	1.9	3.4	4.7	0.5
	极端最低	−12.2	−12.9	−12.4	−21.6

续表

		白云鄂博	百灵庙	满都拉	希拉穆仁
6月	多年平均	23.0	24.1	25.5	22.0
	平均最高	46.8	47.9	48.8	45.0
	极端最高	69.3	69.6	64.7	65.7
	平均最低	7.6	9.2	10.8	6.5
	极端最低	−7.3	−6.1	−3.8	−13.2
7月	多年平均	24.5	25.6	27.6	23.8
	平均最高	46.7	47.9	50.5	45.5
	极端最高	69.8	74.0	69.3	69.0
	平均最低	11.5	13.0	14.4	10.6
	极端最低	0.0	3.2	0.0	−7.0
8月	多年平均	21.3	22.6	24.5	20.4
	平均最高	41.6	42.8	45.9	40.1
	极端最高	64.5	67.5	67.8	59.9
	平均最低	9.8	11.3	12.5	9.0
	极端最低	−5.0	−3.1	−2.8	−3.1
9月	多年平均	14.4	15.7	16.9	13.8
	平均最高	34.7	36.2	37.7	34.1
	极端最高	54.9	60.8	59.7	53.6
	平均最低	2.8	4.2	5.2	2.0
	极端最低	−11.4	−10.5	−8.9	−13.5
10月	多年平均	5.0	6.2	6.9	4.7
	平均最高	23.6	24.9	25.2	23.2
	极端最高	50.6	44.5	44.1	44.8
	平均最低	−5.2	−4.0	−3.4	−5.6
	极端最低	−22.9	−21.0	−19.7	−24.5
11月	多年平均	−6.2	−4.8	−4.3	−6.4
	平均最高	9.0	10.5	10.4	9.5
	极端最高	27.4	29.1	28.0	28.5
	平均最低	−14.3	−13.5	−12.6	−15.2
	极端最低	−34.9	−36.3	−31.6	−38.5
12月	多年平均	−13.9	−12.9	−12.3	−14.4
	平均最高	0.1	1.3	0.7	0.9
	极端最高	14.8	21.0	16.1	19.7
	平均最低	−21.4	−21.2	−20.1	−23.3
	极端最低	−42.7	−39.5	−41.3	−42.1

5.2.2 地中浅层(5～40 cm)土壤温度

浅层(5～40 cm)土壤温度,在白天和夏季高,夜间和冬季低,日、年变化明显,这些变化一般随深度增加而减小。地温最高、最低值的出现时间随深度增加而延迟。

浅层土壤从 5 cm 至 40 cm,平均土壤温度历年 3—8 月随着深度增加而降低,即越靠近地表面温度越高；9 月至次年 2 月随着深度增加而升高，即越深入地中温度越高。

地温的高低对近地面气温和植物种子发芽及其生长发育，微生物的繁殖及其活动，有很大影响，地温资料对农、林、牧业的区域规划有重大意义。

达茂旗各地年、月平均 5～40 cm 土壤温度详见表 5.11。

表 5.11 达茂旗各地年、月平均 5～40 cm 土壤温度(1961—2010 年平均) 单位:℃

		白云鄂博	百灵庙	满都拉	希拉穆仁
5 cm	年	4.7	7.0	7.8	
	1 月	−14.0	−12.7	−12.6	
	2 月	−10.5	−7.9	−8.4	
	3 月	−2.4	0.4	0.0	
	4 月	5.3	8.6	9.9	
	5 月	14.0	16.8	17.9	14.0
	6 月	19.9	22.5	23.9	19.8
	7 月	21.7	24.4	26.2	21.9
	8 月	19.5	21.9	23.7	19.4
	9 月	13.7	15.7	17.0	13.1
	10 月	4.6	7.0	7.6	5.2
	11 月	−4.3	−2.0	−1.6	−6.3
	12 月	−10.6	−10.7	−10.2	
10 cm	年	4.8			
	1 月	−13.0			
	2 月	−10.1			
	3 月	−2.6			
	4 月	4.4			
	5 月	12.9	16.0	17.0	
	6 月	18.5	21.7	22.9	18.3
	7 月	20.8	23.9	25.6	20.8
	8 月	19.2	21.9	23.6	18.9
	9 月	13.9	16.1	17.3	
	10 月	5.6		8.4	
	11 月	−2.8			
	12 月	−9.3			
15 cm	年	5.1	7.2	7.8	
	1 月	−12.2	−10.7	−11.3	
	2 月	−9.7	−7.2	−7.8	
	3 月	−2.7	0.0	−0.5	
	4 月	3.9	7.4	8.9	
	5 月	12.4	15.3	16.3	12.7
	6 月	18.0	20.9	22.2	18.2
	7 月	20.5	23.4	25.0	20.7
	8 月	19.2	21.7	23.4	19.3
	9 月	14.4	16.3	17.5	14.0
	10 月	6.6	8.2	8.9	6.7
	11 月	−1.5	−0.2	−0.2	−4.0
	12 月	−7.9	−8.3	−8.4	

续表

		白云鄂博	百灵庙	满都拉	希拉穆仁
20 cm	年	5.0	7.3	7.8	
	1月	−11.3	−10.2	−10.3	
	2月	−9.2	−7.1	−7.3	
	3月	−2.9	−0.1	−0.7	
	4月	3.1	6.9	8.1	
	5月	11.6	14.7	15.8	11.8
	6月	17.0	20.3	21.5	17.3
	7月	19.6	22.9	24.5	20.0
	8月	18.7	21.4	23.1	18.8
	9月	14.3	16.3	17.5	13.9
	10月	6.9	8.7	9.3	6.9
	11月	−0.8	0.6	0.1	−3.1
	12月	−7.0	−7.3	−7.5	
40 cm	年	5.2	7.6	8.4	5.5
	1月	−7.6	−8.8	−7.7	−7.6
	2月	−6.8	−6.9	−5.9	−6.8
	3月	−2.6	−0.9	−0.4	−2.6
	4月	1.8	6.9	7.5	3.2
	5月	8.4	14.3	14.9	10.1
	6月	14.3	19.6	20.4	15.2
	7月	17.2	22.3	23.2	17.9
	8月	17.9	21.2	22.3	17.4
	9月	14.3	16.9	17.8	13.7
	10月	8.5	10.1	10.8	8.0
	11月	1.8	1.7	2.2	1.3
	12月	−4.5	−5.7	−4.9	−4.4

5.3 冻土

土壤温度长时间稳定在 0 ℃以下，潮湿的土壤呈冻结状态，这种现象在气象学上称为冻土。

温度愈低且持续时间愈久，冻土层便愈厚。根据埋入地面气象观测场中的冻土器内水柱冻结的部位和长度，可观测冻结层次的上限和下限深度。冻土资料一般包含了土壤冻结和解冻日期及冻土深度几个特征值。冻土气象观测资料对建筑、工程施工、交通运输和农田水利建设都具有重要意义。

冻土影响施工作业，冻土在 1 m 左右时施工作业所需时间比非冻土层多 2～3 倍，但便于机动车辆行动。在季节性冻土地区埋设输油管道和自来水管等地下管道时，需在冬季采取加热或绝热措施，或者深埋至最大冻土层以下，以免有冻裂的危险，但过深则会造成人力、物力的浪费；房屋地基也要在最大冻土深度以下，以保证坚固安全；春季冻土融化使道路返浆，使行走和运输不便。冻土对农业生产也有较大影响，秋末冬初土壤冻结影响秋耕，冬末春初冻土消融时间直接影响播种，冻融相间还会造成冻拨现象。以上种种，说明冻土对工农业生产和城乡建设有很大的影响。

5.3.1 土壤表层（地面 0 cm）冻结初终日及冻结期日数

采用年度（上年 7 月至当年 6 月）内地面 0 cm 日最低温度 5 日滑动平均值稳定低于0 ℃的第一天作为土壤表层（地面 0 cm）冻结的初日，稳定低于 0 ℃的最后一天作为土壤表层冻结的终日，初终间日数则为土壤冻结日数。

达茂旗土壤表层冻结多年平均初日为 10 月上旬，北部比南部晚 7 d；土壤表层冻结多年平均终日为 4 月中旬至 5 月上旬，北部比南部早 15 d；土壤表层冻结期多年平均日数为 206 d，北部比南部少 21 d。

达茂旗各地地面冻结期初日、终日及冻结日数详见表 5.12。

表 5.12 达茂旗各地地面冻结期初日、终日及冻结日数（1961—2010 年）

			白云鄂博	百灵庙	满都拉	希拉穆仁
平均	初日	月	10	10	10	10
		日	2	7	8	1
	终日	月	4	4	4	5
		日	29	25	20	4
平均冻结日数/d			211	201	195	216
最早	初日	月	9	9	9	9
		日	12	14	21	13
	终日	月	4	4	3	4
		日	10	3	31	10
最短冻结日数/d			188	179	168	177
最晚	初日	月	10	10	10	10
		日	21	24	24	26
	终日	月	5	5	5	5
		日	17	18	8	31
最长冻结日数/d			232	230	230	249

5.3.2 40 cm 浅层土壤冻结初终日及冻结期日数

采用年度（上年 7 月至当年 6 月）内地中 40 cm 土壤日平均温度 5 日滑动平均稳定低于 0 ℃的第一天作为 40 cm 浅层土壤冻结的初日，稳定低于 0 ℃的最后一天作为 40 cm 浅层土壤冻结的终日，初终间日数则为 40 cm 浅层土壤冻结日数。

达茂旗地中 40 cm 土壤冻结期多年平均初日为 11 月中旬末至下旬初，多年平均终日为 3 月下旬至 4 月上旬，多年平均冻结期为 123 d。

达茂旗各地 40 cm 浅层土壤冻结期初终日及冻结日数详见表 5.13。

表 5.13 达茂旗各地 40 cm 浅层土壤冻结期初终日及冻结日数(1961—2010 年)

			白云鄂博	百灵庙	满都拉	希拉穆仁
平均	初日	月	11	11	11	11
		日	22	20	21	20
	终日	月	3	3	3	4
		日	28	23	21	5
平均冻结日数/d			127	124	121	137
最早	初日	月	11	11	11	11
		日	14	7	7	10
	终日	月	12	3	3	3
		日	31	11	1	16
最短冻结日数/d			48	125	115	127
最晚	初日	月	12	12	12	12
		日	2	9	1	12
	终日	月	4	4	4	4
		日	28	6	6	18
最长冻结日数/d			148	119	127	128

5.3.3 最大冻土深度

达茂旗历年最大冻土深度为 280 cm，1985 年 4 月有 18 d 出现在中部的白云鄂博；其余地区历年最大冻土深度百灵庙为 268 cm，满都拉为 200 cm，希拉穆仁为 251 cm。详见表 5.14。

表 5.14 达茂旗各地历年最大冻土深度(1961—2010 年)

	白云鄂博	百灵庙	满都拉	希拉穆仁
最大深度/cm	280	268	200	251
出现年份	1985	1974	1969	1984

第6章　风的分布

6.1　定义

气象上把空气在水平方向的运动定义为风。风是地球上的一种自然现象，它是由太阳辐射引起的。地面气象观测中测量的风是指空气的水平运动分量，包括方向和大小，即风向和风速。风向是指风的来向，除静风外，按16个方位记录；风速是指单位时间内空气移动的水平距离，以“m/s”为单位；风的平均量是指在规定时间段的平均值，有3秒钟、2分钟和10分钟的平均值；最多风向是指在规定时间段内出现频数最多的风向；最大风速是指在某个时段内出现的最大10分钟平均风速值；极大风速（阵风）是指某个时段内出现的最大瞬时风速值；瞬时风速是指3秒钟的平均风速。

风资料是重要的气象资料之一，无论在理论研究中，还是在国民经济建设的各部门，如农业、运输业、建筑业、水利工程、疗养等部门都是不可缺少的。风是农业生产的环境因子之一，风速适度对改善农田环境条件起着重要作用。近地层热量交换、农田蒸散和空气中的二氧化碳、氧气等输送过程随着风速的增大而加快或加强。风可传播植物花粉、种子，帮助植物授粉和繁殖。风能是分布广泛、用之不竭的能源。

风对农牧业也会产生消极作用。它能传播病原体，蔓延植物病害。高空风是黏虫、飞蝗等害虫长距离迁飞的气象条件。大风使叶片机械擦伤、作物倒伏、树木断折、落花落果而影响产量。大风还造成土壤风蚀、沙丘移动而毁坏农田。在干旱风大地区盲目垦荒将导致土地沙漠化。牧区的大风和暴风雪可吹散畜群，加重冻害。地方性风的某些特殊性质，也常造成风害。高温低湿的焚风和干热风，都严重影响果树的开花、座果和谷类作物的灌浆。农业上防御风害，多采用培育矮化、抗倒伏、耐摩擦的抗风品种，营造防风林，设置风障等更是有效的防风方法。

6.2　平均风速

达茂旗多年平均风速为4.4 m/s，各地年平均风速都较大，可见达茂旗风能资源蕴藏丰富。

从空间分布来看，全旗的多年平均风速明显呈现出海拔高度越高、纬度越高风速越大的特征。多年平均风速白云鄂博最大，为5.1 m/s，满都拉次之，为4.6 m/s，希拉穆仁较小，为4.6 m/s，百灵庙最小，为3.6 m/s，见图6.1。

从时间分布来看，季平均风速春季最大，为5.4 m/s，冬季次之，为4.5 m/s，夏季较小，为4.0 m/s，秋季最小，为3.9 m/s；月平均风速4月最大，为5.5 m/s，5月次之，为5.3 m/s，8月最小，为3.6 m/s，详见表6.1。

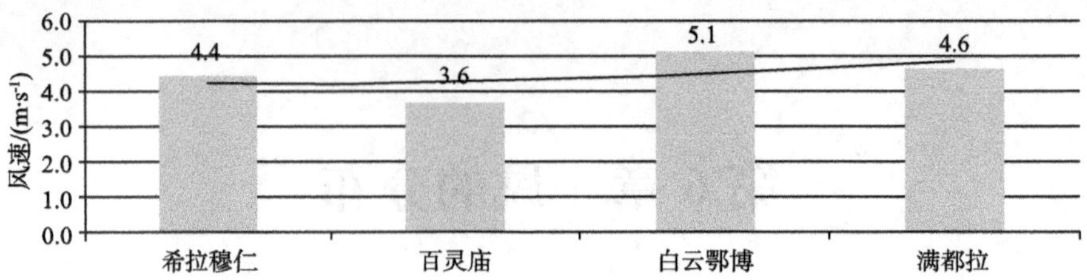

图 6.1 达茂旗各地年平均风速(1961—2010 年平均)

表 6.1 达茂旗各地年、季、月平均定时风速统计(1961—2010 年平均) 单位:m/s

	白云鄂博	百灵庙	满都拉	希拉穆仁
年	5.1	3.6	4.6	4.4
春季	6.0	4.6	5.4	5.6
夏季	4.6	3.4	4.1	4.0
秋季	4.5	3.3	4.0	4.0
冬季	5.2	3.5	4.9	4.4
1 月	5.2	3.1	4.8	4.0
2 月	5.0	3.4	4.5	4.1
3 月	5.3	3.9	4.7	4.8
4 月	6.0	4.7	5.4	5.7
5 月	5.9	4.5	5.3	5.4
6 月	5.4	3.9	4.9	4.8
7 月	4.4	3.3	4.0	3.8
8 月	4.1	3.1	3.6	3.5
9 月	4.3	3.2	3.7	3.8
10 月	4.7	3.4	4.3	4.2
11 月	5.0	3.7	4.5	4.4
12 月	5.6	3.5	5.3	4.4

6.3 平均最大风速和极端最大风速(10 分钟自记)

达茂旗多年平均最大风速为 9.4 m/s;季平均最大风速春季最大,秋季最小;月平均最大风速 4 月最大,8 月最小。

历年极端最大风速为 28.0 m/s,于 1972 年 2 月 25 日、1974 年 2 月 11 日、1975 年 3 月 28 日、1974 年 11 月 22 日 4 次出现在中部的百灵庙镇。

达茂旗各地年、季、月平均最大风速和极端最大风速详见表 6.2。

表 6.2 达茂旗各地年、季、月平均最大风速和极端最大风速(1991—2010 年) 单位:m/s

		白云鄂博	百灵庙	满都拉	希拉穆仁
年	平均	10.3	8.1	9.7	9.3
	极端	26.0	28.0	27.3	27.0
春季	平均	11.8	9.7	11.0	10.9
	极端	26.0	27.3	26.0	27.0

续表

		白云鄂博	百灵庙	满都拉	希拉穆仁
夏季	平均	9.7	7.9	9.1	8.9
	极端	22.0	26.0	22.0	27.0
秋季	平均	9.6	7.5	8.9	8.7
	极端	21.3	22.0	25.0	22.0
冬季	平均	10.3	7.6	9.6	9.1
	极端	24.0	28.0	27.3	24.3
1月	平均	9.9	7.0	9.4	8.5
	极端	24.0	24.0	24.0	23.7
2月	平均	9.9	7.6	9.3	8.9
	极端	22.0	28.0	23.3	23.0
3月	平均	10.8	8.6	10.0	10.0
	极端	23.3	28.0	27.3	23.7
4月	平均	12.1	9.8	11.2	11.1
	极端	26.0	27.3	26.0	27.0
5月	平均	11.4	9.5	10.8	10.6
	极端	25.0	26.0	24.0	26.0
6月	平均	10.6	8.7	9.9	9.9
	极端	21.3	26.0	21.7	21.3
7月	平均	9.6	7.9	9.1	8.8
	极端	22.0	22.7	22.0	19.7
8月	平均	9.0	7.3	8.3	8.2
	极端	21.0	19.3	21.0	27.0
9月	平均	9.4	7.3	8.6	8.5
	极端	21.0	22.0	24.0	22.0
10月	平均	9.9	7.6	9.3	8.9
	极端	21.3	21.0	25.0	22.0
11月	平均	10.6	7.9	10.2	9.4
	极端	23.0	28.0	26.7	21.7
12月	平均	10.4	7.4	10.3	9.0
	极端	22.3	27.2	25.0	24.3

6.4 各风向平均风速

达茂旗各风向多年平均风速，西西北风最大，为 5.0 m/s. 东东南风最小，为 2.0 m/s。详见表 6.3。

表 6.3 达茂旗各地各风向多年平均风速(1991—2010 年自记风) 单位:m/s

	白云鄂博	百灵庙	满都拉	希拉穆仁
NNE	3.5	2.6	3.4	3.2
NE	3.4	2.4	3.5	2.9

续表

	白云鄂博	百灵庙	满都拉	希拉穆仁
ENE	3.1	2.4	3.7	2.6
E	2.1	1.8	2.9	1.9
ESE	2.0	1.6	2.6	1.9
SE	1.9	1.6	2.2	2.6
SSE	2.5	1.8	2.1	4.3
S	3.9	2.3	2.4	4.8
SSW	4.7	3.4	3.0	5.3
SW	4.4	3.5	3.7	4.3
WSW	5.4	4.5	5.0	3.9
W	4.6	4.1	5.2	3.3
WNW	5.6	4.5	5.5	4.3
NW	5.1	3.7	4.5	3.7
NNW	4.5	3.0	3.7	4.0
N	3.4	2.4	2.8	3.1

6.5 最多风向及频率

达茂旗各地多年平均最多风向，百灵庙镇为东南风，白云鄂博区、满都拉镇和希拉穆仁镇为偏西风。

一年内各月最多风向没有明显变化(年内各月最多风向变化均小于 90°)，表明达茂地区位于东亚夏季风区之外，季风特征不明显，属于大陆性半干旱与干旱气候。

达茂旗各地年、月平均最多风向及频率详见表 6.4。

表 6.4 达茂旗各地年、月平均最多风向及频率

		白云鄂博	百灵庙	满都拉	希拉穆仁
	资料年份	1973—2010 年	1954—2010 年	1958—2010 年	1980—2010 年
年	最多风向	WSW	SE	W	W
	频率/%	14.9	19.5	18.7	19.1
1 月	最多风向	WSW	SE	W	W
	频率/%	20.8	24.1	29.0	27.7
2 月	最多风向	WSW	SE	W	W
	频率/%	18.7	26.0	21.4	24.4
3 月	最多风向	W	SE	W	W
	频率/%	15.0	17.1	16.4	17.9
4 月	最多风向	WSW	SE	W	W
	频率/%	13.8	14.6	16.8	16.1
5 月	最多风向	WSW	SE	W	W
	频率/%	13.8	14.6	16.8	15.3
6 月	最多风向	SSW	SE	W	W
	频率/%	11.9	19.4	10.5	15.8

续表

		白云鄂博	百灵庙	满都拉	希拉穆仁
7月	最多风向	SSW	SE	W	W
	频率/%	12.3	17.4	10.0	12.3
8月	最多风向	SSW	SE	W	W
	频率/%	12.7	22.0	9.1	14.0
9月	最多风向	SW	SE	W	W
	频率/%	13.5	19.1	14.0	17.0
10月	最多风向	WSW	SE	W	W
	频率/%	16.6	20.7	21.6	21.5
11月	最多风向	WSW	SE	W	W
	频率/%	23.0	17.9	26.9	22.6
12月	最多风向	WSW	SE	W	W
	频率/%	21.9	21.3	32.4	25.1

6.6 风的日变化

风的日变化包括风向和风速的日变化。

6.6.1 风速日变化

达茂旗日内各时平均风速，20—09时较小，为负距平，10时风速开始增大，转为正距平，15时达到最大，以后风速逐渐较小，一直到19时保持正距平，风速仍高于平均值。由此可见达茂旗风速日变化遵循一般的日变化规律，即夜间的风速最小，早晨随着太阳的升高，风速渐渐大起来，午后的风速最大，傍晚风速又小下来。白天风速比夜间平均大2～3 m/s，这主要与太阳辐射有密切关系。空气流动的速度往往受山脉、建筑物以及高低不平地面的阻挡、摩擦等影响，所以近地面的风速通常比高空来得小。早晨，太阳透过空气层照耀大地，使地面温度不断升高，近地面的空气逐渐被烘热，密度变小后上升，上层较冷的空气密度相对较大而下沉，这样就形成了空气的上下对流。由于上层空气带着较大的速度下沉到低层，近地面空气带着较小的速度上升到高空，因此，上下空气的交换使近地面的风速逐渐增大，高空风速逐渐减小。到了午后，近地面的空气最热，上下空气的热对流最厉害，风速达到最大。傍晚，太阳西下，地面温度降低，热对流不断减弱，风逐渐小了起来。夜间，近地面空气冷却，空气对流停止，风就变得微弱了。达茂旗日内各时平均风速及风速距平变化详见图6.2。

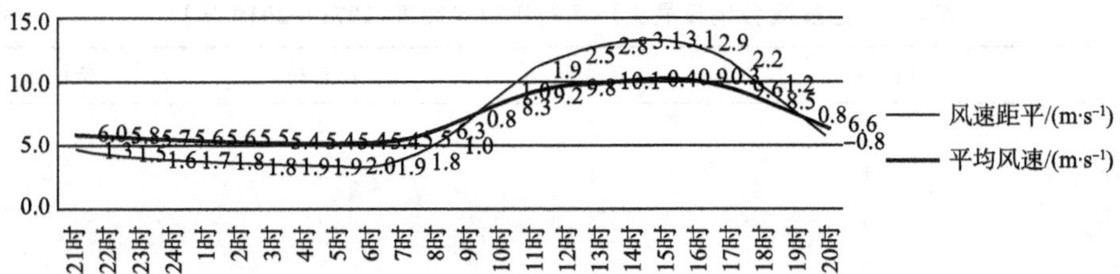

图6.2 达茂旗日内各时平均风速及风速距平变化曲线

6.6.2 风向日变化

风向的日变化主要受局部地形和海陆位置的影响。达茂旗风向有明显日变化的地区是百灵庙镇,其原因主要是受局部地形影响。在没有天气系统影响时,百灵庙镇会出现明显的山谷风,夜间盛行东南(SE)风,白天转为西西南(WSW)风。达茂旗各地年平均昼夜风向频率统计详见表 6.5。

表 6.5 达茂旗各地年平均昼夜风向频率统计(1991—2010 年平均) 单位:%

	白云鄂博		百灵庙		满都拉		希拉穆仁	
	夜间	白天	夜间	白天	夜间	白天	夜间	白天
C	2	0	3	1	2	1	1	0
NNE	2	2	1	2	2	2	1	2
NE	2	2	1	2	3	2	1	2
ENE	3	2	1	1	2	2	1	1
E	2	2	2	1	1	2	1	1
ESE	1	2	5	2	1	1	1	1
SE	1	1	9	2	1	1	1	2
SSE	1	1	4	1	1	1	2	2
S	2	2	2	2	1	1	3	3
SSW	4	3	4	4	1	2	5	3
SW	5	5	6	6	3	3	5	3
WSW	7	8	3	7	6	6	8	6
W	6	5	2	5	10	9	9	6
WNW	5	6	3	6	6	8	6	7
NW	3	4	2	5	4	5	4	5
NNW	2	3	1	3	3	3	2	4
N	2	2	1	2	2	2	1	2

注:C 表示静风。

6.7 日最大风速对应风向频率

达茂旗日最大风速对应的最多风向,白云鄂博区和百灵庙镇为西西南风(WSW),希拉穆仁镇为西西北风(WNW),满都拉镇为西风(W),详见表 6.6。

表 6.6 达茂旗各地日最大风速对应风向频率(1971—2010 年) 单位:%

	白云鄂博	百灵庙	满都拉	希拉穆仁
NNE	4	3	4	3
NE	4	3	5	3
ENE	3	3	4	2
E	1	2	3	1
ESE	1	2	2	0

续表

	白云鄂博	百灵庙	满都拉	希拉穆仁
SE	1	3	1	1
SSE	1	2	1	4
S	4	2	1	7
SSW	8	5	3	11
SW	8	9	4	8
WSW	20	16	13	10
W	10	12	20	9
WNW	16	15	18	19
NW	10	13	14	11
NNW	6	7	6	8
N	3	3	2	3

6.8 有效风速储量

使风力发电机由静止到转动的最小风速称为起动风速。由于不同功率的风力机最小起动风速各异,因此,通常把大于或等于 3 m/s 的风速统称为起动风速。

有效风速是指大于或等于 3 m/s、小于或等于 20 m/s 之间的风速。风速只有大于或等于3 m/s时风力发电机才可起动,但当风速超过 20 m/s 时会对风车产生破坏作用,必须停车并采取保护措施,这时的风速称之为停机风速。因此,只有起动风速和停机风速之间的风速才能被风车所利用,这一段风速又称为可利用风速。有效风速储量以全年累积的小时数为单位。

达茂旗年有效风速小时数分布的总体趋势是由南向北增多,但受地形影响,分布也不均匀,满都拉镇储量最多,百灵庙镇储量最少。详见表 6.7。

表 6.7 达茂旗各地年有效风能时数 单位:h

	白云鄂博	百灵庙	满都拉	希拉穆仁
≥3.0 m/s	5 462	3 850	5 570	4 870
3.0～8.0 m/s	4 443	3 614	4 643	4 246
8.1～14.0 m/s	957	235	874	607
14.1～20.0 m/s	61	2	53	17

6.9 城市规划最佳布局

在进行城市规划时,需考虑的因素很多,首先要合理布局工业区和其他功能区的位置,以减少或避免工业"三废"的污染,尤其需要考虑大气的输送和扩散,使工业区布置对居民区产生的空气污染最轻。风是描述空气质点运动的一个指标值,它能把有害物质输送走,同时还与周围空气混合,起到稀释的作用,使有害物浓度降低。所以掌握风的时空变化规律,规划工业企业与功能区布局的相互关系是一个特别重要的指标。建筑规划时,不但要对一般

风的条件正确了解，而且还要对风在城市的空间变化有所掌握，以便对城市用地进行气候分区。

达茂旗地处中纬度西风带，属大陆性半干旱与干旱气候，大部地区风向类型属单一主导风向型，只有百灵庙镇在地形作用下，形成了双主导风向类型（山谷风）。不同的风向类型，应采用不同的城市规划布局。

(1)单一主导风向型即一年中基本上吹一个方向的风，这种风向类型分布在达茂旗境内的白云鄂博区、满都拉镇和希拉穆仁镇。

白云鄂博区、满都拉镇和希拉穆仁镇常年盛行 W（西）风，而且没有明显的日变化。这三个地区的城市规划，工业区应布置在主导风向的下风方向，即城区东方，居住区在其上风方向，即城区西方。

(2)双主导风向型即一年中盛行风向昼夜不同。由于受地形影响，在没有天气系统影响时，风向会发生明显的日变化，夜间（21—08 时）常年盛行一种风向，白天（09—20 时）常年盛行另一种风向，这就是地方性风——山谷风。有山谷风现象的地区是百灵庙镇。

百灵庙镇历年最多风向为 SE（东南）风，风频为 11.7%，次多风向为 SW（西南）风，风频为 11.5%，两个风向的风频接近，风向相反；从昼夜风向分布看，夜间（21—08 时）最多风向为 SE（东南）风，风频为 18.6%，白天（09—20 时）最多风向为 WSW（西向南）风，风频为 13.3%，夜间和白天最多风向夹角为 112.5°；最小频率的风向为 NE（东北），风频为 2.3%。居住区应规划在昼夜主导风向夹角内，而在其相对应风向布置排放有害污染物质的工业企业，最好布置在风频最小风向的上风方，即城区的 NE（东北）方向。

第7章　空气相对湿度、蒸发量和日照

7.1　空气相对湿度

空气中实际水汽压与当时气温下的饱和水汽压之比称为相对湿度，以百分数表示。

相对湿度的大小表明空气湿度离饱和状态的程度。相对湿度愈大，表明空气愈湿润，空气湿度愈接近饱和状态，饱和湿空气的相对湿度等于100%；相对湿度愈小，则表明空气愈干燥。

达茂旗空气相对湿度，从空间分布来看，各地没有明显差别，仅北部草原略低。最大平均相对湿度出现在希拉穆仁(54%)，最小平均相对湿度出现在满都拉(44%)。

从时间分布来看，季平均相对湿度春季最小，气候最为干燥；夏、秋季节气候相对较为湿润，但由于气温较高，相对湿度不是一年中最高的；冬季气候寒冷干燥，但相对湿度反而是一年中最高的。年内月平均相对湿度波动较大，最小值出现在4月，最大值出现在1月。

全旗历年极端最小相对湿度为0%，可见达茂地区四季气候都是比较干燥的。

达茂旗各地年、季、月平均、极端最小相对湿度详见表7.1。

表7.1　达茂旗各地年、季、月平均、极端最小相对湿度(1961—2010年)　　单位：%

		白云鄂博	百灵庙	满都拉	希拉穆仁
年	平均	51	49	44	54
	极端	0	0	0	0
春季	平均	36	33	29	38
	极端	0	0	0	0
夏季	平均	52	50	44	56
	极端	2	0	0	0
秋季	平均	52	51	43	57
	极端	3	0	0	1
冬季	平均	57	53	50	59
	极端	0	0	0	0
1月	平均	64	58	57	65
	极端	3	2	3	4
2月	平均	56	52	48	60
	极端	2	0	0	1
3月	平均	44	42	37	49
	极端	0	0	0	0
4月	平均	35	33	29	38
	极端	0	0	0	0

续表

		白云鄂博	百灵庙	满都拉	希拉穆仁
5月	平均	36	34	29	38
	极端	0	0	0	0
6月	平均	42	40	35	45
	极端	2	0	0	0
7月	平均	54	52	45	58
	极端	6	2	0	7
8月	平均	60	58	50	64
	极端	5	5	4	3
9月	平均	53	52	44	58
	极端	6	1	0	2
10月	平均	51	50	43	56
	极端	3	0	2	1
11月	平均	58	54	50	59
	极端	0	2	0	0
12月	平均	64	58	56	64
	极端	5	1	3	1

7.2 蒸发量

地表水分以气态形式蒸发到空中的能力称为蒸发量,以"mm"为单位,一般根据蒸发器所观测的数据资料通过理论计算求得。蒸发量表示一个地区的蒸发能力,与当地的实际蒸发量不同,一个地区的实际蒸发量均小于当地的观测蒸发量。例如在沙漠地区仅由于气候干燥,其蒸发量很大,但由于沙漠地区降水稀少,土壤干燥,可供蒸发到空中的水分甚少,故而其实际蒸发量很小。在我国南方降水充沛、地表湿润的地区,实际蒸发量基本接近观测蒸发量。

达茂旗年蒸发量的多年平均值为 2 596.4 mm。

从空间分布来看,全旗各地蒸发量从南到北随着纬度的升高和风速的加大而增大,中、北部高于南部。最南端的希拉穆仁镇最小,满都拉镇最大,二者相差 503.5 mm,表明中部山地及北部半荒漠草原土壤失墒较为严重。详见图 7.1。

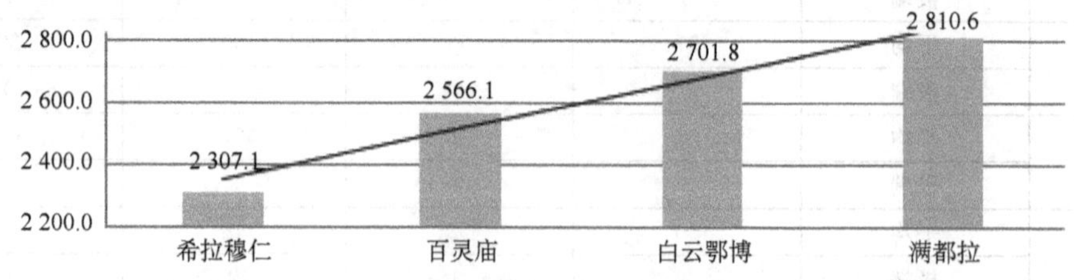

图 7.1　达茂旗各地年蒸发量(1961—2010 年平均)

从时间分布来看,各地蒸发量随着气温的升高和风速的加大而增大,且月蒸发量变率非常大。5—7 月蒸发强烈,这 3 个月的蒸发量占全年总量的 47%;冬季 11 月至次年 2 月份蒸发微弱,这 4 个月的蒸发量仅占全年总量的 9%。全旗各月蒸发量的多年平均值,最大值出现在6月份(426 mm),最小值出现在1月份(40 mm),前者差不多是后者的11倍,可见其时间变率之大。详见表7.2。

表7.2 达茂旗各地年、月蒸发量(1961—2010年平均) 单位:mm

	白云鄂博	百灵庙	满都拉	希拉穆仁
年	2 701.8	2 566.1	2 810.6	2 307.1
1月	32.1	38.9	45.8	42.3
2月	56.8	57.2	68.5	59.8
3月	146.6	132.6	153.3	131.4
4月	298.5	270.1	293.9	262.3
5月	448.4	407.6	443.7	371.0
6月	454.5	432.5	453.7	361.6
7月	396.3	378.6	413.8	323.1
8月	313.1	305.3	337.5	256.1
9月	257.5	252.6	272.7	215.4
10月	178.5	165.3	179.3	153.2
11月	82.1	80.9	94.7	83.1
12月	37.4	44.6	53.7	47.8

7.3 日照

7.3.1 日照时数

达茂旗年日照时数的多年平均值为3 185.5 h,北部的满都拉镇年日照时数最长,为3 263 h,中部的百灵庙镇年日照时数最短,为3 045 h。详见图7.2。

日照长短与地理纬度、地理环境、云天状况及大气透明度有关。达茂地区地处高原,大气污染轻,大气透明度好,因而日照时数长短主要受云天状况影响。

各月日照时数5月最长,1月最短。详见表7.3。

7.3.2 日照百分率

从空间分布来看,各地的年日照百分率的多年平均值仅有微弱差别,最大值出现在满都拉(74%),最小值出现在百灵庙(70%),二者只相差5%,表明达茂地区的光能分布较为均匀。详见图7.2。

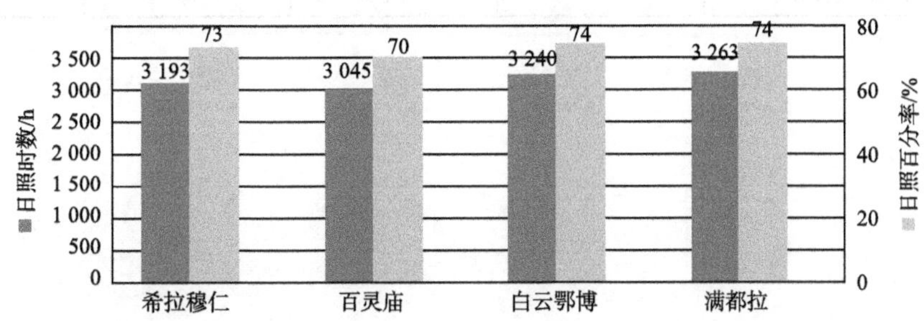

图7.2 达茂旗各地年日照时数和日照百分率(1961—2010年平均)

从时间分布来看，各月日照百分率的多年平均值波动很小。除了夏季由于云量较多而造成日照百分率略低以外，其他时间日照百分率均在70%左右。最小值出现在7月份，最大值出现在1月。详见表7.3。

从分级数值来看，各地年日照百分率≥60%的日数依次为：满都拉297 d，白云鄂博289 d、希拉穆仁284 d、百灵庙273 d。光能之充足，由此可见一斑。

表7.3 达茂旗各地年、月日照时数及日照百分率统计(1961—2010年平均)

		白云鄂博	百灵庙	满都拉	希拉穆仁
年	日照时数/h	3 240	3 045	3 263	3 193
	日照百分率/%	74	70	74	73
1月	日照时数/h	230	221	225	236
	日照百分率/%	79	75	77	80
2月	日照时数/h	228	223	230	231
	日照百分率/%	78	76	78	79
3月	日照时数/h	274	264	277	276
	日照百分率/%	75	72	75	75
4月	日照时数/h	291	275	291	289
	日照百分率/%	73	69	73	73
5月	日照时数/h	321	300	325	318
	日照百分率/%	72	67	72	71
6月	日照时数/h	315	284	321	298
	日照百分率/%	70	63	70	66
7月	日照时数/h	300	274	312	286
	日照百分率/%	65	60	67	62
8月	日照时数/h	291	267	298	277
	日照百分率/%	68	62	69	65
9月	日照时数/h	275	256	282	263
	日照百分率/%	73	68	75	70
10月	日照时数/h	266	253	266	263
	日照百分率/%	77	74	78	76
11月	日照时数/h	229	218	223	232
	日照百分率/%	78	74	76	78
12月	日照时数/h	220	210	213	224
	日照百分率/%	78	74	76	78

第 8 章　干旱气候

8.1　定义

干旱是指长时期降水偏少，使那些仅依靠自然降水生存的动、植物因缺水而对其正常的生长发育造成不利影响的一种自然现象。

根据干旱发生的原因，通常将干旱划分为土壤干旱、大气干旱和生理干旱。气象条件是形成干旱的重要因素，干旱通常指气候干旱，它与旱灾不同，干旱不一定形成旱灾，但它是导致旱灾的主要因素，在那些极为干旱的地区如果有稳定可靠的水资源发展灌溉，即使干旱也不会发生旱灾，只有雨养农业和牧业的地区，作物和牧草的产量才会受到干旱影响。旱灾主要针对农牧业而言，指在农作物或牧草生育期内，土壤水分得不到降水、地下水和灌溉水的适量补给，土壤水分不断消耗，农作物或牧草从土壤中吸收的水分不能满足其正常的生长发育需求，生长受到抑制，造成较大面积减产或绝收的灾害。

气象部门研究的主要是大气干旱，一般以降水量多少作为旱涝标准。降水量距平百分率是表征某时段降水量较气候平均状况偏少程度的指标之一，能直观反映降水异常引起的农牧业干旱程度。本书以国家质量监督检验检疫总局《中华人民共和国国家标准——农业干旱等级》作为衡量干旱的指标。

降水量距平百分率的计算方法：

$$P_a=\delta\times(P-P_j)/P_j\times100\%$$

式中，P_a 为某时段降水量距平百分率(%)；P 为某时段降水量(mm)；P_j 为计算时段同期气候平均降水量(mm)；δ 为季节调节系数，夏季为 1.6，春、秋季为 1，冬季为 0.8。

表 8.1　农区降水量距平百分率干旱等级划分表

等级	类型	降水量距平百分率/%			
		30 d	60 d	90 d	作物生长季
0	无旱	$-40<P_a$	$-30<P_a$	$-25<P_a$	$-15<P_a$
1	轻旱	$-60<P_a\leqslant-40$	$-50<P_a\leqslant-30$	$-40<P_a\leqslant-25$	$-30<P_a\leqslant-15$
2	中旱	$-80<P_a\leqslant-60$	$-70<P_a\leqslant-50$	$-60<P_a\leqslant-40$	$-40<P_a\leqslant-30$
3	重旱	$-95<P_a\leqslant-80$	$-85<P_a\leqslant-70$	$-75<P_a\leqslant-60$	$-45<P_a\leqslant-40$
4	特旱	$P_a\leqslant-95$	$P_a\leqslant-85$	$P_a\leqslant-75$	$P_a\leqslant-45$

表 8.2 牧区降水量距平百分率干旱等级划分表

		草甸草原	典型草原	荒漠化草原
0	无旱	$-30<P_a$	$-20<P_a$	$-15<P_a$
1	轻旱	$-50<P_a\leqslant-30$	$-40<P_a\leqslant-20$	$-25<P_a\leqslant-15$
2	中旱	$-65<P_a\leqslant-50$	$-50<P_a\leqslant-40$	$-35<P_a\leqslant-25$
3	重旱	$-70<P_a\leqslant-65$	$-60<P_a\leqslant-50$	$-45<P_a\leqslant-35$
4	特旱	$P_a\leqslant-70$	$P_a\leqslant-60$	$P_a\leqslant-45$

达茂旗境内分别在百灵庙镇、白云鄂博区、满都拉镇和希拉穆仁镇等地设有4个国家地面气象观测站，只有百灵庙镇地处农区，采用农区降水量距平百分率农业干旱等级划分(表8.1)，白云鄂博区、满都拉镇和希拉穆仁镇3个站地处牧区，采用牧区降水量距平百分率农业干旱等级划分表(表8.2)。同时有3个或4个观测站出现干旱，则定义为1次区域性干旱。

8.2 干旱气候的主要特征

达茂旗远离海洋，深居内陆，海拔高度都在1 000 m以上，暖湿气流难以到达，年降水量为168～283 mm，降水变率大，80%保证率的年雨量仅为200 mm左右，属干旱与半干旱大陆性气候。旱灾是主要的常发性自然灾害，其影响面积、持续时间和危害程度在各类气象灾害中占第一位。干旱在地域上有农区干旱和牧区干旱之分；严重程度上有轻旱、中旱、重旱和特旱之分；时间分布上有春旱、夏旱、秋旱、生长季旱、春夏连旱、夏秋连旱和春夏秋连旱之分，其中尤以春旱、夏旱、春夏连旱最为普遍和严重。达茂旗干旱主要有以下几个特征。

(1)危害程度重

在影响达茂旗的诸多气象灾害中，干旱是最主要的气象灾害。旱灾发生的范围、频率和危害程度远大于其他气象灾害，造成的经济损失占所有气象灾害损失的50%以上，是影响达茂旗农牧业生产稳步发展的主要制约因素。历年因干旱造成农作物受灾面积平均为17 419 hm^2，最多年份达41 000 hm^2；平均死亡大牲畜12 654头，最多年份达100 000头；平均造成直接经济损失1 917万元，占当年GDP的11%，因干旱造成灾害的程度远比其他灾害严重。

(2)发生频率高

年内春、夏、秋各季节干旱发生的频率为82%～98%，达茂旗北部地区干旱频率最高。

(3)具有季节性和随机性

达茂旗属干旱与半干旱大陆性气候，降水量夏多冬少，具有一定的季节性，但对于具体的某一年来说，雨季的到达时间和雨量的多少、非雨季降水量的多少和时间上的分配，以及年降水总量的大小等都具有一定的随机性，因此，干旱的发生也具有一定的随机性，季节分布不同。春旱发生的概率最高，为44%～60%；秋旱发生的概率为36%～54%；夏旱发生的概率为28%～46%。白云鄂博区夏旱多于秋旱，其他地区秋旱多于夏旱。详见表8.3。

表 8.3 达茂旗各地干旱次数、概率统计(1961—2010 年)

		白云鄂博	百灵庙	满都拉	希拉穆仁
春旱	次数	22	23	30	26
	概率/%	44	46	60	52
夏旱	次数	20	14	23	20
	概率/%	40	28	46	40
秋旱	次数	18	19	27	22
	概率/%	36	38	54	44

(4)持续时间长,往往连季、连年发生

达茂旗春夏连旱的概率为 6%~26%,夏秋连旱的概率为 8%~30%,春夏秋连旱的概率为 2%~16%。干旱也常常连年发生,特别是春季,如 1993—1997 年连续 5 年发生全旗范围的严重干旱。详见表 8.4。

表 8.4 达茂旗各地季节连旱次数、概率统计(1961—2010 年)

		白云鄂博	百灵庙	满都拉	希拉穆仁
春夏连旱	次数	7	3	13	10
	概率/%	14	6	26	20
夏秋连旱	次数	10	4	15	10
	概率/%	20	8	30	20
春夏秋连旱	次数	4	1	8	6
	概率/%	8	2	16	12

8.3 干旱统计

8.3.1 单站干旱统计

达茂旗每年作物生长季不同范围、不同程度发生干旱(至少 1 个观测站发生干旱)的平均概率达 64%。

(1)作物生长季干旱

1961—2010 年,全旗单站作物生长季干旱次数为 18~23 次,发生概率为 36%~46%。详见表 8.5。

表 8.5 达茂旗各地生长季干旱年份、次数和概率统计(1961—2010 年)

		轻旱	中旱	重旱	特旱
白云鄂博	年份	1963, 1964, 1969, 1985,2008,2010	1960, 1974, 1980, 1989,1996	1962,1978,1991	1965,1966,1971,1972, 1987,1993,1997,2000, 2005,2009
	次数	6	5	3	10
	概率/%	12	10	6	20

续表

		轻旱	中旱	重旱	特旱
百灵庙	年份	1960，1962，1963，1971，1974，1986，1987，1993，1996，2001,2004	1978,1980,1997	1991	1965,1966,1982,2005,2009
	次数	11	3	1	5
	概率/%	22	6	2	10
满都拉	年份	1960	1963,1964,1968	1962，1972，1986，1991,1993	1965,1966,1978,1980,1987,1997,1999,2000,2005,2009
	次数	1	3	5	10
	概率/%	2	6	10	20
希拉穆仁	年份	1982，1983，1986，1989,1999	1974，1980，1987，1997，2001，2005，2007	1966,1993,2009	1960,1962,1965,1971,2006
	次数	5	7	3	5
	概率/%	10	14	6	10

(2)春季干旱

1961—2010年，全旗春旱发生的概率为44%～60%，是一年当中最高的。春旱常常连年发生，最长连续春旱，白云鄂博、百灵庙、希拉穆仁1993—1997年连续5年，满都拉1977—1981和1993—1997年连续5年，详见表8.6。

表8.6 达茂旗各地春季干旱年份统计(1961—2010年)

	轻旱	中旱	重旱	特旱
白云鄂博	1961,1973,1977,1987,1999	2004,2008	1968,1979,1982,1984	1966,1969,1971,1972,1974,1978,1981,1986,1989,1993,1994,1995,1996,1997,2001,2007
百灵庙	1961,1966,1968,1973,1979,1981,1984,1994	1969,1971,1972,1989,1995,1996,1997,2001,2007,2008	1962,1974,1978	1986,1993
满都拉	1983,1984,2006	1965,1974,1977,1995,2008	1961,2005	1962,1966,1968,1969,1971,1972,1978,1979,1980,1981,1986,1987,1989,1990,1993,1994,1996,1997,2001,2007
希拉穆仁	1968,1977	1961,1978,1990,2006	1960,1965,1981,2007,2008	1962,1966,1969,1971,1973,1974,1975,1979,1986,1989,1993,1994,1995,1996,1997,2001

(3)夏季干旱

1961—2010 年,全旗夏旱发生的概率为 28%～46%,其中北部的满都拉最高,中部的百灵庙最低;夏旱虽也连年在发生,但明显偏少。最长连续夏旱年数,希拉穆仁为 3 年,百灵庙为 2 年,白云鄂博、满都拉 1962—1966 连续 5 年,详见表 8.7。

表 8.7 达茂旗各地夏季干旱年份统计(1961—2010 年)

	轻旱	中旱	重旱	特旱
白云鄂博	1967,1975,1978	1963,1997,2006	1960,1962,1964,1966,1969	1965,1971,1972,1980,1985,1987,1989,1991,1993,2000,2005,2009,2010
百灵庙	1960,1975,1999	1963,1972,1980,2007	1965,1966,1982,1987,1991,2005,2009	2010
满都拉	1962,2002	1989	1963,1985,1993,1997	1960,1964,1965,1966,1968,1972,1975,1978,1980,1986,1987,1991,1999,2000,2005,2009,2010
希拉穆仁	2002	1966,1969,1983,1989	1971,1993,2005	1960,1962,1965,1980,1982,1987,1991,1999,2001,2006,2007,2009,2010

(4)秋季干旱

1961—2010 年,全旗秋旱发生的概率为 36%～54%,其中北部的满都拉最高,秋旱概率为 54%,白云鄂博最低,为 36%;最长连续秋旱年数,白云鄂博和百灵庙为 3 年,满都拉 1996—2000 年连续 5 年,希拉穆仁 1983—1986 连续 4 年,详见表 8.8。

表 8.8 达茂旗各地秋季干旱年份统计(1961—2010 年)

	轻旱	中旱	重旱	特旱
白云鄂博	1980,2000,2002	1960,1964,1979	1970	1962,1965,1966,1971,1974,1978,1985,1988,1992,1993,1996,1997,1998,2004,2005,2009
百灵庙	1960,1967,1978,1984	1962,1965,1966,1971,1974,1979,1985,1988,1992,1993,1996,1998,2005,2009	1997,2004	
满都拉	1963,1999,2000,2003	1966,1980,1982,1992	2005	1962,1965,1970,1971,1974,1976,1978,1979,1985,1988,1991,1993,1996,1997,1998,2002,2004,2009

续表

	轻旱	中旱	重旱	特旱
希拉穆仁	1965,1983,2000	1993,2002,2005	1984,1998	1962,1966,1970,1971,1974,1979,1985,1986,1988,1992,1997,2004,2006,2009

(5)春夏连旱

1961—2010 年,全旗春夏连旱发生的概率为 6%～26%,其中满都拉最高,为 26%,百灵庙最低,为 6%;春夏连旱最长连续 2 年,详见表 8.9。

表 8.9　达茂旗各地春夏季连旱年份统计(1961—2010 年)

白云鄂博	1966,1969,1971,1972,1978,1987,1989,1993,1997
百灵庙	1966,1972,2007
满都拉	1962,1965,1966,1968,1972,1978,1980,1986,1987,1989,1993,1997,2005
希拉穆仁	1960,1962,1965,1966,1969,1971,1989,1993,2001,2006,2007

(6)夏秋连旱

1961—2010 年,全旗夏秋连旱发生的概率为 8%～30%,其中满都拉最高,为 30%,百灵庙最低,为 8%;最长连续夏秋连旱年数,百灵庙、满都拉、希拉穆仁 2 年,白云鄂博 3 年,详见表 8.10。

表 8.10　达茂旗各地夏秋连旱年份统计(1961—2010 年)

白云鄂博	1960,1962,1964,1965,1966,1971,1978,1980,1985,1993,1997,2000,2005,2009
百灵庙	1960,1965,1966,2005,2009
满都拉	1962,1963,1965,1966,1978,1980,1985,1991,1993,1997,1999,2000,2002,2005,2009
希拉穆仁	1962,1965,1966,1971,1983,1993,2002,2005,2006,2009

(7)春夏秋连旱

1961—2010 年,全旗各旗县区春夏秋连旱发生的概率最低,白云鄂博为 8%,百灵庙为 2%,满都拉为 16%,希拉穆仁为 12%。可见满都拉春夏秋连旱概率最高,百灵庙最低。春夏秋连旱最长年数,满都拉、希拉穆仁 2 年,白云鄂博和百灵庙 1 年,详见表 8.11。

表 8.11　达茂旗各地春夏秋连旱年份统计(1961—2010 年)

白云鄂博	1966,1971,1978,1993,1997
百灵庙	1966
满都拉	1962,1965,1966,1978,1980,1993,1997,2005
希拉穆仁	1962,1965,1966,1971,1993,2006

8.3.2　区域性干旱(同时有 3 个或 4 个观测站出现干旱)

(1)区域性春旱

1961—2010 年,全旗区域性春旱出现过 24 次,概率为 48%;全旗 4 个观测站同时出现春旱的有 19 次,概率为 38%。详见表 8.12。

表 8.12　达茂旗区域性春旱出现年份(1961—2010 年)

区域性春旱出现年份	全旗 4 个站同时出现春旱年份
1961,1962,1966,1968,1969,1971,1972,1973,1974,1977,1978,1979,1981,1984,1986,1989,1993,1994,1995,1996,1997,2001,2007,2008	1961,1966,1968,1969,1971,1974,1978,1979,1981,1986,1989,1993,1994,1995,1996,1997,2001,2007,2008

(2)区域性夏旱

1961—2010 年,全旗区域性夏旱出现过 15 次,概率为 30%;全旗 4 个观测站同时出现夏旱的有 8 次,概率为 16%。详见表 8.13。

表 8.13　达茂旗区域性夏旱出现年份(1961—2010 年)

区域性夏旱出现年份	全旗 4 个站同时出现夏旱年份
1962,1963,1965,1966,1972,1975,1980,1987,1989,1991,1993,1999,2005,2009,2010	1965,1966,1980,1987,1991,2005,2009,2010

(3)区域性秋旱

1961—2010 年,全旗区域性秋旱出现过 20 次,概率为 40%;全旗 4 个观测站同时出现秋旱的有 15 次,概率为 30%。详见表 8.14。

表 8.14　达茂旗区域性秋旱出现年份(1961—2010 年)

区域性秋旱出现年份	全旗 4 个站同时出现秋旱年份
1962,1965,1966,1970,1971,1974,1978,1979,1985,1988,1992,1993,1996,1997,1998,2000,2002,2004,2005,2009	1962,1965,1966,1971,1974,1979,1985,1988,1992,1993,1997,1998,2004,2005,2009

(4)区域性作物生长季干旱

1961—2010 年,全旗区域性作物生长季干旱出现过 15 次,概率为 30%;全旗 4 个观测站同时出现干旱的有 9 次,概率为 18%。详见表 8.15。

表 8.15　达茂旗区域性作物生长季干旱出现年份(1961—2010 年)

区域性作物生长季干旱出现年份	全旗 4 个站同时出现作物生长季干旱年份
1962,1963,1965,1966,1971,1974,1978,1980,1986,1987,1991,1993,1997,2005,2009	1962,1965,1966,1980,1987,1993,1997,2005,2009

(5)区域性春夏连旱

1961—2010 年全旗区域性春夏连旱出现过 4 次,概率为 8%;全旗 4 个观测站同时出现夏秋旱的有 1 次,概率为 2%。详见表 8.16。

表 8.16　达茂旗区域性春夏连旱出现年份(1961—2010 年)

区域性春夏旱出现年份	全旗 4 个站同时出现作物生长季干旱年份
1966,1972,1989,1993	1966

(6)区域性夏秋连旱

1961—2010 年,全旗区域性夏秋连旱出现过 6 次,概率为 12%;全旗 4 个观测站同时出现夏秋连旱的有 4 次,概率为 8%。详见表 8.17。

表 8.17 达茂旗区域性夏秋连旱出现年份(1961—2010 年)

区域性夏秋连旱出现年份	全旗 4 个站同时出现夏秋连旱年份
1962,1965,1966,1993,2005,2009	1965,1966,2005,2009

(7)区域性春夏秋连旱

1961—2010 年,全旗区域性春夏秋连旱出现过 2 次,概率为 4%;全旗 4 个观测站同时出现春夏秋连旱的有 1 次,概率为 2%。详见表 8.18。

表 8.18 达茂旗区域性春夏秋连旱出现年份(1961—2010 年)

区域性春夏秋连旱出现年份	全旗 4 个站同时春夏秋连旱年份
1966,1993	1966

第9章　重要天气及天气现象统计

9.1　大风

9.1.1　定义

瞬时风速达到或超过17.2 m/s(风力8级)的风称为大风。

9.1.2　大风统计

达茂旗年内各个月份均有大风出现。年大风日数多年平均为65.7 d;年大风日数历年最大值为130.0 d,1978年出现在中部的百灵庙。

大风日数的空间分布是北部的满都拉最多,中部的白云鄂博次之,南部的希拉穆仁较少,中部的百灵庙最少,这与百灵庙四周地形的影响有关。

多年平均季大风日数冬季最多,全旗平均为24.6 d,占全年大风日数的37%;其次是春季,全旗平均为19.9 d,占全年大风日数的30%;再次是夏季,全旗平均为14.1 d,占全年大风日数的21%;秋季最少,全旗平均为7.1 d,占全年大风日数的11%。多年平均月大风日数4月最多,年旗平均为10.2 d,8月最少,全旗平均为2.8 d。详见表9.1。

表9.1　达茂旗各地年、季、月大风日数统计(1961—2010年)　　单位:d

		白云鄂博	百灵庙	满都拉	希拉穆仁
年	平均	68.3	51.6	81.9	61.0
	最多	123.0	130.0	115.0	112.0
春季	平均	20.4	17.3	22.5	19.3
	最多	36.0	39.0	33.0	34.0
夏季	平均	13.2	13.0	18.1	12.1
	最多	35.0	37.0	31.0	37.0
秋季	平均	7.2	5.4	9.5	6.3
	最多	17.0	19.0	20.0	17.0
冬季	平均	27.5	15.9	31.8	23.3
	最多	72.0	56.0	71.0	53.0
1月	平均	4.4	2.0	5.4	3.6
	最多	15.0	15.0	14.0	12.0
2月	平均	4.7	2.9	4.7	4.1
	最多	17.0	15.0	13.0	12.0

续表

		白云鄂博	百灵庙	满都拉	希拉穆仁
3月	平均	7.0	5.4	7.5	6.6
	最多	15.0	17.0	16.0	17.0
4月	平均	10.5	8.7	11.3	10.1
	最多	18.0	22.0	19.0	19.0
5月	平均	9.9	8.6	11.2	9.2
	最多	21.0	19.0	19.0	19.0
6月	平均	6.4	6.4	8.5	6.7
	最多	12.0	16.0	15.0	12.0
7月	平均	4.0	4.1	5.6	3.5
	最多	15.0	14.0	12.0	16.0
8月	平均	2.8	2.5	4.0	1.9
	最多	9.0	9.0	10.0	11.0
9月	平均	3.0	2.7	4.3	2.9
	最多	7.0	10.0	9.0	8.0
10月	平均	4.2	2.7	5.2	3.4
	最多	11.0	9.0	13.0	11.0
11月	平均	6.0	3.3	7.1	4.8
	最多	18.0	10.0	15.0	12.0
12月	平均	5.4	2.3	7.1	4.2
	最多	17.0	10.0	19.0	12.0

9.2 浮尘

9.2.1 定义

浮尘是由于高空风将远处尘沙吹到本地上空，或由于本地沙尘暴、扬沙过后，尘土、细沙均匀地浮游在空中，使空气混浊，天空呈土黄色，水平能见度小于 10.0 km 的视程障碍现象。

浮尘不仅污染环境，对人体健康的威胁也不小。浮尘中粒径小于 10 μm 的颗粒物对人体危害最大，它能长驱直入眼、鼻、喉、皮肤等器官和组织，并经过呼吸道沉积于肺泡。肺内尘粒一旦超过肺本身的清除能力，就会沉积于胸腔内，损伤肺泡和黏膜，导致支气管和肺部及胸膜病变，引起支气管炎、肺炎、肺气肿等疾病。因此，浮尘天气应尽量减少外出，在家中要及时关闭门窗，尤其是抵抗力相对较弱的慢性气管炎患者以及老人、小孩要注意做好防护工作。

9.2.2 浮尘初日、终日及初终间日数

达茂旗各地浮尘的多年平均初日为 3 月下旬至 4 月上旬，多年平均终日为 7 月中旬至 8 月上旬；多年平均初终间日数，全旗平均为 115.3 d。详见表 9.2。

表 9.2　达茂旗各地浮尘平均初日、终日及初终间日数(1961—2010 年)

		白云鄂博	百灵庙	满都拉	希拉穆仁
初日	月	4	3	3	3
	日	9	24	21	27
终日	月	7	7	8	7
	日	16	19	3	12
初终间日数/d		99	118	136	108

9.2.3　浮尘日数统计

年浮尘日数的多年平均值,全旗平均为 3.6 d;历年最多年浮尘日数,全旗平均为 29.0 d。

浮尘的空间分布,中部的百灵庙最多,南部的希拉穆仁次之,北部的满都拉较少,中部的白云鄂博最少。

多年平均季浮尘日数,春季最多,全旗平均为 2.0 d,占全年浮尘日数的 56%;冬季次之,全旗平均为 1.0 d,占全年浮尘日数的 28%;夏季较少,全旗平均为 0.6 d,占全年浮尘日数的 17%;秋季 0.1 d 最少,仅占全年浮尘日数的 3%。

各月浮尘日数,3—5 月较多,8—10 月较少。详见表 9.3。

表 9.3　达茂旗各地年、季、月浮尘日数统计(1961—2010 年)　　单位:d

		白云鄂博	百灵庙	满都拉	希拉穆仁
年	平均	2.2	4.6	3.4	4.3
	最多	15.0	25.0	20.0	25.0
春季	平均	1.3	2.4	1.9	2.5
	最多	10.0	14.0	12.0	14.0
夏季	平均	0.4	0.7	0.7	0.4
	最多	5.0	6.0	8.0	5.0
秋季	平均	0.0	0.1	0.1	0.1
	最多	2.0	2.0	3.0	2.0
冬季	平均	0.5	1.4	0.7	1.3
	最多	4.0	10.0	5.0	7.0
1 月	平均	0.0	0.2	0.0	0.1
	最多	0.0	3.0	1.0	3.0
2 月	平均	0.1	0.2	0.1	0.1
	最多	1.0	2.0	2.0	2.0
3 月	平均	0.3	0.6	0.5	0.8
	最多	3.0	6.0	4.0	5.0
4 月	平均	0.6	1.3	1.0	1.4
	最多	4.0	6.0	8.0	10.0
5 月	平均	0.7	1.1	0.9	1.1
	最多	8.0	9.0	8.0	10.0
6 月	平均	0.2	0.4	0.4	0.3
	最多	4.0	5.0	7.0	4.0

续表

		白云鄂博	百灵庙	满都拉	希拉穆仁
7月	平均	0.1	0.2	0.2	0.1
	最多	1.0	2.0	2.0	1.0
8月	平均	0.1	0.1	0.1	0.0
	最多	2.0	2.0	1.0	2.0
9月	平均	0.0	0.1	0.1	0.0
	最多	1.0	2.0	3.0	0.0
10月	平均	0.0	0.0	0.0	0.1
	最多	1.0	0.0	1.0	2.0
11月	平均	0.0	0.2	0.1	0.2
	最多	1.0	7.0	2.0	2.0
12月	平均	0.1	0.2	0.0	0.1
	最多	4.0	4.0	0.0	2.0

9.3 扬沙

9.3.1 定义

扬沙是由于风大将本地及附近地面尘沙吹起，使空气相当混浊，天空一片昏黄，水平能见度为 1.0～10.0 km 的视程障碍现象。

9.3.2 扬沙初日、终日及初终间日数

达茂旗各地扬沙的多年平均初日为 2 月中旬至 3 月中旬，多年平均终日为 8 月上旬至 10 月下旬；多年平均初终间日数，全旗平均为 197.3 d。详见表 9.4。

9.4 达茂旗各地扬沙平均初日、终日及初终间日数(1961—2010 年)

		白云鄂博	百灵庙	满都拉	希拉穆仁
初日	月	3	2	3	3
	日	2	17	2	16
终日	月	9	9	10	8
	日	24	8	23	4
初终间日数/d		207	204	236	142

9.3.3 扬沙日数统计

年扬沙日数的多年平均值，全旗平均为 10.1 d；历年最多年扬沙日数，全旗平均为 36.3 d。扬沙的空间分布是中北部多于南部。其中中部的百灵庙最多，南部的希拉穆仁最少。

多年平均季扬沙日数春季最多，全旗平均为 4.7 d；冬季次之，全旗平均为 3.7 d；夏季较少，全旗平均为 1.3 d；秋季最少，全旗平均为 0.4 d。各月扬沙日数 4—5 月较多，8—9 月较少。详见表 9.5。

表 9.5 达茂旗各地年、季、月扬沙日数统计(1961—2010 年) 单位:d

		白云鄂博	百灵庙	满都拉	希拉穆仁
年	平均	9.8	11.8	10.4	8.5
	最多	47.0	43.0	32.0	23.0
春季	平均	4.6	5.5	4.1	4.7
	最多	25.0	16.0	10.0	13.0
夏季	平均	1.5	1.6	1.5	0.7
	最多	14.0	9.0	10.0	5.0
秋季	平均	0.6	0.5	0.5	0.1
	最多	10.0	3.0	6.0	2.0
冬季	平均	3.1	4.2	4.3	3.0
	最多	35.0	23.0	18.0	12.0
1月	平均	0.3	0.5	0.6	0.4
	最多	4.0	5.0	5.0	5.0
2月	平均	0.5	0.8	0.7	0.5
	最多	6.0	6.0	3.0	4.0
3月	平均	1.2	1.7	1.4	1.4
	最多	9.0	7.0	6.0	6.0
4月	平均	2.3	3.1	2.2	2.8
	最多	12.0	12.0	7.0	8.0
5月	平均	2.3	2.4	1.9	1.9
	最多	13.0	9.0	7.0	8.0
6月	平均	0.8	1.1	0.9	0.6
	最多	8.0	6.0	5.0	5.0
7月	平均	0.4	0.4	0.3	0.1
	最多	6.0	5.0	3.0	2.0
8月	平均	0.3	0.1	0.3	0.0
	最多	4.0	2.0	5.0	2.0
9月	平均	0.2	0.2	0.2	0.0
	最多	5.0	3.0	3.0	1.0
10月	平均	0.4	0.3	0.3	0.1
	最多	5.0	2.0	3.0	1.0
11月	平均	0.6	0.7	0.8	0.4
	最多	6.0	7.0	4.0	6.0
12月	平均	0.5	0.5	0.8	0.3
	最多	12.0	6.0	6.0	3.0

9.4 沙尘暴

9.4.1 定义

沙尘暴是由于强风将地面大量尘沙吹起,使空气相当混浊,水平能见度小于 1.0 km 的

视程障碍现象。水平能见度小于 500 m 时，称为强沙尘暴。水平能见度小于 50 m 时称为特强沙尘暴。

沙尘暴是一种风与尘沙相互作用的灾害性天气现象，有利于产生大风或强风的天气形势，充分的尘、沙源分布和有利于大气层结不稳定的热力条件是沙尘暴或强沙尘暴形成的主要原因。强风是沙尘暴产生的动力，尘、沙源是沙尘暴的物质基础，不稳定的热力条件利于风力加大、强对流发展，从而夹带更多的沙尘，并卷扬得更高。沙尘暴危害一是风害，二是尘沙害。具体表现为摧毁建筑物和公共设施，风蚀土壤，破坏植被，掩埋农田和道路，污染大气环境，影响交通，危害人体健康。

9.4.2 沙尘暴初日、终日和初终间日数

达茂旗各地沙尘暴多年平均初日为 3 月中旬，多年平均终日为 6 月下旬至 8 月下旬；多年平均初终间日数，全旗平均为 124.5 d。详见表 9.6。

表 9.6 达茂旗各地沙尘暴初日、终日及初终间日数(1961—2010 年)

		白云鄂博	百灵庙	满都拉	希拉穆仁
初日	月	3	3	3	3
	日	18	19	17	14
终日	月	7	6	8	6
	日	20	28	29	26
初终间日数/d		125	102	166	105

9.4.3 沙尘暴日数统计

年沙尘暴日数的多年平均值，全旗平均为 6.1 d；历年最多年沙尘暴日数，全旗平均为 41.3 d。沙尘暴日数的空间分布是中部少，北部和南部多。北部的满都拉最多，中部百灵庙最少。

多年平均季沙尘暴日数春季最多，全旗平均为 3.2 d；冬季次之，全旗平均为 2.2 d；夏季较少，为 0.7 d；秋季最少，为 0.1 d。多年平均月沙尘暴日数 4 月最多，全旗平均为 2.2 d，9 月最少，全旗平均为 0 d。详见表 9.7。

表 9.7 达茂旗各地年、季、月沙尘暴日数统计(1961—2010 年) 单位：d

		白云鄂博	百灵庙	满都拉	希拉穆仁
年	平均	5.5	4.6	7.8	6.4
	最多	50.0	31.0	53.0	31.0
春季	平均	2.6	2.6	3.7	3.8
	最多	18.0	12.0	17.0	11.0
夏季	平均	0.8	0.5	1.0	0.3
	最多	8.0	4.0	7.0	2.0
秋季	平均	0.0	0.0	0.2	0.0
	最多	1.0	1.0	2.0	0.0
冬季	平均	2.1	1.5	2.9	2.3
	最多	30.0	18.0	31.0	21.0

续表

		白云鄂博	百灵庙	满都拉	希拉穆仁
1月	平均	0.2	0.1	0.4	0.2
	最多	6.0	3.0	7.0	3.0
2月	平均	0.4	0.3	0.5	0.5
	最多	9.0	7.0	10.0	10.0
3月	平均	1.1	0.9	1.0	1.3
	最多	7.0	5.0	6.0	6.0
4月	平均	1.6	1.8	2.2	2.5
	最多	9.0	9.0	11.0	9.0
5月	平均	1.0	0.8	1.5	1.3
	最多	9.0	6.0	7.0	7.0
6月	平均	0.5	0.3	0.6	0.2
	最多	7.0	3.0	4.0	2.0
7月	平均	0.2	0.2	0.3	0.1
	最多	3.0	3.0	3.0	2.0
8月	平均	0.1	0.0	0.1	0.0
	最多	2.0	2.0	2.0	0.0
9月	平均	0.0	0.0	0.0	0.0
	最多	1.0	1.0	2.0	0.0
10月	平均	0.0	0.0	0.2	0.0
	最多	1.0	1.0	2.0	0.0
11月	平均	0.2	0.1	0.5	0.2
	最多	3.0	2.0	7.0	3.0
12月	平均	0.2	0.1	0.5	0.1
	最多	5.0	3.0	8.0	3.0

9.5 雷暴

9.5.1 定义

雷暴是积雨云强烈发展的标志和结果，是伴有雷击和闪电的局地强对流灾害性天气，具有极强的破坏性和杀伤力，达茂旗每年都有因雷击造成人畜伤亡和财产损失的气象灾害。雷电灾害是“联合国国际减灾十年”公布的最严重的十种自然灾害之一。全球每年因雷击造成的人员伤亡和财产损失不计其数，导致火灾、爆炸、建筑物毁坏等事故频繁发生。从卫星、通信、导航、计算机网络到每个家庭的家用电器都遭到雷电灾害的严重威胁。随着社会经济发展和现代化水平的提高，城市高层建筑物的日益增多，雷电灾害的危害程度和造成的经济损失及社会影响也越来越大。

9.5.2 雷暴初日、终日和初终间日数

达茂旗各地雷暴初日多年平均为 5 月上中旬，历年最早为 3 月下旬至 4 月上旬，历年最

晚为6月上旬至下旬。

达茂旗各地雷暴终日多年平均为9月下旬至10月上旬，历年最早为8月下旬，历年最晚为10月下旬至11月上旬。

雷暴初终间日数的多年平均值，全旗平均为143.8 d；历年最长初终间日数，全旗平均为195.0 d；历年最短初终间日数，全旗平均为89.3 d。详见表9.8。

表9.8 达茂旗各地雷暴初日、终日及初终间日数(1961—2010年)

			白云鄂博	百灵庙	满都拉	希拉穆仁
平均	初日	月	5	5	5	5
		日	11	6	10	2
	终日	月	9	9	9	10
		日	24	29	23	2
平均初终间日数/d			137	147	137	154
最早	初日	月	4	4	4	3
		日	5	1	2	30
	终日	月	8	8	8	8
		日	21	30	21	22
最短初终间日数/d			80	85	85	107
最晚	初日	月	6	6	6	6
		日	15	14	23	1
	终日	月	10	11	10	10
		日	26	8	21	26
最长初终间日数/d			191	214	188	187

9.5.3 雷暴日数统计(3—10月)

年雷暴日数多年平均值，全旗平均为29.3 d；历年最多年雷暴日数，全旗平均为43.5 d；历年最少年雷暴日数，全旗平均为15.5 d。

雷暴的空间分布是南多北少，南部的希拉穆仁最多，北部的满都拉最少。

年内雷暴主要出现在春、夏、秋三季，其中夏季最多，全旗平均为23.0 d，秋季次之，全旗平均为3.6 d，春季最少，全旗平均为2.8 d。雷暴主要出现的月份是3—10月，其中6—8月较多，3月、4月和10月较少。详见表9.9。

表9.9 达茂旗各地年、季、月雷暴日数统计(1961—2010年) 单位：d

		白云鄂博	百灵庙	满都拉	希拉穆仁
年	平均	27.3	29.0	25.7	35.3
	最多	43.0	41.0	42.0	48.0
	最少	14.0	16.0	13.0	19.0
生长季	平均	26.8	28.4	25.3	34.5
	最多	43.0	41.0	42.0	48.0
	最少	14.0	16.0	13.0	18.0

续表

		白云鄂博	百灵庙	满都拉	希拉穆仁
春季	平均	2.1	2.8	2.4	3.8
	最多	8.0	9.0	7.0	11.0
	最少	0.0	0.0	0.0	0.0
夏季	平均	22.1	22.7	20.2	26.9
	最多	34.0	31.0	32.0	37.0
	最少	10.0	9.0	11.0	15.0
秋季	平均	3.1	3.5	3.1	4.6
	最多	8.0	10.0	10.0	11.0
	最少	0.0	0.0	0.0	0.0
3月	平均	0.0	0.0	0.0	0.0
	最多	0.0	0.0	0.0	1.0
	最少	0.0	0.0	0.0	0.0
4月	平均	0.5	0.7	0.5	0.8
	最多	2.0	3.0	3.0	4.0
	最少	0.0	0.0	0.0	0.0
5月	平均	1.6	2.1	1.9	3.0
	最多	7.0	8.0	7.0	8.0
	最少	0.0	0.0	0.0	0.0
6月	平均	6.1	6.4	5.2	7.8
	最多	10.0	11.0	10.0	13.0
	最少	2.0	2.0	1.0	3.0
7月	平均	8.7	9.3	8.4	10.5
	最多	16.0	17.0	15.0	17.0
	最少	2.0	1.0	2.0	3.0
8月	平均	7.3	7.0	6.6	8.6
	最多	16.0	14.0	13.0	16.0
	最少	0.0	2.0	1.0	2.0
9月	平均	2.6	2.9	2.7	3.8
	最多	8.0	10.0	10.0	9.0
	最少	0.0	0.0	0.0	0.0
10月	平均	0.5	0.6	0.4	0.8
	最多	3.0	3.0	2.0	3.0
	最少	0.0	0.0	0.0	0.0

9.6 冰雹

9.6.1 定义

冰雹是指坚硬的球状、锥状或形状不规则的固态降水，雹核一般不透明，外面包有透明的冰层，或由透明的冰层与不透明的冰层相间组成。冰雹大小差异大，大的直径可达数十毫米，常伴随雷暴出现。

冰雹出现时，常伴有大风、强降雨、雷暴等，是大气中一种短时、小范围、剧烈的灾害性天气现象，是达茂旗主要的气象灾害之一。冰雹突发性强、破坏力大，每年给农业、牧业、养殖业、工矿企业、交通电讯以及人民的生命财产造成严重损失。

9.6.2 冰雹初日、终日和初终间日数

达茂旗各地冰雹初日多年平均为5月下旬至6月上旬，历年最早为4月上旬至下旬，历年最晚为8月中旬至9月上旬。

达茂旗各地冰雹终日多年平均为8月下旬至9月上旬，历年最早为6月上旬至7月上旬，历年最晚为10月上旬至下旬。

冰雹初终间日数的多年平均值，全旗平均为92.0 d；历年最长初终间日数，全旗平均为171.8 d；历年最短初终间日数，全旗平均为9.0 d。详见表9.10。

表9.10 达茂旗各地冰雹初日、终日及初终间日数(1961—2010年)

			白云鄂博	百灵庙	满都拉	希拉穆仁
平均	初日	月	6	6	6	5
		日	10	3	2	29
	终日	月	9	9	8	9
		日	7	5	24	4
平均初终间日数/d			90	95	84	99
最早	初日	月	4	4	4	4
		日	24	2	3	18
	终日	月	6	7	6	6
		日	12	4	27	2
最短初终间日数/d			13	6	16	6
最晚	初日	月	8	8	9	8
		日	19	18	5	20
	终日	月	10	10	10	10
		日	26	25	10	16
最长初终间日数/d			145	191	176	175

9.6.3 冰雹日数统计(4—10月)

年冰雹日数多年平均值，全旗平均为2.4 d；历年最多年冰雹日数，全旗平均为8.8 d。

由于冰雹属于中小尺度天气系统，雹云体空间范围小，生命史短，降落区具有极大的随机性，落在气象站以外的冰雹是无法观测到的。因此，实际冰雹出现的日数远多于气象台站观测记录的次数。

冰雹的空间分布和雷暴一样，南部多于北部，山区多于平原，海拔越高、降水量越多的地方往往冰雹越多。全旗冰雹日数最多的是白云鄂博和希拉穆仁，最少的是满都拉。

年内冰雹主要出现在4—10月，其中7—8月较多，4月和10月较少，6—9月是冰雹天气的集中期，占全年总次数的78%。详见表9.11。

表9.11 达茂旗各地年、季、月冰雹日数统计(1961—2010年) 单位:d

		白云鄂博	百灵庙	满都拉	希拉穆仁
年	平均	3.1	2.3	1.3	3.0
	最多	11.0	8.0	5.0	11.0
春季	平均	0.4	0.4	0.3	0.6
	最多	3.0	4.0	3.0	3.0
夏季	平均	2.0	1.4	0.8	1.8
	最多	6.0	6.0	4.0	8.0
秋季	平均	0.7	0.5	0.2	0.6
	最多	4.0	2.0	2.0	3.0
4月	平均	0.1	0.2	0.1	0.2
	最多	1.0	4.0	3.0	2.0
5月	平均	0.3	0.2	0.2	0.4
	最多	2.0	3.0	2.0	3.0
6月	平均	0.7	0.4	0.3	0.7
	最多	4.0	2.0	1.0	4.0
7月	平均	0.7	0.5	0.2	0.5
	最多	4.0	3.0	2.0	3.0
8月	平均	0.6	0.5	0.3	0.6
	最多	5.0	2.0	3.0	3.0
9月	平均	0.6	0.4	0.2	0.5
	最多	4.0	2.0	2.0	2.0
10月	平均	0.1	0.1	0.0	0.1
	最多	1.0	2.0	1.0	1.0

第10章　农事活动和作物生长期气候条件

这里的农事活动和作物生长期主要指与稳定通过农业指标温度0 ℃,3 ℃,5 ℃,10 ℃,15 ℃,20 ℃持续期相对应的农耕期、喜凉作物生长期、农作物生长期、喜温作物生长期、喜温作物活跃生长期和喜温作物安全生长期。农业指标温度是指对农业生产有指示或界限意义的温度,也称为农业界限温度。农事活动和作物生长期气候条件主要指气温、积温、日照、降水、风、灾害性天气等历年分布状况,它们既是农业生产的重要环境条件,又提供了农业气候资源,同时对于其他农业环境因子和农业自然资源还有着重要影响。

10.1　气候条件对农业生产的影响

(1)温度对农业的影响

温度与农业生产关系密切:①温度直接影响作物的生长、分布和产量;②温度影响作物的发育速度,从而影响作物生育期的长短及各发育期出现的早晚;③温度影响光、水资源的利用和作物生产的安排;④温度还影响作物病虫害的发生和发展。

空气温度对农业的影响是,不同的作物在不同的生长阶段对于气温的要求不同。稳定通过0 ℃,3 ℃,5 ℃,10 ℃,15 ℃和20 ℃等界限温度的初终日和持续期及持续期的气温、积温是常用的具有普遍农业意义的热量指标系统,对农业生产具有指示或临界意义,起指导作用,在农业气候资源调查和区划中可作为分析热量资源的基本依据。

土壤温度对农业的影响是,土壤温度可以影响种子的出芽与出苗,影响根系的生长和块茎与块根的形成,影响水分和养分的吸收。

(2)水分对农业的影响

水是植物生长不可缺少的要素,植物的生命离不开水。水是光合作用固定CO_2形成糖的原料;水是溶剂,使养分溶于水输送到植物所有枝叶;植物的细胞伸长依赖于水;植物靠水分的蒸腾来调节温度。缺水则导致农作物减产甚至绝收。总之,水是农业增产的重要条件之一。

农作物生长发育过程中,各时期都需要水分供应,而且各时期需要的水分多少是不同的,只有满足各时期的水分供应才能得到高产。而降水是农作物水分供应与土壤水分的主要来源,是水分平衡的主要收入项。人们直接根据降水量的多少来评定作物水分供应条件的好坏,对无灌溉条件的旱农区,降水是决定作物产量的主要因子之一。连阴雨多,降水过多,容易形成渍涝,而且还会导致光照不足,造成作物倒伏、多病;降水过少,易出现不同程度的干旱,甚至旱灾,致使作物减产。提高水分的利用率,对农业生产有举足轻重的作用。

(3)日照对农业的影响

自然条件下,绿色植物进行光合作用制造有机物质必须有太阳辐射作为能源的参与才能完成,不同波段的辐射对植物生命活动起着不同的作用,它们在为植物提供热量、参与光化学反应及光形态的方面起着重要作用。光照强度对植物的光合作用非常重要。在光饱和点范围内，随着光照强度的增加光合作用也随之增加，光照强度降低时光合作用也随之降低。不同植物对光照强度的要求不同，光照过强或不足都会导致植物生长不良、产量降低，甚至出现灼伤、黄叶、倒伏等症状，致使作物减产或死亡。因此，正确地调节光照强度，提高对太阳能的利用，对作物的生长、发育及产量提高意义重大。

(4)风对农业生产的影响

风能影响农田湍流交换强度，增强地面与空气的热量与水分等的交换，增加土壤蒸发和作物蒸腾，也增加空气中的 CO_2 等成分的交换，使作物群体内部的空气不断更新，对株间的温度、水汽等调节有重要作用。低风速条件下，光合作用强度随风速增大而上升。自然界中的许多植物是借助风的力量进行异花授粉和传播的，风的大小会影响授粉效率和种子传播距离，对植物的繁衍和分布起着较大作用。

(5)灾害性天气对农业生产的影响

危害达茂地区农作物生长、影响农业生产活动的灾害性天气主要有大风、沙尘、雷暴、冰雹等。

大风刮走土壤中大量细小的黏土和有机质，而且还把裹挟的沙子沉积在土壤中，造成土壤有机成分改变，沙砾含量增多，肥力下降，耕地、草原沙化，加重干旱，使生态环境恶化。大风对农作物产生危害，造成作物倒伏、断枝、落叶、落花和落果，影响其生长发育和产量形成。

沙尘天气使太阳直接辐射大量减少，尘土覆盖在作物幼苗或幼芽上，影响作物的光合作用和呼吸作用。

雷暴的对地雷击可造成人员伤亡、火灾、爆炸、建筑物和各种设施损毁、电力及通信中断等，给人类带来许多危害。

冰雹可使农作物的叶片、茎秆和果实等遭受损伤，轻者可造成减产，严重时可砸断作物茎秆，成千上万亩庄稼、果树在数分钟内被毁坏，使丰收在望的农作物在顷刻之间化为乌有。突降的冰雹常让农牧民猝不及防，直接威胁人畜生命安全，较大冰雹会砸伤处在露天环境中的农牧民及放牧的牲畜等，甚至导致人畜死亡。

影响农业生产的灾害性天气还有很多，我们要运用相关的专业知识和当地的经验积累，减少其对农业生产的不利影响。

10.2 农事活动季节气候条件

10.2.1 农耕期(日平均气温稳定大于或等于 0 ℃持续期)气候条件

日平均气温稳定大于或等于 0 ℃的持续期称为农耕期，作为衡量农事季节的总长度和作物可能的生长期指标，是确定地区种植制度的重要参考。农耕期积温可以反映一个地区农事季节能供作物和牧草利用的总热量。

冬末春初，太阳直射点逐渐北移，太阳辐射逐渐增强，地表热量收支由负值转为正值，吸收的热量逐渐增多并向土壤和空气中传递，温度逐渐回升，耕作层(0～40 cm)地温逐层稳定通过 0 ℃，随后日平均气温稳定通过 0 ℃，整个耕作层地温稳定通过 0 ℃的日期与日平均气温稳定通过 0 ℃的初日相近，此时土壤开始白天解冻，冰雪逐渐融化，越冬作物和冷季牧草开始萌发，部分林木复苏泛绿，田间耕作施肥等农事活动开始，春小麦等早春耐寒作物已能顶凌播种。秋末冬初，太阳直射点不断南移，太阳辐射持续减弱，地表热量收支由正值转为负值，吸收的热量逐渐减少，空气和土壤温度迅速下降，日平均气温逐渐降至 0 ℃以下，随后耕作层地温由浅入深逐层降至 0 ℃以下，日平均气温稳定通过 0 ℃的终日标志着浅层地温开始稳定降至 0 ℃以下，土壤开始夜间结冻，农作物和牧草停止生长，田间耕作停止，草木休眠，地表积水逐渐结冰。

(1)农耕期初终日和持续期

农耕期初日是指日平均气温稳定大于或等于 0 ℃的开始日期，即冬末春初日平均气温达 0 ℃或以上的开始日期；终日是指日平均气温稳定大于或等于 0 ℃的终止日期，即秋末冬初日平均气温在 0 ℃或以上的终止日期；持续期是指日平均气温稳定大于或等于 0 ℃的初日与终日之间的间隔日数。其统计方法是，对历年逐日平均气温进行 5 d 滑动平均计算，确定滑动平均值稳定大于或等于 0 ℃的最长连续数据序列，在该数据序列第一个滑动平均值所包括的 5 d 中选取第一个日均值大于或等于 0 ℃的日期，该日就是该年稳定通过 0 ℃的起始日期，在最后一个滑动平均值所包括的 5 d 中选取最后一个日均值大于或等于 0 ℃的日期，该日就是该年稳定通过 0 ℃的终止日期；终日减初日加 1 即得持续期。其他界限温度的初终日和持续期的统计方法同此。

达茂旗各地农耕期初日为 3 月中旬至 4 月下旬，多年平均为 3 月下旬至 4 月上旬，北部的满都拉比南部的希拉穆仁提前；农耕期终日为 10 月上旬至 11 月中旬，多年平均为 10 月中下旬，北部的满都拉比南部的希拉穆仁推后；农耕期的持续期为 171～233 d，多年平均为 196～211 d，北部的满都拉比南部的希拉穆仁多 15 d。

(2)土壤耕作层(0～40 cm)温度稳定大于或等于 0 ℃的初终日和持续期

达茂旗各地土壤耕作层温度稳定大于或等于 0 ℃的多年平均初日为 3 月中旬至 4 月上旬，多年平均终日为 10 月中旬至 11 月中旬，持续期为 197～247 d。土壤耕作层温度稳定大于或等于 0 ℃的日期与日平均气温基本接近，详见表 10.1。

表 10.1　达茂旗各地日平均气温、地温稳定大于或等于 0 ℃的初终日和持续期(1961—2010 年)

				白云鄂博	百灵庙	满都拉	希拉穆仁
气温	平均	初日	月	4	4	3	4
			日	7	3	31	8
		终日	月	10	10	10	10
			日	20	26	27	20
	平均持续期/d			197	207	211	196
	最早	初日	月	3	3	3	3
			日	15	9	4	25
		终日	月	10	10	10	10
			日	5	10	15	6
	最短持续期/d			171	182	190	171
	最晚	初日	月	4	4	4	4
			日	29	25	22	29
		终日	月	11	11	11	11
			日	1	12	12	12
	最长持续期/d			220	233	233	233

续表

				白云鄂博	百灵庙	满都拉	希拉穆仁
0 cm平均地温	平均	初日	月	3	3	3	3
			日	29	22	21	30
		终日	月	10	10	10	10
			日	24	29	30	24
	平均持续期/d			211	222	224	210
	最早	初日	月	3	3	3	3
			日	8	5	5	10
		终日	月	10	10	10	10
			日	14	17	17	11
	最短持续期/d			124	196	203	190
	最晚	初日	月	6	4	4	4
			日	27	6	15	15
		终日	月	11	11	11	11
			日	6	12	12	6
	最长持续期/d			231	250	252	233
5 cm平均地温	平均	初日	月	4	3	3	
			日	3	15	17	
		终日	月	10	11	11	
			日	17	5	6	
	平均持续期/d			199	235	235	
	最早	初日	月	3	3	3	
			日	21	9	9	
		终日	月	9	10	10	
			日	30	28	27	
	最短持续期/d			183	225	225	
	最晚	初日	月	4	3	3	
			日	10	20	23	
		终日	月	10	11	11	
			日	29	11	13	
	最长持续期/d			219	248	249	
10 cm平均地温	平均	初日	月	4	3	3	
			日	8	16	18	
		终日	月	10	11	11	
			日	22	5	10	
	平均持续期/d			198	235	239	
	最早	初日	月	4	3	3	
			日	1	9	9	
		终日	月	9	9	11	
			日	30	30	6	
	最短持续期/d			183	199	228	

续表

				白云鄂博	百灵庙	满都拉	希拉穆仁
	最晚	初日	月	4	3	3	
			日	14	20	27	
		终日	月	11	11	11	
			日	4	15	14	
	最长持续期/d			210	249	250	
15 cm平均地温	平均	初日	月	4	3	3	
			日	10	16	18	
		终日	月	10	11	11	
			日	23	13	12	
	平均持续期/d			197	243	240	
	最早	初日	月	4	3	3	
			日	1	10	10	
		终日	月	9	11	11	
			日	30	8	7	
	最短持续期/d			183	236	229	
	最晚	初日	月	4	3	3	
			日	19	21	27	
		终日	月	11	11	11	
			日	5	25	20	
	最长持续期/d			211	256	250	
20 cm平均地温	平均	初日	月	4	3	3	
			日	8	17	20	
		终日	月	10	11	11	
			日	30	14	13	
	平均持续期/d			206	243	239	
	最早	初日	月	3	3	3	
			日	30	12	11	
		终日	月	9	11	11	
			日	30	9	8	
	最短持续期/d			180	237	226	
	最晚	初日	月	4	3	3	
			日	21	21	28	
		终日	月	11	11	11	
			日	20	26	24	
	最长持续期/d			236	256	254	
40 cm平均地温	平均	初日	月	4	3	3	4
			日	10	22	20	3
		终日	月	11	11	11	11
			日	22	19	20	19
	平均持续期/d			227	243	247	231

续表

			白云鄂博	百灵庙	满都拉	希拉穆仁
最早	初日	月	3	3	3	3
		日	31	9	1	18
	终日	月	11	11	11	11
		日	15	6	7	9
最短持续期/d			211	222	222	216
最晚	初日	月	4	4	4	4
		日	27	6	6	17
	终日	月	12	12	11	12
		日	1	9	30	13
最长持续期/d			243	272	275	247

(3)农耕期气候条件

农耕期多年平均气温,全旗平均为 14.0 ℃,其中北部的满都拉为 15.3 ℃,南部的希拉穆仁为 13.0 ℃,北部比南部高 2.3 ℃。

积温的多年平均值,全旗平均为 2 861.4 ℃·d,其中北部的满都拉为 3 251.5 ℃·d,南部的希拉穆仁为 2 561.6 ℃·d,北部比南部多 689.9 ℃·d。

降水量的多年平均值,全旗平均为 218.5 mm,南部的希拉穆仁为 260.2 mm,北部的满都拉为 154.0 mm,南部比北部多 106.2 mm。

日照时数的多年平均值,全旗平均为 1 929.8 h,北部的满都拉最多,为 2 090.6 h,南部的希拉穆仁最少,为 1 828.8 h,二者相差 261.8 h。

平均风速的多年平均值,全旗平均为 2.5 m/s,其中白云鄂博最大,为 2.9 m/s,百灵庙最小,为 2.1 m/s;年平均最大风速的多年平均值,全旗平均为 9.3 m/s;历年极端最大风速为 27.3 m/s。详见表 10.2。

表 10.2　达茂旗各地农耕期气候条件(1961—2010 年)

		白云鄂博	百灵庙	满都拉	希拉穆仁
气温/℃	平均	13.4	14.3	15.3	13.0
积温/(℃·d)	平均	2 663.8	2 968.6	3 251.5	2 561.6
	最多	3 004.9	3 382.7	3 610.0	2 872.1
	出现年份	2005	2005	2005	1998
	最少	2 340.8	2 634.9	2 932.8	2 221.1
	出现年份	1979	1962	1976	1979
降水量/mm	平均	226.8	233.1	154.0	260.2
	最多	437.7	388.0	314.3	388.7
	出现年份	1981	2003	1973	1961
	最少	89.2	131.1	64.0	140.0
	出现年份	2005	2009	2005	1965

续表

		白云鄂博	百灵庙	满都拉	希拉穆仁
日照时数/h	平均	1 930.6	1 869.2	2 090.6	1 828.8
	最长	2 319.3	2 230.9	2 366.7	2 295.3
	出现年份	2005	2005	2005	1998
	最短	1 646.1	1 376.6	1 826.6	1 234.2
	出现年份	2003	2008	2010	1978
风速/(m·s^{-1})	平均	2.9	2.1	2.5	2.6
	平均最大	10.2	8.3	9.5	9.4
	极端最大	25.0	27.3	26.0	27.0

10.2.2 喜凉作物生长期(日平均气温稳定大于或等于 3 ℃持续期)气候条件

春季日平均气温稳定大于或等于 3 ℃时，韭菜等耐寒作物开始返青，牧草开始萌发，春小麦开始播种；秋季日平均气温下降到 3 ℃以下时，大部分耐寒作物和牧草停止生长，大秋作物开始变黄。因此，日平均气温在 3 ℃及以上的持续时期称为喜凉作物的生长期。

(1)喜凉作物生长期初终日和持续期

达茂旗各地喜凉作物生长期初日为 3 月下旬至 5 月上旬，多年平均为 4 月中旬；终日为 9 月下旬至 11 月上旬，多年平均为 10 月上中旬。

各地喜凉作物生长期的持续期为 141～214 d，多年平均为 174～192 d。

(2)土壤耕作层(0～40 cm)温度稳定大于或等于 3 ℃的初终日和持续期

达茂旗各地土壤耕作层温度稳定大于或等于 3 ℃的多年平均初日为 3 月下旬至 4 月下旬，多年平均终日为 10 月上旬至 11 月上旬，持续期为 181～224 d，详见表 10.3。

表 10.3 达茂旗各地日平均气温、地温稳定大于或等于 3 ℃的初终日和持续期(1961—2010 年)

				白云鄂博	百灵庙	满都拉	希拉穆仁
气温	平均	初日	月	4	4	4	4
			日	18	12	10	18
		终日	月	10	10	10	10
			日	9	15	17	9
	平均持续期/d			175	187	192	174
	最早	初日	月	4	3	3	3
			日	2	25	24	31
		终日	月	9	9	9	9
			日	21	28	29	22
	最短持续期/d			141	167	168	142
	最晚	初日	月	5	5	5	5
			日	6	6	5	6
		终日	月	10	11	11	10
			日	31	1	1	30
	最长持续期/d			198	214	211	197

续表

				白云鄂博	百灵庙	满都拉	希拉穆仁
0 cm平均地温	平均	初日	月	4	4	3	4
			日	6	1	30	8
		终日	月	10	10	10	10
			日	17	20	21	16
	平均持续期/d			195	203	206	192
	最早	初日	月	3	3	3	3
			日	23	16	10	24
		终日	月	10	10	10	10
			日	1	6	9	1
	最短持续期/d			171	179	181	171
	最晚	初日	月	4	4	4	4
			日	28	22	17	29
		终日	月	10	11	11	10
			日	31	1	1	30
	最长持续期/d			213	221	227	210
5 cm平均地温	平均	初日	月	4	4	4	
			日	13	4	1	
		终日	月	10	10	10	
			日	9	23	28	
	平均持续期/d			181	202	211	
	最早	初日	月	4	3	3	
			日	10	18	25	
		终日	月	9	9	10	
			日	30	30	22	
	最短持续期/d			172	153	196	
	最晚	初日	月	4	5	4	
			日	19	1	11	
		终日	月	10	11	11	
			日	18	2	3	
	最长持续期/d			192	222	224	
10 cm平均地温	平均	初日	月	4	4	3	
			日	16	4	31	
		终日	月	10	10	11	
			日	13	24	2	
	平均持续期/d			181	204	217	
	最早	初日	月	4	3	3	
			日	13	21	25	
		终日	月	9	9	10	
			日	30	30	26	
	最短持续期/d			171	153	207	

续表

				白云鄂博	百灵庙	满都拉	希拉穆仁
	最晚	初日	月	4	5	4	
			日	20	1	3	
		终日	月	10	11	11	
			日	28	4	8	
	最长持续期/d			192	225	225	
15 cm平均地温	平均	初日	月	4	4	4	
			日	16	5	1	
		终日	月	10	10	11	
			日	14	26	3	
	平均持续期/d			182	205	217	
	最早	初日	月	4	3	3	
			日	13	22	26	
		终日	月	9	9	10	
			日	30	30	27	
	最短持续期/d			171	183	207	
	最晚	初日	月	4	4	4	
			日	21	25	4	
		终日	月	10	11	11	
			日	29	5	9	
	最长持续期/d			192	225	224	
20 cm平均地温	平均	初日	月	4	4	4	
			日	18	6	2	
		终日	月	10	10	11	
			日	18	29	3	
	平均持续期/d			184	207	216	
	最早	初日	月	4	3	3	
			日	12	22	26	
		终日	月	9	9	10	
			日	30	30	25	
	最短持续期/d			170	183	206	
	最晚	初日	月	4	4	4	
			日	25	26	15	
		终日	月	10	11	11	
			日	30	9	9	
	最长持续期/d			198	226	227	
40 cm平均地温	平均	初日	月	4	4	3	4
			日	23	3	31	16
		终日	月	11	11	11	11
			日	7	8	10	6
	平均持续期/d			199	221	224	205

续表

				白云鄂博	百灵庙	满都拉	希拉穆仁
	最早	初日	月	4	3	3	4
			日	14	18	21	2
		终日	月	11	10	10	10
			日	3	28	28	24
	最短持续期/d			176	203	208	181
	最晚	初日	月	5	4	4	5
			日	12	18	18	1
		终日	月	11	11	11	11
			日	12	17	17	14
	最长持续期/d			213	242	242	225

(3)喜凉作物生长期气候条件

喜凉作物生长期多年平均气温，全旗平均为 15.2 ℃，北部的满都拉为 16.5 ℃，南部的希拉穆仁为 14.1 ℃，北部比南部高 2.4 ℃。

积温的多年平均值，全旗平均为 2 790.2 ℃・d，北部的满都拉为 3 183.8 ℃・d，南部的希拉穆仁为 2 484.5 ℃・d，北部比南部多 699.3 ℃・d。

降水量的多年平均值，全旗平均为 212.5 mm，南部的希拉穆仁为 250.6 mm，北部的满都拉为 151.2 mm，南部比北部多 99.4 mm。

日照时数的多年平均值，全旗平均为 1 749.9 h，北部的满都拉最多，为 1 920.2 h，南部的希拉穆仁最少，为 1 640.6 h，二者相差 279.6 h。

平均风速的多年平均值，全旗平均为 2.3 m/s，其中白云鄂博最大，为 2.6 m/s，百灵庙最小，为 1.9 m/s。详见表 10.4。

表 10.4　达茂旗各地喜凉作物生长期气候条件(1961—2010 年)

		白云鄂博	百灵庙	满都拉	希拉穆仁
气温/℃	平均	14.6	15.4	16.5	14.1
积温/(℃・d)	平均	2 584.8	2 907.5	3 183.8	2 484.5
	最多	2 957.0	3 351.0	3 540.4	2 820.2
	出现年份	2009	2005	2009	1998
	最少	2 233.4	2 547.8	2 785.0	2 146.2
	出现年份	1976	1976	1976	1979
降水量/mm	平均	219.7	228.4	151.2	250.6
	最多	427.0	379.0	310.9	388.6
	出现年份	1981	2003	1973	1961
	最少	88.8	129.6	61.2	136.4
	出现年份	2005	1965	2005	1965
日照时数/h	平均	1 732.6	1 706.2	1 920.2	1 640.6
	最长	2 051.4	2 093.8	2 123.8	2 013.5
	出现年份	2001	2005	1982	2001
	最短	1 413.3	1 367.3	1 569.2	1 182.2
	出现年份	1995	2008	2003	1995

续表

		白云鄂博	百灵庙	满都拉	希拉穆仁
风速/(m·s^{-1})	平均	2.6	1.9	2.3	2.3
	平均最大	10.1	8.2	9.5	9.3

10.2.3 农作物生长期(日平均气温稳定大于或等于 5 ℃持续期)气候条件

一年中植物的生长期与温度条件有着密切的关系，在一定温度以上可继续生长的期间就成为生长期。春季日平均气温稳定大于或等于 5 ℃(春季开始)时，早春作物开始播种，喜凉作物和多数树木开始生长。秋季日平均气温下降到 5 ℃以下(秋季结束)时，作物生长缓慢，喜凉作物停止生长。因此，日平均气温在 5 ℃及以上的持续时期称为农作物生长期。

(1)农作物生长期初终日和持续期

达茂旗各地农作物生长期初日为 4 月上旬至 5 月中旬，多年平均为 4 月中下旬；终日为 9 月中旬至 10 月下旬，多年平均为 9 月下旬至 10 月中旬；持续期为 128～201 d，多年平均为 158～178 d。

(2)土壤耕作层(0～40 cm)温度稳定大于或等于 5 ℃的初终日和持续期

达茂旗各地土壤耕作层温度稳定大于或等于 5 ℃的多年平均初日为 4 月上旬至下旬，多年平均终日为 10 月上旬至 11 月上旬，详见表 10.5。

表 10.5 达茂旗各地气温、地温稳定大于或等于 5 ℃的初终日和持续期(1961—2010 年)

				白云鄂博	百灵庙	满都拉	希拉穆仁
气温	平均	初日	月	4	4	4	4
			日	25	19	17	26
		终日	月	10	10	10	9
			日	3	8	11	30
	平均持续期/d			162	172	178	158
	最早	初日	月	4	4	4	4
			日	3	3	2	3
		终日	月	9	9	9	9
			日	20	21	25	13
	最短持续期/d			140	141	150	128
	最晚	初日	月	5	5	5	5
			日	17	6	6	17
		终日	月	10	10	10	10
			日	20	26	31	20
	最长持续期/d			192	197	201	193
0 cm 平均地温	平均	初日	月	4	4	4	4
			日	10	8	6	15
		终日	月	10	10	10	10
			日	9	15	17	9
	平均持续期/d			183	191	195	178

续表

				白云鄂博	百灵庙	满都拉	希拉穆仁
	最早	初日	月	3	3	3	3
			日	25	25	25	31
		终日	月	9	10	10	9
			日	26	1	1	26
	最短持续期/d			166	170	174	149
	最晚	初日	月	4	4	4	5
			日	29	28	24	6
		终日	月	10	10	10	10
			日	25	30	31	25
	最长持续期/d			201	213	214	196
5 cm平均地温	平均	初日	月	4	4	4	
			日	16	10	6	
		终日	月	10	10	10	
			日	7	18	20	
	平均持续期/d			174	193	203	
	最早	初日	月	4	3	3	
			日	10	25	25	
		终日	月	10	10	10	
			日	2	5	9	
	最短持续期/d			167	172	190	
	最晚	初日	月	4	5	4	
			日	20	1	15	
		终日	月	10	10	11	
			日	10	31	1	
	最长持续期/d			183	214	214	
10 cm平均地温	平均	初日	月	4	4	4	
			日	20	9	4	
		终日	月	10	10	10	
			日	9	21	22	
	平均持续期/d			170	195	206	
	最早	初日	月	4	3	3	
			日	14	27	26	
		终日	月	9	10	10	
			日	30	7	10	
	最短持续期/d			168	175	191	
	最晚	初日	月	4	4	4	
			日	25	26	15	
		终日	月	10	11	11	
			日	16	1	1	
	最长持续期/d			172	213	218	

续表

				白云鄂博	百灵庙	满都拉	希拉穆仁
15 cm平均地温	平均	初日	月	4	4	4	
			日	23	10	4	
		终日	月	10	10	10	
			日	18	23	25	
	平均持续期/d			177	197	206	
	最早	初日	月	4	3	3	
			日	18	27	27	
		终日	月	9	10	10	
			日	30	14	14	
	最短持续期/d			168	178	191	
	最晚	初日	月	4	4	4	
			日	26	27	16	
		终日	月	10	11	11	
			日	29	2	2	
	最长持续期/d			185	218	218	
20 cm平均地温	平均	初日	月	4	4	4	
			日	21	11	5	
		终日	月	10	10	10	10
			日	19	25	26	20
	平均持续期/d			179	198	208	
	最早	初日	月	4	3	3	
			日	17	30	27	
		终日	月	9	10	10	10
			日	30	16	15	10
	最短持续期/d			169	179	191	
	最晚	初日	月	4	5	4	
			日	26	1	16	
		终日	月	10	11	11	10
			日	30	4	6	31
	最长持续期/d			188	220	222	
40 cm平均地温	平均	初日	月	4	4	4	4
			日	21	10	7	21
		终日	月	10	11	11	10
			日	31	2	4	26
	平均持续期/d			192	207	212	189
	最早	初日	月	4	3	3	4
			日	18	29	28	7
		终日	月	10	10	10	10
			日	26	21	22	13
	最短持续期/d			190	186	195	172

续表

			白云鄂博	百灵庙	满都拉	希拉穆仁
最晚	初日	月	4	4	4	5
		日	25	27	25	3
	终日	月	11	11	11	11
		日	5	13	15	9
	最长持续期/d		196	225	227	208

(3)农作物生长期气候条件

农作物生长期多年平均气温,全旗平均为 16.0 ℃,北部的满都拉为 17.3 ℃,南部的希拉穆仁为 15.0 ℃,北部比南部高 2.3 ℃。

积温的多年平均值,全旗平均为 2 701.2 ℃·d,北部的满都拉为 3 097.1 ℃·d,南部的希拉穆仁为 2 386.5 ℃·d,北部比南部多 710.6 ℃·d。

降水量的多年平均值,全旗平均为 206.8 mm,南部的希拉穆仁为 242.5 mm,北部的满都拉为 147.5 mm,南部比北部多 95.0 mm。

日照时数的多年平均值,全旗平均为 1 617.2 h,北部的满都拉为 1 793.1 h,南部的希拉穆仁为 1 488.7 h,北部比南部多 304.4 h。

平均风速的多年平均值,全旗平均为 2.1 m/s;历年平均最大风速为 10.0 m/s,出现在白云鄂博。

大风日数的多年平均值,全旗平均为 30.9 d;历年最多为 70.0 d,出现在中部的百灵庙。

沙尘天气日数的多年平均值,全旗平均为 8.8 d;历年最多为 44.0 d,出现在北部的满都拉(其中沙尘暴日数的多年平均值,全旗平均为 2.5 d;历年最多为 23.0 d,出现在中部的白云鄂博)。

雷暴日数的多年平均值,全旗平均为 28.6 d;历年最多为 46.0 d,出现在南部的希拉穆仁。

冰雹日数的多年平均值,全旗平均为 2.3 d;历年最多 11.0 d,出现在中部白云鄂博。详见表 10.6。

表 10.6　达茂旗各地农作物生长期气候条件(1961—2010 年)

		白云鄂博	百灵庙	满都拉	希拉穆仁
气温/℃	平均	15.3	16.2	17.3	15.0
积温/(℃·d)	平均	2 501.9	2 819.2	3 097.1	2 386.5
	最多	2 900.3	3 237.9	3 472.2	2 817.1
	出现年份	1998	1998	2001	1998
	最少	2 121.7	2 471.7	2 699.5	1 873.4
	出现年份	1979	1976	1976	1979
降水量/mm	平均	214.5	222.6	147.5	242.5
	最多	426.6	378.2	307.9	365.2
	出现年份	1981	2003	1973	1961
	最少	88.8	119.1	61.2	115.8
	出现年份	2005	1965	2005	1965

续表

		白云鄂博	百灵庙	满都拉	希拉穆仁
日照时数/h	平均	1 609.5	1 577.4	1 793.1	1 488.7
	最长	1 872.0	1 972.2	2 000.9	1 924.9
	出现年份	2005	1972	1998	1998
	最短	1 352.4	1 190.9	1 520.8	1 055.1
	出现年份	1982	2008	1995	1979
风速/$(m \cdot s^{-1})$	平均	2.4	1.7	2.1	2.1
	平均最大	10.0	8.2	9.4	9.3
大风日数/d	平均	28.7	28.4	40.5	25.8
	最多	53.0	70.0	63.0	59.0
沙尘日数/d	平均	8.0	10.1	10.2	7.0
	最多	41.0	42.0	44.0	23.0
沙尘暴日数/d	平均	2.2	2.1	3.6	1.9
	最多	23.0	13.0	18.0	7.0
雷暴日数/d	平均	26.6	28.5	25.3	33.8
	最多	43.0	41.0	42.0	46.0
冰雹日数/d	平均	3.0	2.2	1.3	2.7
	最多	11.0	7.0	4.0	10.0

10.2.4 喜温作物生长期(日平均气温稳定大于或等于 10 ℃持续期)气候条件

春季日平均气温稳定大于或等于 10 ℃的初日，是玉米、高粱、大豆等喜温作物生长的开始，是春小麦、马铃薯、莜麦、甜菜、胡麻等喜凉作物活跃生长的开始，也是大多数乔木树种枝叶舒展的开始。大于或等于 10 ℃期间是光合作用制造干物质较为有利的时期，植物的干物质绝大部分是在大于或等于 10 ℃期间制造的，大于或等于 10 ℃积温可用来评价热量资源对喜温作物的满足程度。秋季日平均气温下降到 10 ℃以下时，喜温作物停止生长，喜凉作物停止活跃生长，大多数乔木树种枝叶开始枯萎。因此，日平均气温大于或等于 10 ℃的持续期称为喜温作物的生长期或喜凉作物活跃生长期。

(1)喜温作物生长期初终日和持续期

达茂旗各地喜温作物生长期初日为 4 月中旬至 6 月中旬，多年平均为 5 月上中旬；终日为 8 月下旬至 10 月上旬，多年平均为 9 月中下旬；持续期为 99～169 d，历年平均为 120～143 d。

(2)土壤耕作层(0～40 cm)温度稳定大于或等于 10 ℃的初终日和持续期

达茂旗各地土壤耕作层温度稳定大于或等于 10 ℃的多年平均初日为 4 月下旬至 5 月中旬；多年平均终日为 9 月下旬至 10 月中旬。详见表 10.7。

表 10.7 达茂旗各地气温、地温稳定大于或等于 10 ℃的初终日和持续期(1961—2010 年)

				白云鄂博	百灵庙	满都拉	希拉穆仁
气温	平均	初日	月	5	5	5	5
			日	15	9	5	15
		终日	月	9	9	9	9
			日	15	20	24	12
	平均持续期/d			124	135	143	120

续表

				白云鄂博	百灵庙	满都拉	希拉穆仁
	最早	初日	月	4	4	4	4
			日	27	25	20	28
		终日	月	8	8	8	8
			日	27	29	29	27
	最短持续期/d			102	105	115	99
	最晚	初日	月	6	5	5	6
			日	13	29	27	13
		终日	月	10	10	10	9
			日	5	9	10	28
	最长持续期/d			152	168	169	150
0 cm平均地温	平均	初日	月	4	4	4	5
			日	30	24	21	3
		终日	月	9	9	10	9
			日	24	28	2	23
	平均持续期/d			148	158	165	144
	最早	初日	月	4	4	4	4
			日	6	3	3	15
		终日	月	8	8	9	8
			日	30	30	16	30
	最短持续期/d			122	130	141	113
	最晚	初日	月	5	5	5	5
			日	20	19	6	29
		终日	月	10	10	10	10
			日	9	18	18	9
	最长持续期/d			181	192	192	168
5 cm平均地温	平均	初日	月	5	4	4	5
			日	7	27	29	8
		终日	月	9	10	10	9
			日	25	1	4	21
	平均持续期/d			141	158	161	137
	最早	初日	月	5	4	4	5
			日	1	3	7	1
		终日	月	9	8	9	8
			日	13	31	22	30
	最短持续期/d			121	131	142	110
	最晚	初日	月	5	5	5	6
			日	21	18	6	1
		终日	月	10	10	10	10
			日	3	19	19	1
	最长持续期/d			154	192	187	153

续表

				白云鄂博	百灵庙	满都拉	希拉穆仁
10 cm平均地温	平均	初日	月	5	4	4	5
			日	8	27	30	11
		终日	月	9	10	10	9
			日	27	3	6	22
	平均持续期/d			142	160	160	136
	最早	初日	月	5	4	4	5
			日	1	7	7	1
		终日	月	9	9	9	8
			日	16	1	25	30
	最短持续期/d			125	130	147	110
	最晚	初日	月	5	5	5	6
			日	19	18	9	1
		终日	月	10	10	10	10
			日	4	20	20	4
	最长持续期/d			155	189	189	153
15 cm平均地温	平均	初日	月	5	4	5	5
			日	9	29	1	10
		终日	月	9	10	10	9
			日	29	6	7	26
	平均持续期/d			144	161	160	141
	最早	初日	月	5	4	4	5
			日	1	8	8	1
		终日	月	9	9	9	8
			日	18	25	17	31
	最短持续期/d			132	144	139	118
	最晚	初日	月	5	5	5	6
			日	20	18	10	1
		终日	月	10	10	10	10
			日	7	21	20	7
	最长持续期/d			158	188	189	153
20 cm平均地温	平均	初日	月	5	4	4	5
			日	11	30	30	12
		终日	月	9	10	10	9
			日	29	7	10	27
	平均持续期/d			142	161	164	139
	最早	初日	月	5	4	4	5
			日	1	8	9	1
		终日	月	9	9	9	8
			日	22	26	29	31
	最短持续期/d			126	144	149	118

续表

				白云鄂博	百灵庙	满都拉	希拉穆仁
	最晚	初日	月	5	5	5	6
			日	22	18	10	1
		终日	月	10	10	10	10
			日	8	21	21	8
	最长持续期/d			158	190	188	153
40 cm平均地温	平均	初日	月		5	4	5
			日		1	28	18
		终日	月		10	10	10
			日		14	17	4
	平均持续期/d				167	173	140
	最早	初日	月		4	4	4
			日		13	12	27
		终日	月		9	10	9
			日		29	3	24
	最短持续期/d				146	150	108
	最晚	初日	月		5	6	6
			日		19	1	13
		终日	月		10	10	10
			日		26	28	22
	最长持续期/d				190	192	169

(3)喜温作物生长期气候条件

喜温作物生长期平均气温的多年平均值，全旗平均为 17.7 ℃，北部的满都拉为 19.1 ℃，南部的希拉穆仁为 16.7 ℃，北部比南部高 2.4 ℃。

积温的多年平均值，全旗平均为 2 348.5 ℃・d，北部的满都拉为 2 767.9 ℃・d，南部的希拉穆仁为 2 023.6 ℃・d，北部比南部多 744.3 ℃・d。

降水量的多年平均值，全旗平均为 184.2 mm，南部的希拉穆仁为 211.6 mm，北部的满都拉为 135.5 mm，南部比北部多 76.1 mm。

日照时数的多年平均值，全旗平均为 1 272.2 h，北部的满都拉为 1 464.7 h，南部的希拉穆仁为 1 139.2 h，北部比南部多 325.5 h。

平均风速的多年平均值，全旗平均为 1.6 m/s；历年平均最大风速为 9.9 m/s，出现在白云鄂博。

大风日数的多年平均值，全旗平均为 22.4 d；历年最多为 55.0 d，出现在中部的百灵庙。

沙尘天气日数的多年平均值，全旗平均为 5.3 d(沙尘暴 1.3 d)；历年最多沙尘日数为 32.0 d(沙尘暴 13.0 d)，出现在北部的满都拉。

雷暴日数的多年平均值，全旗平均为 26.6 d；历年最多为 43.0 d，出现在南部的希拉穆仁。

冰雹日数的多年平均值，全旗平均为 1.9 d；历年最多为 9.0 d，出现在南部的希拉穆仁。详见表 10.8。

表 10.8　达茂旗各地喜温作物生长期气候条件(1961—2010 年)

		白云鄂博	百灵庙	满都拉	希拉穆仁
气温/℃	平均	17.1	18.0	19.1	16.7
积温/(℃·d)	平均	2 141.4	2 461.2	2 767.9	2 023.6
	最多	2 659.4	2 958.6	3 228.1	2 561.6
	出现年份	2007	2007	2007	2007
	最少	1 752.5	2 042.8	2 328.0	1 681.6
	出现年份	1979	1972	1979	1979
降水量/mm	平均	189.4	200.4	135.5	211.6
	最多	402.5	348.9	257.9	341.5
	出现年份	1981	1981	1973	1961
	最少	78.8	104.1	61.0	108.0
	出现年份	2005	1982	2005	1965
日照时数/h	平均	1 251.2	1 233.7	1 464.7	1 139.2
	最长	1 528.7	1 528.0	1 702.2	1 408.2
	出现年份	2007	1969	1998	1987
	最短	991.9	820.8	1 157.1	891.1
	出现年份	1961	2008	1968	1979
风速/(m·s^{-1})	平均	1.8	1.3	1.7	1.5
	平均最大	9.9	8.1	9.3	9.1
大风日数/d	平均	20.0	20.7	31.1	17.9
	最多	37.0	55.0	48.0	54.0
沙尘日数/d	平均	4.5	5.9	7.1	3.7
	最多	24.0	28.0	32.0	18.0
沙尘暴日数/d	平均	1.1	1.0	2.3	0.8
	最多	8.0	11.0	13.0	4.0
雷暴日数/d	平均	24.6	26.7	24.4	30.7
	最多	38.0	38.0	39.0	43.0
冰雹日数/d	平均	2.4	1.8	1.1	2.2
	最多	7.0	6.0	4.0	9.0

10.2.5　喜温作物活跃生长期(日平均气温稳定大于或等于 15 ℃持续期)气候条件

春季日平均气温稳定大于或等于 15 ℃的初日，是玉米、高粱、大豆等喜温作物积极生长的开始，春小麦、马铃薯、莜麦、甜菜、胡麻等大部分喜凉作物进入旺盛生长期。秋季日平均气温低于 15 ℃时，对贪青作物灌浆和成熟都不利。大于或等于 15 ℃的天数可作为玉米、高粱、大豆、烟草等作物生长发育是否有利的指标，其持续期称为喜温作物的活跃生长期。

(1)喜温作物活跃生长期初终日和持续期

达茂旗各地喜温作物活跃生长期初日为 5 月上旬至 7 月中旬，多年平均为 5 月下旬至 6 月中旬；终日为 7 月上旬至 9 月中旬，多年平均为 8 月中旬至 9 月上旬；持续期为 24～128 d，多年平均为 64～100 d。

(2)土壤耕作层(0～40 cm)温度稳定大于或等于 15 ℃的初终日和持续期

达茂旗各地土壤耕作层温度稳定大于或等于 15 ℃的多年平均初日为 5 月上旬至 6 月中旬；多年平均终日为 9 月上旬至下旬。详见表 10.9。

表 10.9　达茂旗各地日平均气温、地温稳定通过 15 ℃的初终日和持续期(1961—2010 年)

				白云鄂博	百灵庙	满都拉	希拉穆仁
气温	平均	初日	月	6	6	5	6
			日	10	3	28	15
		终日	月	8	8	9	8
			日	21	30	4	17
	平均持续期/d			73	89	100	64
	最早	初日	月	5	5	5	5
			日	21	18	10	24
		终日	月	7	8	8	7
			日	8	9	18	20
	最短持续期/d			24	56	57	25
	最晚	初日	月	7	7	7	7
			日	17	15	15	17
		终日	月	9	9	9	9
			日	11	13	19	4
	最长持续期/d			99	116	128	97
0 cm平均地温	平均	初日	月	5	5	5	5
			日	18	12	8	22
		终日	月	9	9	9	9
			日	5	10	14	3
	平均持续期/d			111	122	130	104
	最早	初日	月	4	4	4	4
			日	27	25	24	27
		终日	月	8	8	8	8
			日	10	28	18	19
	最短持续期/d			57	95	98	73
	最晚	初日	月	7	6	5	6
			日	15	13	28	15
		终日	月	9	9	9	9
			日	23	26	27	16
	最长持续期/d			140	153	154	131
5 cm平均地温	平均	初日	月	5	5	5	5
			日	27	13	10	28
		终日	月	9	9	9	9
			日	3	11	17	2
	平均持续期/d			100	122	131	98
	最早	初日	月	5	4	4	5
			日	11	26	26	3
		终日	月	8	8	8	8
			日	18	28	18	18
	最短持续期/d			57	97	98	58

续表

				白云鄂博	百灵庙	满都拉	希拉穆仁
	最晚	初日	月	7	5	5	7
			日	15	31	25	13
		终日	月	9	9	10	9
			日	15	26	4	14
	最长持续期/d			121	151	153	127
10 cm平均地温	平均	初日	月	6	5	5	6
			日	1	15	11	3
		终日	月	9	9	9	9
			日	4	16	20	2
	平均持续期/d			96	125	133	92
	最早	初日	月	5	4	4	5
			日	18	28	28	12
		终日	月	8	8	8	8
			日	18	29	29	11
	最短持续期/d			57	104	104	56
	最晚	初日	月	7	5	5	7
			日	16	31	21	16
		终日	月	9	10	10	9
			日	19	9	9	15
	最长持续期/d			117	149	162	127
15 cm平均地温	平均	初日	月	6	5	5	6
			日	2	17	13	2
		终日	月	9	9	9	9
			日	7	17	22	6
	平均持续期/d			98	124	133	97
	最早	初日	月	5	4	4	5
			日	19	29	28	9
		终日	月	8	8	8	8
			日	19	29	30	20
	最短持续期/d			57	98	105	57
	最晚	初日	月	7	6	5	7
			日	16	11	29	15
		终日	月	9	10	10	9
			日	23	4	9	22
	最长持续期/d			126	146	162	128
20 cm平均地温	平均	初日	月	6	5	5	6
			日	6	20	15	5
		终日	月	9	9	9	9
			日	7	18	23	5
	平均持续期/d			94	123	132	93

续表

				白云鄂博	百灵庙	满都拉	希拉穆仁
	最早	初日	月	5	4	4	5
			日	23	29	30	12
		终日	月	8	8	8	8
			日	19	30	30	21
	最短持续期/d			57	98	101	57
	最晚	初日	月	7	6	5	7
			日	16	11	29	15
		终日	月	9	10	10	9
			日	23	5	10	18
	最长持续期/d			118	155	163	120
40 cm 平均地温	平均	初日	月		5	5	6
			日		22	18	16
		终日	月		9	9	9
			日		22	27	1
	平均持续期/d				124	133	78
	最早	初日	月		5	5	5
			日		5	4	20
		终日	月		8	9	6
			日		31	18	30
	最短持续期/d				97	113	24
	最晚	初日	月		6	6	7
			日		11	1	19
		终日	月		10	10	9
			日		10	11	16
	最长持续期/d				152	152	120

(3)喜温作物活跃生长期气候条件

喜温作物活跃生长期平均气温的多年平均值，全旗平均为 19.6 ℃，北部的满都拉为 21.0 ℃，南部的希拉穆仁为 18.5 ℃，北部比南部高 2.5 ℃。

积温的多年平均值，全旗平均为 1 643.0 ℃·d，北部的满都拉为 2 139.9 ℃·d，南部的希拉穆仁为 1 224.0 ℃·d，北部比南部多 915.9 ℃·d。

降水量的多年平均值，全旗平均为 130.6 mm，南部的希拉穆仁为 129.1 mm，北部的满都拉为 108.5 mm，南部比北部多 20.6 mm。

日照时数的多年平均值，全旗平均为 809.1 h，北部的满都拉为 1 036.7 h，南部的希拉穆仁为 630.2 h，北部比南部多 406.5 h。

平均风速的多年平均值，全旗平均为 1.0 m/s；历年平均最大风速为 9.7 m/s，出现在白云鄂博。

大风日数的多年平均值，全旗平均为 12.7 d；历年最多为 39.0 d，出现在北部的满都拉。

沙尘日数的多年平均值，全旗平均为 2.3 d；历年最多为 18.0 d，出现在北部的满都拉（沙尘暴日数的多年平均值，全旗平均 0.6 d；历年最多 6 d，出现在中部的白云鄂博和北部的满都拉）。

雷暴日数的多年平均值，全旗平均为 20.2 d；历年最多为 32 d，出现在中部的白云鄂博和北部的满都拉。

冰雹日数的多年平均值，全旗平均为 1.1 d；历年最多为 7 d，出现在南部的希拉穆仁。详见表 10.10。

表 10.10　达茂旗各地喜温作物活跃生长期气候条件(1961—2010 年)

		白云鄂博	百灵庙	满都拉	希拉穆仁
气温/℃	平均	18.9	19.9	21.0	18.5
积温/(℃·d)	平均	1 412.2	1 796.0	2 139.9	1 224.0
	最多	2 052.3	2 409.0	2 762.0	1 942.7
	出现年份	2010	2010	2001	2010
	最少	424.6	1 092.1	1 219.7	433.8
	出现年份	1979	1974	1974	1979
降水量/mm	平均	126.9	157.7	108.5	129.1
	最多	372.5	299.5	204.2	245.3
	出现年份	1981	1981	1981	1994
	最少	18.4	53.4	44.6	46.4
	出现年份	1973	1982	2005	1983
日照时数/h	平均	751.8	817.7	1 036.7	630.2
	最长	1 112.9	1 151.5	1 281.9	1 035.5
	出现年份	2005	2005	1987	2010
	最短	219.9	458.8	572.8	180.0
	出现年份	1979	1996	1974	1979
风速/$(m \cdot s^{-1})$	平均	1.1	0.8	1.1	0.9
	平均最大	9.7	8.0	9.1	9.0
大风日数/d	平均	10.3	12.1	20.2	8.3
	最多	22.0	37.0	39.0	30.0
沙尘日数/d	平均	2.0	2.6	3.5	0.9
	最多	16.0	15.0	18.0	8.0
沙尘暴日数/d	平均	0.6	0.5	1.1	0.2
	最多	6.0	4.0	6.0	2.0
雷暴日数/d	平均	18.2	21.9	20.9	19.8
	最多	32.0	31.0	32.0	29.0
冰雹日数/d	平均	1.4	1.3	0.8	1.0
	最多	6.0	6.0	4.0	7.0

10.2.6　喜温作物安全生长期(日平均气温稳定大于或等于 20 ℃持续期)气候条件

春季日平均气温稳定大于或等于 20 ℃的初日(夏季开始)是喜温作物光合作用最适温度的下限，是小麦普遍灌浆和乳熟的日期，也是玉米、高粱的安全灌浆成熟期。秋季日平均气温降至 20 ℃(秋季开始)以后，秋季作物玉米、高粱等灌浆速度放慢，成熟期推迟，品质下降，产量受到影响。因此，日平均气温稳定大于或等于 20 ℃持续期间称为喜温作物安全生长期。

(1)喜温作物安全生长期初终日和持续期

达茂旗各地喜温作物安全生长期初日为 6 月上旬至 8 月中旬，多年平均为 6 月下旬至 7 月中旬；终日为 6 月中旬至 8 月下旬，多年平均为 7 月中旬至 8 月上旬；持续期为 0～73 d，多年平均为 8～38 d。

(2)土壤耕作层(0～40 cm)温度稳定大于或等于 20 ℃的初终日和持续期

达茂旗各地土壤耕作层温度稳定大于或等于 20 ℃的多年平均初日为 6 月上旬至 7 月下旬,多年平均终日为 7 月下旬至 8 月下旬。详见表 10.11。

表 10.11　达茂旗各地日平均气温、地温稳定大于或等于 20 ℃初终日和持续期(1961—2010 年)

				白云鄂博	百灵庙	满都拉	希拉穆仁
气温	平均	初日	月	7	7	6	7
			日	12	8	29	13
		终日	月	7	7	8	7
			日	21	28	5	20
	平均持续期/d			11	21	38	8
	最早	初日	月	6	6	6	6
			日	11	10	6	16
		终日	月	6	6	7	6
			日	13	26	7	23
	最短持续期/d			1	5	13	0
	最晚	初日	月	8	8	7	8
			日	12	13	23	6
		终日	月	8	8	8	8
			日	20	24	26	8
	最长持续期/d			41	64	73	41
0 cm 平均地温	平均	初日	月	6	6	6	6
			日	17	9	3	23
		终日	月	8	8	8	7
			日	5	12	25	31
	平均持续期/d			50	65	84	39
	最早	初日	月	5	5	5	5
			日	11	11	10	22
		终日	月	6	6	7	6
			日	10	20	8	16
	最短持续期/d			15	28	40	13
	最晚	初日	月	7	7	7	7
			日	22	25	16	25
		终日	月	9	9	9	8
			日	8	10	11	31
	最长持续期/d			110	112	118	79
5 cm 平均地温	平均	初日	月	7	6	6	7
			日	4	12	6	1
		终日	月	7	8	8	7
			日	29	12	27	28
	平均持续期/d			26	62	83	28

续表

				白云鄂博	百灵庙	满都拉	希拉穆仁
	最早	初日	月	6	5	5	5
			日	9	15	14	24
		终日	月	6	6	8	6
			日	23	24	1	15
	最短持续期/d			6	14	44	8
	最晚	初日	月	8	7	7	8
			日	1	17	16	2
		终日	月	8	9	9	8
			日	21	10	11	27
	最长持续期/d			65	111	112	70
10 cm平均地温	平均	初日	月	7	6	6	7
			日	9	16	8	10
		终日	月	7	8	8	7
			日	27	17	28	29
	平均持续期/d			19	63	82	20
	最早	初日	月	6	5	5	6
			日	10	26	21	14
		终日	月	6	7	8	6
			日	21	7	3	25
	最短持续期/d			3	15	43	5
	最晚	初日	月	8	7	7	8
			日	12	21	16	13
		终日	月	8	9	9	8
			日	25	10	12	27
	最长持续期/d			66	104	111	61
15 cm平均地温	平均	初日	月	7	6	6	7
			日	16	20	11	13
		终日	月	8	8	8	7
			日	2	18	28	31
	平均持续期/d			19	61	80	19
	最早	初日	月	6	5	5	6
			日	20	30	24	10
		终日	月	7	7	8	6
			日	9	11	3	28
	最短持续期/d			5	14	44	1
	最晚	初日	月	8	7	7	8
			日	10	18	17	13
		终日	月	8	9	9	9
			日	29	12	12	6
	最长持续期/d			41	102	106	60

续表

				白云鄂博	百灵庙	满都拉	希拉穆仁
20 cm平均地温	平均	初日	月	7	6	6	7
			日	19	23	12	18
		终日	月	7	8	8	7
			日	31	17	28	31
	平均持续期/d			13	56	78	14
	最早	初日	月	6	5	5	6
			日	17	31	25	18
		终日	月	6	7	8	6
			日	22	7	3	25
	最短持续期/d			1	11	44	1
	最晚	初日	月	8	7	7	8
			日	16	22	17	14
		终日	月	8	9	9	8
			日	28	12	12	30
	最长持续期/d			37	101	104	36
40 cm平均地温	平均	初日	月		6	6	7
			日		28	19	23
		终日	月		8	8	7
			日		17	28	29
	平均持续期/d				51	71	8
	最早	初日	月		6	6	6
			日		5	4	22
		终日	月		7	7	6
			日		8	27	30
	最短持续期/d				8	33	1
	最晚	初日	月		8	7	8
			日		2	18	4
		终日	月		9	9	8
			日		13	14	28
	最长持续期/d				100	98	32

10.3 无霜期

无霜期即无霜冻期，是指春季最后一次霜冻至秋季第一次霜冻之间的天数。达茂旗无霜期采用地面最低温度稳定大于0 ℃的持续天数来表示。

无霜期是热量资源的一种表达形式，是农业气象上很重要的热量指标，是作物生长期的气候条件，无霜期长，生长期也长。由于每年的气候不同，初霜和终霜的日期有早有晚，每年的无霜期也就不一致。

一个地区无霜期的长短，主要与这个地区寒冷季节的长短有关。寒冷季节长的地区，终

霜日迟，初霜日早，无霜期就较短；与此相反，寒冷季节短的地区，终霜日早，初霜日迟，无霜期就较长。

不同地区的无霜期长短受诸多地理因素的影响，如纬度、海陆位置(距海远近)、地形、海拔等。一般而言，低纬地区无霜期长于高纬地区，沿海长于内陆(海洋性越强，就越温和湿润)，低海拔长于高海拔，开阔地长于洼地。但具体的地理区域应当根据具体条件分析，如大气状况、城市热岛状况等，两个地区对比时要注意归纳共性、区别个性，做出判断。

10.3.1 无霜期初终日和持续期

达茂旗各地无霜期初日为3月中旬至7月上旬，多年平均为5月中旬至6月上旬；无霜期终日为8月上旬至10月上旬，多年平均为9月上中旬；无霜期天数为49～179 d，多年平均为89～123 d。详见表10.12。

表10.12 达茂旗各地无霜期初终日及初终间日数(1961—2010年)

		白云鄂博		百灵庙		满都拉		希拉穆仁	
		月	日	月	日	月	日	月	日
初日	平均	5	29	5	26	5	18	6	7
	最早	3	11	5	9	4	28	5	14
	最晚	6	30	6	16	6	11	7	8
终日	平均	9	11	9	15	9	19	9	5
	最早	8	19	8	18	8	30	8	10
	最晚	9	30	10	1	10	6	9	24
无霜期/d	平均	104		111		123		89	
	最短	49		78		89		53	
	最长	179		143		148		126	

10.3.2 无霜期保证率

全旗平均的50%保证率的无霜期为108 d，60%保证率的无霜期为103 d，70%保证率的无霜期为99 d，80%保证率的无霜期为93 d，90%保证率的无霜期为88 d。达茂旗各地不同保证率的无霜期详见表10.13。

表10.13 达茂旗各地不同保证率的无霜期(1961—2010年) 单位:d

保证率	白云鄂博	百灵庙	满都拉	希拉穆仁
50%	102	115	124	91
60%	97	108	119	87
70%	94	103	117	81
80%	88	98	113	74
90%	86	93	102	70

第 11 章　各月气候与农(牧)事活动及生产建议

11.1　1 月气候与农(牧)事活动及生产建议

11.1.1　1 月气候概况

1 月份太阳直射赤道以南,太阳直射点赤纬为－21°03′～－13°03′,达茂旗各地真太阳时正午太阳高度角为 26°12′～35°38′,是一年中太阳高度角最低的月份之一,太阳辐射最弱,日照时间最短,降水稀少,空气干燥,气候严寒。受强大的蒙古高压控制,全旗上空盛行寒冷干燥的偏北风,每隔 7.8 d 就有新的冷空气补充南下,有时伴有大风、降雪天气,使气温频繁波动,甚至剧烈降温。74%年份的月平均气温的年最低值、77%年份的月平均最低气温的年最低值、58%年份的年极端最低气温均出现在 1 月。虽然进入 1 月份太阳直射点逐渐北移,日照时间逐日延长,太阳辐射逐渐增强,但地气系统的辐射差额和热量平衡仍为负值,因而气温继续下降。

和 12 月相比,1 月平均气温下降了 2.4 ℃,平均最高气温下降了 1.9 ℃,平均最低气温下降了 2.5 ℃。1 月是一年中最冷的月份,同时也是全年日照时数最短、降水量最少、空气最为干燥的月份之一。由于地面辐射冷却强烈,气温极低,近地层大气常会形成较强的逆温层,阻挡了空气的垂直交换,污染物聚集在低空难以扩散。在没有冷空气活动,风力微弱的天气形势下,能见度会明显下降,空气质量显著恶化,特别是清晨和傍晚。因此,1 月也是光照最弱、近地层空气质量最差的月份。

(1)达茂旗各地 1 月真太阳时正午太阳高度角如表 11.1 所示。

表 11.1　达茂旗各地 1 月真太阳时正午太阳高度角

地点	纬度	太阳高度角
白云鄂博	41°46′N	27°11′～35°11′
百灵庙	41°42′N	27°15′～35°15′
满都拉	42°32′N	26°25′～34°25′
希拉穆仁	41°19′N	27°38′～35°38′

(2)达茂旗各地 1 月冷空气活动情况如表 11.2 所示。

表 11.2　达茂旗各地 1 月冷空气过程次数统计(1961—2010 年)

		白云鄂博	百灵庙	满都拉	希拉穆仁
冷空气	平均	3.6	4.9	3.9	5.0
	最多	6	8	6	8
	最少	1	2	2	2

续表

		白云鄂博	百灵庙	满都拉	希拉穆仁
寒潮	平均	0.9	2.6	1.3	2.2
	最多	3	5	4	5
	最少	0	1	0	0
强冷空气	平均	0.0	0.0	0.0	0.0
	最多	0	0	0	0
	最少	0	0	0	0
较强冷空气	平均	0.0	0.0	0.0	0.0
	最多	0	0	0	0
	最少	0	0	0	0
中等强度冷空气	平均	1.2	1.0	1.3	1.4
	最多	4	3	4	3
	最少	0	0	0	0
弱冷空气	平均	1.6	1.6	1.5	1.6
	最多	5	5	4	5
	最少	0	0	0	0

(3)达茂旗各地1月日平均气温、日最高气温、日最低气温和日降雪量的各级日数统计如表11.3所示。

表11.3 达茂旗各地1月各界限气温、各级降雪日数统计(1961—2010年平均) 单位:d

		白云鄂博	百灵庙	满都拉	希拉穆仁
日平均气温	≤−20 ℃	4.7	5.0	3.7	7.4
	≤−15 ℃	15.4	14.2	12.3	17.4
	≤−10 ℃	27.7	25.7	24.4	27.1
	≤−5 ℃	30.8	30.5	30.4	30.7
日最高气温	≤−15 ℃	4.0	2.3	2.7	3.7
	≤−10 ℃	12.8	8.9	9.4	10.7
	≤−5 ℃	24.1	19.2	20.5	20.6
	≤0 ℃	30.1	28.2	28.5	28.6
日最低气温	≤−30 ℃	0.3	2.0	0.6	2.7
	≤−25 ℃	3.9	7.3	4.1	10.0
	≤−20 ℃	14.9	17.7	13.2	20.6
	≤−15 ℃	27.4	26.6	25.1	28.1
	≤−10 ℃	30.7	30.5	30.4	30.7
日降雪量	≥0.1 mm	2.8	3.5	2.5	3.1
	≥1.0 mm	0.4	0.5	0.5	0.5
	≥2.5 mm	0.1	0.2	0.1	0.1
	≥5.0 mm	0.0	0.1	0.0	0.1

(4)达茂旗各地 1 月最大雪深、最大雪压及最大冻土深度统计如表 11.4 所示。

表 11.4 达茂旗各地 1 月最大雪深、最大雪压及最大冻土深度(1961—2010 年)

	白云鄂博	百灵庙	满都拉	希拉穆仁
最大雪深/cm	9	11	11	15
最大雪压/(g·cm^{-2})	1.6	1.6	0.8	7.3
最大冻土深度/cm	216	205	175	204

11.1.2 节气气候概况

1 月有小寒和大寒 2 个节气。

(1)小寒

每年 1 月 5 日、6 日或 7 日,太阳移至黄经 285°时为小寒节气,是二十四节气中的第 23 个节气。寒即寒冷,小寒表示寒冷的程度。小寒以后,开始进入寒冷季节,冷气积久而寒,小寒是天气寒冷而还没有达到极点的意思。

小寒节气历年平均气温,白云鄂博为−14.5～−14.0 ℃,百灵庙为−13.7～−12.9 ℃,满都拉为−12.9～−12.1 ℃,希拉穆仁为−14.8～−14.0 ℃;降水量的多年平均值,白云鄂博和百灵庙为 0.8 mm,满都拉为 1.0 mm,希拉穆仁为 0.6 mm。

(2)大寒

每年 1 月 20 日或 21 日,太阳到达黄经 300°时为大寒节气,是二十四节气中的第 24 个节气。同小寒一样,大寒也是表征天气寒冷程度的节气。大寒就是天气寒冷到了极点的意思,这时强冷空气频繁南下,是一年中最冷的时节。大寒正值三九,谚曰:“冷在三九。”大寒以后,立春接着到来,天气渐暖。至此,地球绕太阳公转一周,完成了一个循环。

大寒节气历年平均气温,白云鄂博为−15.6～−14.1 ℃,百灵庙为−15.2～−13.4 ℃,满都拉为−14.2～−12.7 ℃,希拉穆仁为−16.5～−14.5 ℃;降水量的多年平均值,希拉穆仁和百灵庙为 1.0 mm,白云鄂博和满都拉为 0.8 mm。

11.1.3 农牧事活动

(1)农业

生产活动:滚地保墒;积肥。

有利天气:晴朗微风。

不利天气:大风降温;寒潮天气。

(2)牧业

生产活动:接冬羔(羊);大小畜保膘、保胎;骆驼配种接羔。

有利天气:晴朗,风力在 3 级以下。

不利天气:大风降温、寒潮;6 级以上风并伴有降雪(白毛风)。露天放牧,影响牲畜正常活动的低温为小于或等于−27 ℃。

11.1.4 生产建议

1 月气温最低,常有强冷空气东移南下,自来水和供暖等各种设施管线容易冻裂,人畜

容易冻伤，果树、窖藏瓜菜易遭受冻害。寒潮及伴随的暴风雪对各行业，特别是牧业、交通、电力通信影响较大。

建议林区注意防火，加强林木果树的护理，继续开展多种经营、副业生产；农牧区要加强草原放牧和舍饲管理，做好牲畜防寒保暖；要注意菜窖、薯窖、温室及果品贮藏的防寒保温工作，严封窖口，窖温保持在 12 ℃左右；大棚养殖要以通风换气和舍内清洁卫生为主，畜禽饲料中应适当增加一些粒料以满足需要；加强大棚、小拱棚蔬菜管理，大棚蔬菜要尽量多照阳光，即使在阴天、雪、雾和低温天气里，棚外草帘等覆盖物也不可连续多日不揭，以免影响植株正常的光合作用，造成营养缺乏，天晴揭帘时导致植株萎蔫死亡；泼浇稀粪水、撒施草木灰可有效地减轻低温对作物的危害，同时要做好黄瓜枯萎病及霜霉病的防治工作；雪后应及时摇落果树枝条上的积雪，避免大风造成枝干断裂；封冻鱼塘要注意保持冰面干净，雪后及时清扫以增加光照；继续进行兴修水利和积肥造肥；供水、供暖及各相关企业应采取有效措施，维护好各类管线，做好防寒、防冻工作，尽可能杜绝因管线冻裂造成安全事故。

11.2 2月气候与农(牧)事活动及生产建议

11.2.1 2月气候概况

2 月份太阳直射南半球，太阳直射点赤纬为－21°03′～－13°03′，达茂旗各地真太阳时正午太阳高度角为 34°28′～43°05′，是一年中太阳高度角较低月份之一，太阳辐射仍较弱，气候依然寒冷，程度仅次于 12 月，是年内寒冷程度排序第三的寒冷月。较强冷空气频繁东移南下，常造成剧烈降温，9%年份的月平均气温的年最低值、10%年份的月平均最低气温的年最低值、16%年份的年极端最低气温都出现在 2 月。主要的控制系统仍是蒙古高压，高空盛行寒冷干燥的西北气流，降水稀少，气温在频繁波动中缓慢回升。

和 1 月份比，2 月平均气温升高了 3.7 ℃，平均最高气温升高了 4.2 ℃，平均最低气温升高了 3.3 ℃；太阳直射点逐渐北移，太阳高度角不断抬高，太阳辐射逐渐增强。

(1)达茂旗各地 2 月真太阳时正午太阳高度角如表 11.5 所示。

表 11.5 达茂旗各地 2 月真太阳时正午太阳高度角

地点	纬度	太阳高度角
白云鄂博	41°46′N	35°27′～42°38′
百灵庙	41°42′N	35°31′～42°42′
满都拉	42°32′N	34°41′～41°52′
希拉穆仁	41°19′N	35°54′～43°05′

(2)达茂旗各地 2 月冷空气活动情况如表 11.6 所示。

表 11.6 达茂旗各地 2 月冷空气过程次数统计(1961—2010 年)

		白云鄂博	百灵庙	满都拉	希拉穆仁
冷空气	平均	3.1	4.4	3.7	4.2
	最多	5	7	6	6
	最少	0	2	2	2

续表

		白云鄂博	百灵庙	满都拉	希拉穆仁
寒潮	平均	1.1	2.2	1.4	2.3
	最多	5	5	5	5
	最少	0	0	0	0
强冷空气	平均	0.0	0.0	0.0	0.0
	最多	0	0	0	0
	最少	0	0	0	0
较强冷空气	平均	0.0	0.0	0.0	0.0
	最多	0	0	0	0
	最少	0	0	0	0
中等强度冷空气	平均	0.9	1.2	1.0	0.9
	最多	3	4	3	2
	最少	0	0	0	0
弱冷空气	平均	1.3	1.3	1.4	1.2
	最多	4	4	5	4
	最少	0	0	0	0

(3)达茂旗各地2月日平均气温、日最高气温、日最低气温和日降水量的各级日数统计如表11.7所示。

表11.7 达茂旗各地2月各界限气温、各级降水日数统计(1961—2010年平均) 单位:d

		白云鄂博	百灵庙	满都拉	希拉穆仁
日平均气温	≤−20 ℃	2.3	2.5	1.5	3.6
	≤−15 ℃	8.1	7.7	6.5	9.7
	≤−10 ℃	16.3	15.6	13.9	17.9
	≤−5 ℃	24.9	23.5	22.5	24.9
日最高气温	≤−10 ℃	6.1	4.1	4.3	5.6
	≤−5 ℃	13.3	10.0	10.2	12.0
	≤0 ℃	21.7	17.7	17.9	20.1
	≤2 ℃	24.5	21.3	21.0	23.1
日最低气温	≤−25 ℃	2.1	4.4	2.2	5.9
	≤−20 ℃	8.2	10.8	7.6	12.9
	≤−15 ℃	17.3	18.1	15.9	20.3
	≤−10 ℃	24.9	24.5	23.6	25.7
	≤−5 ℃	27.9	27.5	27.4	27.9
	≤0 ℃	28.2	28.2	28.2	28.2
日降雨夹雪量	≥0.1 mm	0.0	0.0	0.1	0.1
	≥1.0 mm	0.0	0.0	0.0	0.0
日降雪量	≥0.1 mm	3.2	3.5	2.7	3.6
	≥1.0 mm	0.6	1.0	0.6	0.6
	≥2.5 mm	0.1	0.2	0.1	0.2
	≥5.0 mm	0.0	0.0	0.0	0.0

(4)达茂旗各地2月最大雪深、最大雪压及最大冻土深度统计如表11.8所示。

表11.8 达茂旗各地2月最大雪深、最大雪压及最大冻土深度(1961—2010年)

	白云鄂博	百灵庙	满都拉	希拉穆仁
最大雪深/cm	8	12	13	14
最大雪压/(g·cm^{-2})	1.5	1.3	1.6	3.4
最大冻土深度/cm	247	256	194	247

11.2.2 节气气候概况

2月有立春和雨水2个节气。

(1)立春

每年2月3日、4日或5日，太阳到达黄经315°时为立春节气。立春是二十四节气中的第一个节气，其含意是开始进入春天，这是从天文学上来划分的。而在自然界及人们的心目中，春是温暖，鸟语花香，春是生长，耕耘播种。立春以后，严寒渐去，气温回升，人们明显地感觉到白昼长了，太阳暖了，气温、日照、降雨这时常处于一年中的转折点，趋于上升或增多。

由于各地纬度、海拔高度等的不同，地形复杂，气候差异很大，因此，各地春季开始的时间很不一致，南早北迟。根据自然生态系统特征、农事活动、物候现象，达茂旗选用日平均气温稳定在5～20 ℃为春季。满都拉4月18日、百灵庙4月21日、白云鄂博4月27日、希拉穆仁4月29日(多年平均日期)日平均气温先后稳定通过5 ℃，真正入春比立春节气晚80 d左右，届时如果土壤墒情能够满足作物生长需求，则莜麦、马铃薯、甜菜、胡麻等喜凉作物可以开始播种，大多数牧草开始返青，多数树木开始生长。

立春节气历年平均气温，白云鄂博为－15.2～－14.2 ℃，百灵庙为－14.8～－13.9 ℃，满都拉为－13.9～－12.9 ℃，希拉穆仁为－16.1～－15.4 ℃；降水量的多年平均值，白云鄂博为0.8 mm，百灵庙为1.1 mm，满都拉为1.2 mm，希拉穆仁为0.9 mm。

(2)雨水

每年2月18日、19日或20日，太阳到达黄经330°时为雨水节气。雨水是二十四节气中的第2个节气。雨水节气正值冬末春初，东风解冻，冰雪消融而为水，天气回暖。雨水之前天气寒冷，但见雪花纷飞，难闻雨声淅沥；雨水之后雪渐少而雨渐多，雨水节气便由此而得名。按此定义，达茂旗实际的雨水节气应推迟50 d左右。满都拉3月31日、百灵庙4月1日、白云鄂博4月6日、希拉穆仁4月8日(多年平均日期)日平均气温稳定通过0 ℃，土壤开始解冻，春风遍吹，冰雪融化，空气湿度增加，雨水有所增多。如按照气温指标，达茂旗此时方进入雨水节气，但降水量明显增多是在6月中旬以后。

雨水节气历年平均气温，白云鄂博为－12.5～－11.1 ℃，百灵庙为－12.4～－10.2 ℃，满都拉为－11.1～－9.4 ℃，希拉穆仁为－13.8～－11.7 ℃；降水量的多年平均值，白云鄂博为1.1 mm，百灵庙为1.8 mm，满都拉为1.4 mm，希拉穆仁为1.1 mm。

11.2.3 农牧事活动

(1)农业

生产活动：防御春旱，顶冻磙压，此时是备耕生产的关键时期，应做好种子复选，维修增补春耕农具，积肥送肥等备耕农事活动。

有利天气：晴朗微风；降雪天气。

不利天气：大风降温；寒潮天气；干旱。

(2)牧业

生产活动：保膘、保胎；接冬羔，接冬犊。

有利天气：放牧接羔保胎需要晴天少云，平均风力在 4 级以下；平均风力在 3 级以下的多云或阴天(无降雪)对放牧也无影响。

不利天气：大风降温、寒潮，伴随降雪天气同时出现则危险更大；露天放牧，影响牲畜正常活动的低温指标是－20 ℃；气温降至－35 ℃以下，5 级以上风持续 3 h 以上会使棚圈的牛冻死；10 ℃以上的降温并有 5 级以上风时，会使大批牲畜死亡。

11.2.4 生产建议

2 月常有冷空气阶段性入侵，气温变幅很大，可能出现的气象灾害仍为冻害。建议加强草原放牧管理、农村舍饲管理；制定全年农业生产计划；检修农机具，做好春耕备播工作；春地运肥，耙耱保墒；加强大棚蔬菜防寒管理，注意防治温室黄瓜白粉病及韭菜灰霉病；看管好林木果园，果树刮老皮，消毒涂白；管好鱼塘；积肥送粪；选种、备种。另外，要加强畜禽管理和疫病防治，做好猪、鸡瘟病特别是禽流感的防治工作；注意森林防火。

11.3 3 月气候与农(牧)事活动及生产建议

11.3.1 3 月气候概况

3 月太阳赤纬为－5°20′～2°33′，达茂旗各地真太阳时正午太阳高度角为 42°08′～51°14′。20 日前后太阳直射点越过赤道开始进入北半球，达茂旗各地气温快速回升，昼夜温差大，冷空气活动频繁，气温不稳定，忽冷忽热，乍暖还寒，大风天气开始明显增多，降水量少，空气干燥，土壤失墒迅速。

达茂旗 3 月平均气温仍在 0 ℃以下，和 2 月相比，平均气温升高了 7.7 ℃，平均最高气温升高了 7.5 ℃，平均最低气温升高了 7.5 ℃，是一年中气温升高最为明显的月份之一；降水量比 2 月份增加了 2.4 mm；日照时数比 2 月份增加 45 h。

(1)达茂旗各地 3 月真太阳时正午太阳高度角如表 11.9 所示。

表 11.9 达茂旗各地 3 月真太阳时正午太阳高度角

地点	纬度	太阳高度角
白云鄂博	41°46′N	42°54′～50°47′
百灵庙	41°42′N	42°58′～50°51′
满都拉	42°32′N	42°08′～50°01′
希拉穆仁	41°19′N	43°21′～51°14′

(2)达茂旗各地3月冷空气活动情况如表11.10所示。

表11.10 达茂旗各地3月冷空气过程次数统计(1961—2010年)

		白云鄂博	百灵庙	满都拉	希拉穆仁
冷空气	平均	3.7	4.6	4.1	4.9
	最多	6	7	6	8
	最少	1	2	1	2
寒潮	平均	1.3	2.4	1.5	2.8
	最多	4	6	4	5
	最少	0	0	0	0
强冷空气	平均	0.0	0.0	0.0	0.0
	最多	0	0	0	0
	最少	0	0	0	0
较强冷空气	平均	0.0	0.0	0.0	0.0
	最多	0	0	0	0
	最少	0	0	0	0
中等强度冷空气	平均	1.3	1.3	1.5	0.9
	最多	3	4	4	4
	最少	0	0	0	0
弱冷空气	平均	1.3	1.3	1.3	1.6
	最多	3	4	3	5
	最少	0	0	0	0

(3)达茂旗各地3月日平均气温、日最高气温、日最低气温和日降水量的各级日数统计如表11.11所示。

表11.11 达茂旗各地3月各界限气温、各级降水日数统计(1961—2010年平均)　　单位:d

		白云鄂博	百灵庙	满都拉	希拉穆仁
日平均气温	≤−10 ℃	4.5	3.6	2.9	5.5
	≤−5 ℃	13.2	10.4	9.4	14.1
	≤0 ℃	24.7	21.5	20.5	25.0
	≤2 ℃	27.8	25.6	24.3	27.8
	≥5 ℃	0.7	1.8	2.7	0.9
	≥10 ℃	0.0	0.1	0.2	0.0
日最高气温	≤0 ℃	9.8	6.3	6.2	9.2
	≤2 ℃	13.7	9.5	9.2	13.1
	≥5 ℃	11.2	15.9	16.4	12.0
	≥10 ℃	3.0	5.9	6.7	3.5
日最低气温	≤−10 ℃	14.6	14.1	12.2	17.9
	≤−5 ℃	25.6	23.9	23.4	26.2
	≤−2 ℃	29.3	28.2	27.6	29.3
	≤0 ℃	30.5	29.7	29.4	30.5
	≤2 ℃	30.9	30.7	30.5	30.8

续表

		白云鄂博	百灵庙	满都拉	希拉穆仁
日降雨量	≥0.1 mm	0.2	0.2	0.3	0.2
	≥1.0 mm	0.0	0.1	0.2	0.1
	≥2.5 mm	0.0	0.0	0.1	0.0
	≥5.0 mm	0.0	0.0	0.0	0.0
	≥10.0 mm	0.0	0.0	0.0	0.0
日降雨夹雪量	≥0.1 mm	0.3	0.7	0.5	0.6
	≥1.0 mm	0.2	0.4	0.2	0.3
	≥2.5 mm	0.1	0.2	0.1	0.1
	≥5.0 mm	0.0	0.1	0.1	0.1
	≥10 mm	0.0	0.0	0.0	0.0
日降雪量	≥0.1 mm	3.7	3.4	2.3	4.3
	≥1.0 mm	1.1	1.1	0.6	1.3
	≥2.5 mm	0.4	0.4	0.2	0.4
	≥5.0 mm	0.1	0.2	0.0	0.1

(4)达茂旗各地 3 月最大雪深、最大雪压及最大冻土深度统计如表 11.12 所示。

表 11.12　达茂旗各地 3 月最大雪深、最大雪压及最大冻土深度(1961—2010 年)

	白云鄂博	百灵庙	满都拉	希拉穆仁
最大雪深/cm	15	17	10	20
最大雪压/(g·cm^{-2})	3.8	2.3	1.0	2.0
最大冻土深度/cm	279	268	200	251

11.3.2　节气气候概况

3 月有惊蛰和春分 2 个节气。

(1)惊蛰

每年 3 月 5 日、6 日或 7 日,太阳到达黄经 345°时为惊蛰节气,是二十四节气中的第 3 个节气。惊蛰的意思是天气回暖,雨水增多,春雷响动,惊动万物,蛰伏地下冬眠的动物渐渐苏醒,并开始出土活动起来。实际上真正惊醒蛰伏动物的是春天温暖的天气。达茂旗真正的惊蛰节气应在 4 月中旬以后。

惊蛰节气历年平均气温,白云鄂博为－10.3～－7.3 ℃,百灵庙为－9.4～－6.5 ℃,满都拉为－8.4～－5.5 ℃,希拉穆仁为－11.0～－8.4 ℃;降水量的多年平均值,白云鄂博为 1.6 mm,百灵庙为 1.9 mm,满都拉为 1.3 mm,希拉穆仁为 1.8 mm。

(2)春分

每年 3 月 20 日、21 日或 22 日,太阳到达黄经 0°时为春分节气,是二十四节气中的第 4 个节气。春分日太阳在赤道上方,南北两半球所得到的太阳热量一样多,昼夜时间一样长,所不同的是北半球是春天,南半球是秋天。过了春分,太阳直射点继续北移,北半球所得到的太阳辐射逐渐增多,天气也就会一天天变暖。同时,白昼渐长,黑夜渐短。

春分节气历年平均气温,白云鄂博为－6.8～－4.3 ℃,百灵庙为－5.6～－2.8 ℃,满都拉为－5.2～－2.4 ℃，希拉穆仁为－7.3～－4.4 ℃；降水量的多年平均值白云鄂博为2.0 mm，百灵庙为2.2 mm，满都拉为1.5 mm，希拉穆仁为1.9 mm。

11.3.3 农牧林事活动

(1)农业

生产活动：播前整地工作，抓紧耙耢保墒，安排好春耕、送肥，并注意保肥。

有利天气：晴朗微风；降雪天气。

不利天气：大风降温；寒潮天气；干旱。

(2)牧业

生产活动：保羔保胎；接羔保育、冬羔护理；做接春羔的准备工作；耕畜加强管理；草原放牧，农区舍饲管理；防治各种疫病。

有利天气：放牧接羔、保胎需要风力在3级以下；接羔有利天气是风力在2级以下，气温在0 ℃左右或以上的晴好天气。

不利天气：大风降温、寒潮，伴有降雪天气更为严重；气温在0 ℃以下，有小雪并伴有5级以上偏北风或西北风；雪后气温下降6 ℃以上，有5级以上的偏北或西北大风。

(3)林业

生产活动：春季造林的准备工作；森林防火。

有利天气：阴雨微风。较大降水过后三四日内可避免林火发生。

不利天气：持续高温天气易发生森林火灾，且在发生林火后，易使火势蔓延加快；风速大有助于燃烧，且扑救困难；相对湿度在30%～35%，便可能发生地面火，相对湿度在25%以下，林火的危险性很大。升温少雨天气，气候干燥，有时雨后风较大，易形成火灾。

11.3.4 气象服务提示

(1)3月末满都拉多年平均气温稳定通过0 ℃，土壤开始解冻，如果土壤墒情能够满足植物生长需求，则草木开始萌发。

(2)满都拉3月22日、百灵庙3月25日、白云鄂博3月30日(多年平均日期)，20 cm深处土壤解冻；希拉穆仁尚未解冻。

(3)满都拉3月24日、百灵庙3月25日、白云鄂博和希拉穆仁3月31日(多年平均日期)，15 cm深处土壤解冻。

(4)希拉穆仁3月29日、满都拉和百灵庙3月30日(多年平均日期)，10 cm深处土壤解冻；白云鄂博尚未解冻。

(5)3月份太阳直射点从南半球移到北半球，3月21日左右太阳到达春分点，此时阳光直射赤道，昼夜平分。过了春分，太阳直射点继续北移，太阳辐射逐渐增强，白昼渐长，黑夜渐短，天气一天天变暖。

(6)易发生的气象灾害：寒潮、大风、沙尘暴。

11.3.5 生产建议

建议顶凌耙耢保墒，创造良好的土壤水分条件；管好大棚蔬菜，做好大棚防风防冻工作；果树修剪、松土；结合积肥、运肥，整理鱼塘。3月冷暖空气交替频繁，乍冷乍暖，容易诱发呼吸道疾病，公众不要急于减脱冬装，保证身体健康。

11.4 4月气候与农(牧)事活动及生产建议

11.4.1 4月气候概况

4月太阳赤纬为2°48′～10°12′，达茂旗各地真太阳时正午太阳高度角为50°16′～58°53′，太阳直射点进入北半球，太阳辐射明显增强，近地层气温迅速回升，北方冷空气频繁南下易形成气旋，常带来大风降温和沙尘天气，气温忽高忽低，风多雨少，空气干燥，土壤失墒严重。4月是一年中气温升幅最大、气温日较差最大、大风和沙尘天气最多的月份，雷暴、冰雹开始出现。

达茂旗各地4月平均气温都已升至0 ℃以上，和3月相比，平均气温升高了9.2 ℃，平均最高气温升高了9.1 ℃，平均最低气温升高了8.4 ℃，是年内气温升幅最大的月份；降水量比3月增加了2.9 mm；日照时数比3月份增加了14 h。

(1)达茂旗各地4月真太阳时正午太阳高度角如表11.13所示。

表11.13 达茂旗各地4月真太阳时正午太阳高度角

地点	纬度	太阳高度角
白云鄂博	41°46′N	51°02′～58°26′
百灵庙	41°42′N	51°06′～58°30′
满都拉	42°32′N	50°16′～57°40′
希拉穆仁	41°19′N	51°29′～58°53′

(2)达茂旗各地4月冷空气活动情况如表11.14所示。

表11.14 达茂旗各地4月冷空气过程次数统计(1961—2010年)

		白云鄂博	百灵庙	满都拉	希拉穆仁
冷空气	平均	3.8	4.6	4.1	4.6
	最多	6	7	6	7
	最少	2	1	1	2
寒潮	平均	1.4	2.2	2.2	2.5
	最多	5	5	5	5
	最少	0	0	0	0
强冷空气	平均	0.0	0.0	0.0	0.0
	最多	0	0	0	0
	最少	0	0	0	0
较强冷空气	平均	0.0	0.0	0.0	0.0
	最多	0	0	0	0
	最少	0	0	0	0
中等强度冷空气	平均	1.0	1.2	0.9	1.2
	最多	4	4	3	4
	最少	0	0	0	0

续表

		白云鄂博	百灵庙	满都拉	希拉穆仁
弱冷空气	平均	1.8	1.6	1.5	1.4
	最多	5	5	4	4
	最少	0	0	0	0

(3)达茂旗各地4月日平均气温、日最高气温、日最低气温和日降水量的各级日数统计如表11.15所示。

表11.15 达茂旗各地4月各界限气温、各级降水日数统计(1961—2010年平均) 单位:d

		白云鄂博	百灵庙	满都拉	希拉穆仁
日平均气温	≤0 ℃	5.9	3.7	3.1	6.0
	≤2 ℃	9.2	6.5	5.6	9.3
	≥5 ℃	14.4	17.9	19.4	14.4
	≥10 ℃	4.6	7.1	8.9	4.3
日最高气温	≥5 ℃	26.0	27.8	28.0	26.4
	≥10 ℃	18.9	22.5	23.0	19.2
	≥20 ℃	2.4	4.4	5.6	2.6
	≥25 ℃	0.2	0.7	1.0	0.3
日最低气温	≤−5 ℃	8.1	7.2	5.2	11.3
	≤−2 ℃	29.5	28.9	28.6	29.5
	≤0 ℃	19.4	17.7	15.1	21.2
	≤2 ℃	23.7	21.6	19.4	25.0
	≥5 ℃	2.4	3.8	5.4	2.2
	≥10 ℃	0.2	0.5	1.0	0.1
日降雨量	≥0.1 mm	1.2	1.8	1.6	1.8
	≥1.0 mm	0.7	0.9	0.7	0.9
	≥2.5 mm	0.3	0.5	0.5	0.6
	≥5.0 mm	0.2	0.2	0.2	0.3
	≥10.0 mm	0.0	0.1	0.0	0.1
	≥15.0 mm	0.0	0.0	0.0	0.0
	≥20.0 mm	0.0	0.0	0.0	0.0
日降雨夹雪量	≥0.1 mm	0.8	1.3	1.0	1.1
	≥1.0 mm	0.5	0.8	0.6	0.7
	≥2.5 mm	0.3	0.5	0.3	0.5
	≥5.0 mm	0.1	0.1	0.2	0.2
	≥10.0 mm	0.0	0.0	0.0	0.1
	≥15.0 mm	0.0	0.0	0.0	0.0
日降雪量	≥0.1 mm	1.4	0.9	0.6	1.3
	≥1.0 mm	0.6	0.3	0.2	0.6
	≥2.5 mm	0.3	0.1	0.1	0.2
	≥5.0 mm	0.1	0.0	0.0	0.1

(4)达茂旗各地 4 月最大雪深、最大雪压及最大冻土深度统计如表 11.16 所示。

表 11.16　达茂旗各地 4 月最大雪深、最大雪压及最大冻土深度(1961—2010 年)

	白云鄂博	百灵庙	满都拉	希拉穆仁
最大雪深/cm	8	3	4	11
最大雪压/($g \cdot cm^{-2}$)	1.2	0.0	0.0	0.6
最大冻土深度/cm	280	268	193	250

11.4.2　节气气候概况

4 月有清明和谷雨 2 个节气。

(1)清明

每年 4 月 4 日、5 日或 6 日,太阳到达黄经 15°时为清明节气,是二十四节气中的第 5 个节气。清明是表征物候的节气,其含义是冰雪消融,草木青青,天气清澈明朗,万物欣欣向荣。此时气候清爽温暖,草木开始发新枝芽,万物开始生长,农民忙于春耕春种。清洁明净的春季风光代替草木枯黄、满目萧条的寒冬景象,大地开始回春。清明这天,民间有踏青、寒食、扫墓等习俗。

清明节气历年平均气温,白云鄂博为−3.5～1.1 ℃,百灵庙为−1.9～2.6 ℃,满都拉为−1.4～3.4 ℃,希拉穆仁为−3.7～1.0 ℃;降水量的多年平均值,白云鄂博为 3.1 mm,百灵庙为 2.1 mm,满都拉为 2.4 mm,希拉穆仁为 3.0 mm。

(2)谷雨

每年 4 月 19 日、20 日或 21 日,太阳到达黄经 30°时为谷雨节气,是二十四节气中的第 6 个节气,谷雨是雨生百谷的意思。谚云:"谷雨前后种瓜种豆。"这时天气温和,雨水明显增多,对谷类作物的生长发育影响很大。雨水适量有利于春播作物的播种出苗,因此,"春雨贵如油"。

谷雨节气历年平均气温,白云鄂博为 2.9～5.7 ℃,百灵庙为 4.5～6.9 ℃,满都拉为 5.2～8.0 ℃,希拉穆仁为 2.8～5.2 ℃;降水量的多年平均值,白云鄂博为 2.1 mm,百灵庙为 2.9 mm,满都拉为 2.8 mm,希拉穆仁为 3.7 mm。

11.4.3　农牧林事活动

(1)主要作物平均生长发育期

4 月中下旬达茂地区开始播种春小麦。在水分条件基本满足的情况下,4 月中下旬耐寒牧草如羊草、针茅等大多数牧草开始返青,喜温牧草如芨芨草也开始萌动。

(2)农事活动

小麦播种扫尾工作;抓紧整修田间水利工程,注意蓄水、保水和春浇;早春作物出苗后,及时查苗补种,做好田间管理,注意晚霜。

有利天气:晴朗微风。

不利天气:大风降温;寒潮;干旱无雨(雪);晚霜冻。

(3)牧业生产活动

接春羔和大畜保胎;马配种准备工作和配种;公畜去势和马的剪鬃打印工作;剪毛前羊

群品质鉴定(做好夏营地的整顿);做好棚圈的准备工作;草原放牧,农区舍饲管理;防火工作。

有利天气:放牧、接羔、保胎、配种等工作,需要风力在3级以下的晴好天气;防火的有利天气是最高温度在10 ℃以下,日平均相对湿度在60%以上,风力小于2级,或者阴雨天气;5～6 d的晴天或风力在4级以下的多云天气有利于剪鬃打印;晴朗微风、湿度适中(50%左右)有利公畜去势。

不利天气:寒潮风雪天气,特别是冷雨湿雪,气温骤变,忽冷忽热,对牲畜影响较大。露天放牧影响牲畜正常活动的气温为小于或等于−8 ℃;一天中大部分时间内地面温度在20 ℃以上,气温在5 ℃以上,相对湿度小于30%,风力在3级以上易发生火灾;气温突然下降,大风、黄沙、降雨、降雪等天气不利于剪鬃打印,降雨和剧烈降温、湿度大于70%天气,不利于公畜去势。

(4)林业生产活动

造林、防火。

有利天气:晴朗微风;降雪。雨季来得早,降水多,易使树木成活。

不利天气:大风降温;寒潮;干旱。干雷暴极易引起雷击火,连续干旱易使树木枯死。

11.4.4 气象服务提示

(1)百灵庙4月1日、白云鄂博4月6日、希拉穆仁4月8日(多年平均日期),日平均气温稳定通过0 ℃,土壤开始解冻,如果土壤湿度适宜,则草木开始萌发,农区耐寒作物进入播种期。

(2)满都拉4月9日、百灵庙4月13日、白云鄂博和希拉穆仁4月20日(多年平均日期),日平均气温稳定通过3 ℃,如果土壤墒情能够满足作物生长需求,则农区耐寒作物开始播种,牧草开始返青。

(3)满都拉4月18日、百灵庙4月21日、白云鄂博4月27日、希拉穆仁4月29日(多年平均日期),日平均气温先后稳定通过5 ℃,大多数牧草开始返青,多数树木开始生长。

(4)满都拉4月30日(多年平均日期),日最低气温开始大于−2 ℃。

(5)4月1日和3日(多年平均日期),希拉穆仁20 cm和30 cm土壤解冻;4月7日(多年平均日期)白云鄂博10 cm土壤解冻;4月24日(多年平均日期)满都拉15 cm土壤解冻。

(6)满都拉4月3日、希拉穆仁4月7日、百灵庙4月11日、白云鄂博4月19日(多年平均日期),5 cm土壤解冻。

(7)满都拉4月6日、百灵庙4月13日、希拉穆仁4月18日、白云鄂博4月26日(多年平均日期),0 cm土壤解冻。

(8)易发生的气象灾害:大风、寒潮、晚霜冻、干旱和沙尘暴。

11.4.5 生产建议

4月处于小麦播种期,干旱影响春播出苗,容易引发森林火灾。建议抓紧整修田间水利工程,注意蓄水、保水和春浇;耙耢整田,墒情差的地块要浇水造墒;早春作物出苗后,及时查苗补种,做好田间管理;适时植树造林,果树修剪整枝;做好大棚瓜菜管理。

4月北方冷空气仍有一定势力,天气冷暖多变,是一年中大风和沙尘天气最多的月份,要注意预防强冷空气带来的晚霜冻和倒春寒天气对小麦和温室作物的危害，特别要注意及时加固蔬菜大棚和牲畜舍圈，防范大风破坏棚圈造成的作物和牲畜受冻。由于降水量偏少，各地要在蓄水保墒的同时，做好抗春旱、促春灌、保春播的各项工作；继续做好春季造林和森林防火工作。

11.5 5月气候与农(牧)事活动及生产建议

11.5.1 5月气候概况

5月太阳直射北半球，太阳直射点赤纬为10°27′～18°06′，达茂旗各地真太阳时正午太阳高度角为57°55′～66°47′，是一年中太阳高度角较高的月份之一。白天太阳辐射强烈，升温迅速，夜间辐射降温快，空气凉爽，昼夜温差大；冷空气活动频繁，但强度明显减弱；地面低压系统活跃，气温波动大，天气不稳定；光照充足，空气湿度小，风沙天气多，气候干燥；暖湿气流开始活动，降水逐渐增多，大雨天气开始出现。

达茂旗5月平均气温已超过10 ℃，和4月相比，平均气温升高了7.7 ℃，平均最高气温升高了7.4 ℃，平均最低气温升高了7.2 ℃，降水量增加了10.6 mm，日照时数增加了30 h。

(1)达茂旗各地5月真太阳时正午太阳高度角如表11.17所示。

表11.17 达茂旗各地5月真太阳时正午太阳高度角

地点	纬度	太阳高度角
白云鄂博	41°46′N	58°41′～66°20′
百灵庙	41°42′N	58°45′～66°24′
满都拉	42°32′N	57°55′～65°34′
希拉穆仁	41°19′N	59°08′～66°47′

(2)达茂旗各地5月冷空气活动情况如表11.18所示。

表11.18 达茂旗各地5月冷空气过程次数统计(1961—2010年)

		白云鄂博	百灵庙	满都拉	希拉穆仁
冷空气	平均	3.6	4.4	4.3	5.1
	最多	6	7	7	8
	最少	1	1	1	0
寒潮	平均	1.1	1.7	1.2	2.1
	最多	4	5	4	5
	最少	0	0	0	0
强冷空气	平均	0.0	0.3	0.4	0.0
	最多	1	2	2	1
	最少	0	0	0	0
较强冷空气	平均	0.0	0.0	0.0	0.0
	最多	0	1	0	0
	最少	0	0	0	0

续表

		白云鄂博	百灵庙	满都拉	希拉穆仁
中等强度冷空气	平均	1.3	1.4	1.3	1.5
	最多	4	4	4	4
	最少	0	0	0	0
弱冷空气	平均	1.4	1.5	1.6	1.8
	最多	3	4	4	5
	最少	0	0	0	0

(3)达茂旗各地5月日平均气温、日最高气温、日最低气温和日降水量的各级日数统计如表11.19所示。

表11.19 达茂旗各地5月各界限气温、各级降水日数统计(1961—2010年平均) 单位:d

		白云鄂博	百灵庙	满都拉	希拉穆仁
日平均气温	≤2 ℃	0.8	0.3	0.2	0.7
	≥5 ℃	28.9	29.9	30.2	28.7
	≥10 ℃	21.8	24.9	26.4	21.1
	≥20 ℃	0.9	2.5	4.7	0.7
日最高气温	≥10 ℃	29.5	30.2	30.4	29.4
	≥20 ℃	14.4	19.0	20.8	14.0
	≥25 ℃	3.6	7.7	9.6	3.9
	≥30 ℃	0.2	0.7	1.8	0.2
日最低气温	≤0 ℃	3.9	3.5	1.8	7.5
	≤2 ℃	6.9	6.2	3.7	11.5
	≥5 ℃	17.6	18.9	22.8	12.8
	≥10 ℃	4.4	6.6	9.9	3.2
日降雨量	≥0.1 mm	4.2	4.7	3.8	5.9
	≥1.0 mm	2.6	2.9	2.2	3.6
	≥2.5 mm	1.7	1.8	1.4	2.4
	≥5.0 mm	1.0	1.0	0.8	1.2
	≥10.0 mm	0.3	0.3	0.3	0.6
	≥15.0 mm	0.1	0.2	0.1	0.3
	≥20.0 mm	0.1	0.1	0.1	0.1
	≥25.0 mm	0.0	0.1	0.1	0.0
	≥30.0 mm	0.0	0.0	0.0	0.0
	≥50.0 mm	0.0	0.0	0.0	0.0
日降雨夹雪量	≥0.1 mm	0.5	0.6	0.3	0.7
	≥1.0 mm	0.4	0.4	0.3	0.5
	≥2.5 mm	0.2	0.3	0.1	0.4
	≥5.0 mm	0.1	0.1	0.1	0.3
	≥10.0 mm	0.1	0.1	0.1	0.0
日降雪量	≥0.1 mm	0.3	0.1	0.1	0.3
	≥1.0 mm	0.2	0.1	0.0	0.2
	≥2.5 mm	0.1	0.0	0.0	0.1
	≥5.0 mm	0.0	0.0	0.0	0.1

(4)达茂旗各地5月最大雪深及最大冻土深度统计如表11.20所示。

表11.20 达茂旗各地5月最大雪深及最大冻土深度(1961—2010年)

	白云鄂博	百灵庙	满都拉	希拉穆仁
最大雪深/cm	4	4	4	6
最大冻土深度/cm	278	230	187	239

11.5.2 节气气候概况

5月有立夏和小满2个节气。

(1)立夏

每年5月5日、6日或7日,太阳到达黄经45°时为立夏节气,是二十四节气中的第7个节气。立夏是夏天的开始,从此进入夏天,万物旺盛。习惯上把立夏当作是气温显著升高,炎暑将临,雷雨增多,农作物进入旺季生长的一个重要节气。

达茂旗夏季开始的实际时间要比立夏节气晚40~70 d。根据达茂旗自然生态系统特征、农事活动、物候现象,选用日平均气温稳定大于或等于20 ℃为夏季。白云鄂博7月15日、百灵庙7月10日、满都拉7月1日、希拉穆仁7月11日(多年平均日期),日平均气温稳定大于或等于20 ℃,气温达到了一般作物进行光合作用的适宜温度,达茂旗才陆续进入夏季,气候开始炎热。

立夏节气历年平均气温,白云鄂博为5.9~8.5 ℃,百灵庙为7.6~10.0 ℃,希拉穆仁为6.0~8.3 ℃;降水量的多年平均值,希拉穆仁为6.7 mm,百灵庙为7.3 mm,白云鄂博为6.6 mm,满都拉为6.7 mm。

(2)小满

每年5月20日、21日或22日,太阳到达黄经60°时为小满节气,是二十四节气中的第8个节气。小满的意思是指此时自然界的植物都比较丰满和旺盛了,冬小麦等夏收作物已经结果,籽粒饱满,约相当乳熟后期,但尚未成熟,春播作物生长旺盛,秋收作物播种在即。达茂旗春小麦乳熟在7月下旬到8月上中旬。

小满节气的历年平均气温,满都拉为13.5~15.3 ℃,百灵庙为12.6~14.0 ℃,白云鄂博为11.1~12.4 ℃,希拉穆仁为10.9~11.9 ℃;降水量的多年平均值,希拉穆仁为10.1 mm,百灵庙和白云鄂博为5.4 mm,满都拉为3.4 mm。

11.5.3 农(牧)事活动

(1)主要作物平均生长发育期

5月上中旬小麦出苗,5月下旬到6月上旬百灵庙小麦分蘖。

5月中下旬北玉米播种。

5月上中旬莜麦播种,5月下旬到6月上旬莜麦出苗。

5月下旬至6月中旬荞麦进入播种至出苗期。

5月上旬马铃薯播种。

(2)农事活动

大田播种扫尾,开始糜黍播种;早播作物田间管理,备好夏锄工具、肥料和晚田备荒种

子;防治病虫害。

有利天气:晴朗微风;适量降雨天气。

不利天气:干旱;大风降温;寒潮;霜冻。

(3)牧事活动

大畜接产,接产后加强仔畜护理;大畜(牛、马)配种;羊只抓绒剪毛;越冬后剩余草料堆垛防止发霉;准备走场,进入夏营地,草场管理、施肥灌水,搭棚盖圈工作;防火。

如果降雨及时,土壤墒情好,则5月上旬进入羊、马饱青期;5月下旬进入牛饱青期。

有利天气:大畜配种,接产需要晴好天气,风力在3级以下,气温为15～20 ℃;剪毛有利天气是风力4级以下的晴天,相对湿度小于50%,日平均气温为10～15 ℃,最低气温0 ℃以上;剪羊毛后5～7 d内无冷雨和剧烈降温。蒙蒙细雨对牧草生长有利。

不利天气:剧烈降温(24 h内降温6～8 ℃,并伴有降雨和5级以上风)和久阴久雨;冷雨和湿雪;大风降温、寒潮风雪(雨)天气;直径为1 cm以上的冰雹;沙尘天气。露天放牧,影响牲畜正常活动的低温为小于或等于−2 ℃。

(4)林事活动

造林;防火。

防火有利天气:阴雨微风。一次大雨后,三四日内可避免林火发生。

造林有利天气:晴朗微风;雨天。雨季来得早,降水多,易使树木成活。

防火不利天气:持续高温天气易发生森林火灾,且在发生林火后,易使火势蔓延加快;风速大有助于燃烧,且扑救困难;相对湿度在30%～35%,便可能发生地面火情,相对湿度在25%以下,发生森林火灾的危险性很大。升温少雨天气,气候干燥,有时雨后风较大,易形成火灾。

造林不利天气:大风;寒潮;干旱。干雷暴极易引起雷击火,连续干旱易使树木枯死。

11.5.4 气象服务提示

(1)希拉穆仁5月1日、百灵庙5月5日、满都拉5月11日、白云鄂博5月12日(多年平均日期)开始出现雷暴。

(2)白云鄂博和百灵庙5月5日、希拉穆仁5月15日,日最低气温开始大于−2 ℃。

(3)满都拉5月5日、百灵庙5月12日、白云鄂博5月13日、希拉穆仁5月24日(多年平均日期),日最低气温开始大于0 ℃。

(4)满都拉5月11日、白云鄂博和百灵庙5月22日(多年平均日期),日最低气温开始大于2 ℃。

(5)满都拉5月5日、百灵庙5月10日、白云鄂博和希拉穆仁5月16日(多年平均日期),日平均气温开始大于或等于10 ℃。如果土壤墒情良好,农作区喜温作物如玉米、大豆等开始播种,喜凉作物如春小麦、马铃薯、莜麦、甜菜、胡麻等活跃生长,大多数乔木树种枝叶开始舒展。

(6)希拉穆仁5月6日、白云鄂博5月11日(多年平均日期),降雪天气结束。

(7)满都拉5月29日(多年平均日期),日平均气温开始大于或等于15 ℃。

(8)满都拉5月17日、百灵庙5月26日、白云鄂博5月31日(多年平均日期),地面最低温度开始大于0 ℃,霜冻期结束,陆续进入无霜期。

(9)易发生的气象灾害:晚霜冻、干旱、大风、沙尘天气、雷暴和冰雹。

11.5.5 生产建议

5月小麦处于分蘖、拔节期，大田作物播种和出苗，植树造林进入幼林抚育期。建议继续整平土地，做好春灌、春耕，掌握气候规律，抓住冷尾暖头，大田适时播种，查田补种或移栽，谷子、玉米等作物于本月播完；定植蔬菜秧苗，预防大风和终霜冻危害；继续做好植树造林，做好果树嫁接、修剪、治虫，注意干雷暴引起的雷击火；放养鱼种；捕杀消灭害鼠；麦田中耕追肥查治病虫害；早播作物田间管理，备好夏锄工具、肥料和晚田备荒种子；注意做好农作物和蔬菜病虫害的防治工作。

11.6 6月气候与农(牧)事活动及生产建议

11.6.1 6月气候概况

6月太阳直射北半球，太阳直射点赤纬为18°21′～23°27′～21°12′，达茂旗各地真太阳时正午太阳高度角为65°49′～72°08′～69°53′，20日前后太阳直射北回归线，之后太阳直射点开始南移。6月是达茂旗一年中太阳高度角最高、太阳辐射最强的月份，光照充足，冷空气势力明显减弱，气温波动幅度逐渐减小，平均气温继续升高，暖湿气流开始活跃，降水逐渐增多，大雨天气频次增加。

达茂旗6月平均气温已超过15 ℃，和5月相比，平均气温升高了5.4 ℃，平均最高气温升高了4.9 ℃，平均最低气温升高了5.6 ℃，降水量增多了11.3 mm，日照时数减少了12 h。

(1)达茂旗各地6月真太阳时正午太阳高度角如表11.21所示。

表 11.21 达茂旗各地6月真太阳时正午太阳高度角

地点	纬度	太阳高度角
白云鄂博	41°46′N	66°35′～71°41′～69°26′
百灵庙	41°42′N	66°39′～71°45′～69°30′
满都拉	42°32′N	65°49′～70°55′～68°40′
希拉穆仁	41°19′N	67°02′～72°08′～69°53′

(2)达茂旗各地6月冷空气活动情况如表11.22所示。

表 11.22 达茂旗各地6月冷空气过程次数统计(1961—2010年)

		白云鄂博	百灵庙	满都拉	希拉穆仁
冷空气	平均	2.8	3.6	3.1	3.8
	最多	4	6	6	6
	最少	0	1	1	1
寒潮	平均	0.2	0.3	0.0	0.8
	最多	1	2	1	3
	最少	0	0	0	0

续表

		白云鄂博	百灵庙	满都拉	希拉穆仁
强冷空气	平均	0.2	0.4	0.4	0.4
	最多	1	2	2	2
	最少	0	0	0	0
较强冷空气	平均	0.1	0.2	0.2	0.0
	最多	1	2	2	1
	最少	0	0	0	0
中等强度冷空气	平均	0.8	1.0	0.9	1.1
	最多	2	2	3	4
	最少	0	0	0	0
弱冷空气	平均	1.5	1.7	1.6	1.6
	最多	3	4	4	4
	最少	0	0	0	0

(3)达茂旗各地6月日平均气温、日最高气温、日最低气温和日降水量的各级日数统计如表11.23所示。

表11.23 达茂旗各地6月各界限气温、各级降水日数统计(1961—2010年平均) 单位:d

		白云鄂博	百灵庙	满都拉	希拉穆仁
日平均气温	≥10 ℃	29.3	29.7	29.8	29.3
	≥20 ℃	7.6	12.4	17.5	5.9
	≥25 ℃	0.2	0.9	3.1	0.1
	≥30 ℃	0.0	0.0	0.0	0.0
日最高气温	≥20 ℃	25.5	27.7	28.6	25.1
	≥25 ℃	12.8	19.1	21.6	12.2
	≥30 ℃	1.6	4.7	7.9	1.2
	≥35 ℃	0.0	0.1	0.5	0.0
日最低气温	≥5 ℃	28.5	28.5	29.6	24.9
	≥10 ℃	19.7	20.5	25.0	13.3
	≥20 ℃	0.0	0.2	0.7	0.0
日降雨量	≥0.1 mm	8.2	8.0	6.5	9.7
	≥1.0 mm	4.8	5.0	4.2	5.8
	≥2.5 mm	3.2	3.1	2.6	3.8
	≥5.0 mm	1.9	1.9	1.4	2.4
	≥10.0 mm	0.9	0.9	0.5	0.9
	≥15.0 mm	0.6	0.5	0.3	0.4
	≥20.0 mm	0.3	0.2	0.1	0.2
	≥25.0 mm	0.1	0.2	0.0	0.1
	≥30.0 mm	0.1	0.1	0.0	0.0
	≥50.0 mm	0.0	0.0	0.0	0.0

11.6.2 节气气候概况

6月有芒种和夏至2个节气。

(1)芒种

每年6月5日、6日或7日，太阳到达黄经75°时为芒种节气，是二十四节气中的第9个节气。芒种是一个反映农业物候现象的节气，“芒”指有芒作物如小麦、大麦等，“种”指种子。芒种即表明小麦等有芒作物成熟，抢收十分急迫；有芒的谷类作物，如黍，稷等也正是播种最忙的季节，如过了这个时候再种有芒的作物就不好成熟了。达茂旗春小麦成熟期在8月中下旬到9月初。

芒种节气历年平均气温，满都拉为17.2～18.4 ℃，百灵庙为16.1～17.1 ℃，白云鄂博为14.5～15.7 ℃，希拉穆仁为14.2～15.1 ℃；降水量的多年平均值，希拉穆仁为13.2 mm，百灵庙为8.6 mm，白云鄂博为7.6 mm，满都拉为6.6 mm。

(2)夏至

每年6月21日或22日，太阳到达黄经90°时为夏至节气。夏至这一天阳光几乎直射北回归线上空，中午太阳高度角最大，是北半球白昼最长，黑夜最短的一天，从这一天起，进入炎热季节，天地万物在此时生长最旺盛。过了夏至，太阳逐渐向南移动，北半球白昼一天比一天短，黑夜一天比一天长。但此时并不是一年中最热的时候，因为近地层的热量这时还在继续积蓄，并没有达到最多之时。夏至以后地面受热强烈，空气对流旺盛，遇有锋面、高空槽、风切变等辐合系统则极易形成雷阵雨、冰雹、雷雨大风等强对流天气。

夏至节气历年平均气温，百灵庙为17.9～19.5 ℃，白云鄂博为16.3～17.9 ℃，满都拉为19.1～20.8 ℃，希拉穆仁为15.7～17.4 ℃；降水量的多年平均值，百灵庙为21.5 mm，白云鄂博为14.6 mm，满都拉为9.7 mm，希拉穆仁为17.1 mm。

11.6.3 农(牧)事活动

(1)主要作物平均生长发育期

小麦6月上旬处于分蘖期，6月中下旬拔节，6月下旬末到7月上旬抽穗。

玉米6月上旬出苗，6月中旬拔节。

莜麦6月上旬还处于出苗期，6月上旬末到中旬分蘖，6月下旬到7月上旬拔节。

荞麦6月上旬至中旬进入播种至出苗期，6月下旬到7月上旬为出苗至现蕾期。

马铃薯6月上旬出苗，6月中旬至下旬进入出苗至现蕾期。

(2)农事活动

以夏锄为中心的田间管理；春播收尾；补种小日期作物；二遍锄、耧，大田追肥和灌水，防治病虫害；全面加强田间管理，防治病虫害。

有利天气：晴朗微风，降雨适量。

不利天气：阶段性低温，冰雹。

(3)牧事活动

大畜(马、牛)配种接产；羊进入夏营地，开始抓水膘；大畜抓膘复壮，羊只去势断尾；大、小畜驱虫药浴，开展传染病预防注射；羊、骆驼抓绒剪毛；草场管理，施肥灌水；搭棚盖圈。

有利天气：大畜配种、接产需要晴好天气，风力在3级以下，气温为15～20 ℃；剪毛有利天气是晴天，风力在4级以下，相对湿度小于50%，日平均气温为10～15 ℃，最低气温不低于0 ℃，剪羊毛后5～7 d内无冷雨和剧烈降温；牲畜驱虫药浴需要有较好日照条件；抓水膘需要多云天气，风力1～4级，最高气温不超过30 ℃，相对湿度在50%左右。

不利天气：剧烈降温(24 h内降温6～8 ℃，并伴有降雨和5级以上风)和久阴久雨；冷雨和湿雪；大风降温、寒潮并伴有降雨天气；直径为1 cm以上的冰雹；沙尘天气；露天放牧，影响牲畜正常活动的低温为小于或等于－2 ℃；干旱。

(4)林事活动

对幼林进行抚育；防火。

有利天气：晴好天气；防火有利天气是阴雨微风，一次大雨后，3～4 d内可避免林火发生。

不利天气：持续高温天气易发生森林火灾，且在发生林火后，易使火势蔓延加快；风速大有助于燃烧，且扑救困难；相对湿度在30%～35%，便可能发生地面火情，相对湿度在25%以下，发生林火的危险性很大。升温少雨天气，气候干燥，有时雨后风较大，易形成火灾。

11.6.4 气象服务提示

(1)希拉穆仁6月2日(多年平均日期)，日最低气温开始大于2 ℃。

(2)希拉穆仁6月4日(多年平均日期)，地面最低温度开始大于0 ℃，霜冻期结束，进入无霜期。

(3)百灵庙6月4日、白云鄂博6月10日、希拉穆仁6月17日(多年平均日期)，日平均气温开始大于或等于15 ℃。

(4)6月21日前后，太阳到达夏至点，太阳高度角达到最大值，此时北半球白昼最长，黑夜最短。夏至过后，太阳直射点开始南移，太阳辐射逐渐减弱，白昼渐短，黑夜渐长。

(5)易发生的气象灾害：干旱、冰雹、雷雨大风、局部暴雨山洪、雷电。

11.6.5 生产建议

6月小麦处于拔节、抽穗、开花期，大田作物处于起身期。建议麦田追肥、灌水；中耕除草，防治病虫害；大田作物、果树应加强病虫害防治；做好防汛抗旱和治蝗灭蝗工作；利用有利地形建堤筑坝，拦蓄雨水，做好防汛抗旱准备；注意防御雷雨大风、冰雹等强对流天气造成的气象灾害。

11.7 7月气候与农(牧)事活动及生产建议

11.7.1 7月气候概况

7月太阳位于北半球，太阳直射点赤纬为20°57′～13°28′，达茂旗各地真太阳时正午太阳高度角为69°38′～60°56′，是一年中太阳高度角最大的月份之一，也是一年中太阳辐射最强烈、气温最高、天气最热的月份。历史记录中，94%～96%年份的月平均气温的年最高值、82%～92%年份的月平均最高气温的年最高值、52%～60%年份的年极端最高气温均出现在7月。进入7月，达茂地区陆续进入夏季，中下旬以后，副热带高压雨带逐渐北抬至河套地区，暖湿气流强盛，全旗进入主汛期，降水量明显增多，大雨、暴雨频次增加，除满都拉、希拉穆仁外，其他地区均出现过暴雨天气，平均次数达 0.1～0.2 次。

和 6 月相比，达茂旗 7 月份月平均气温升高了 2.3 ℃，平均最高气温升高了 1.9 ℃，平均最低气温升高了 3.3 ℃，降水量增多了 33 mm，日照时数减少了 12 h。

(1)达茂旗各地 7 月真太阳时正午太阳高度角如表 11.24 所示。

表 11.24 达茂旗各地 7 月真太阳时正午太阳高度角

地点	纬度	太阳高度角
白云鄂博	41°46′N	69°11′～61°42′
百灵庙	41°42′N	69°15′～61°46′
满都拉	42°32′N	68°25′～60°56′
希拉穆仁	41°19′N	69°38′～62°09′

(2)达茂旗各地 7 月冷空气活动情况如表 11.25 所示。

表 11.25 达茂旗各地 7 月冷空气过程次数统计(1961—2010 年)

		白云鄂博	百灵庙	满都拉	希拉穆仁
冷空气	平均	2.1	2.8	2.5	3.1
	最多	5	6	5	6
	最少	0	0	0	1
寒潮	平均	0.0	0.0	0.0	0.0
	最多	0	0	0	1
	最少	0	0	0	0
强冷空气	平均	0.0	0.0	0.0	0.3
	最多	1	1	0	2
	最少	0	0	0	0
较强冷空气	平均	0.1	0.3	0.2	0.3
	最多	1	1	2	3
	最少	0	0	0	0
中等强度冷空气	平均	0.6	0.8	0.6	0.9
	最多	3	3	3	4
	最少	0	0	0	0
弱冷空气	平均	1.3	1.7	1.6	1.7
	最多	5	5	3	4
	最少	0	0	0	0

(3)达茂旗各地 7 月日平均气温、日最高气温、日最低气温和日降水量的各级日数统计如表 11.26 所示。

表 11.26 达茂旗各地 7 月各界限气温、各级降水日数统计(1961—2010 年平均) 单位：d

		白云鄂博	百灵庙	满都拉	希拉穆仁
日平均气温	≥20 ℃	14.8	20.8	25.8	11.6
	≥25 ℃	1.1	2.9	7.7	0.6
	≥30 ℃	0.0	0.1	0.6	0.0

续表

		白云鄂博	百灵庙	满都拉	希拉穆仁
日最高气温	≥20 ℃	29.4	30.6	30.8	29.3
	≥25 ℃	18.8	24.9	27.4	17.6
	≥30 ℃	3.7	8.9	13.2	3.0
	≥35 ℃	0.1	0.5	1.8	0.1
日最低气温	≥20 ℃	0.4	1.2	3.4	0.2
	≥25 ℃	0.0	0.0	0.1	0.0
日降雨量	≥0.1 mm	12.4	12.1	9.7	13.1
	≥1.0 mm	8.2	7.8	5.9	9.0
	≥2.5 mm	5.7	5.6	4.1	6.7
	≥5.0 mm	3.8	3.9	2.5	4.6
	≥10.0 mm	2.0	2.0	1.2	2.2
	≥15.0 mm	1.2	1.3	0.7	1.4
	≥20.0 mm	0.6	0.7	0.4	0.7
	≥25.0 mm	0.4	0.5	0.3	0.3
	≥30.0 mm	0.4	0.3	0.2	0.3
	≥50.0 mm	0.1	0.1	0.0	0.0

11.7.2 节气气候概况

7 月有小暑和大暑 2 个节气。

(1)小暑

每年的 7 月 6 日、7 日或 8 日，太阳到达黄经 105°时为小暑节气，意指天气开始炎热，但不到最热的时候。此时，已是初伏前后，与达茂地区基本吻合。小暑前后，达茂旗进入大雨或暴雨多发季节，在地势起伏较大的地方，常有山洪暴发，甚至引起塌方、泥石流等地质灾害。此时也是雷暴最多的季节。雷暴常与大风、暴雨相伴出现，有时还有冰雹，容易造成灾害。

小暑节气的历年平均气温，白云鄂博为 18.0～19.1 ℃，百灵庙为 19.6～20.7 ℃，满都拉为 20.9～22.1 ℃，希拉穆仁为 17.3～18.6 ℃；降水量的多年平均值，白云鄂博为 27.2 mm，百灵庙为 23.9 mm，希拉穆仁为 25.1 mm，满都拉 15.0 mm。

(2)大暑

每年 7 月 22 日、23 日或 24 日，太阳到达黄经 120°时为大暑节气。这时正值中伏前后，达茂旗开始进入一年中最热、喜温作物生长最快的时期，此时也是旱、涝、雷雨大风等气象灾害频繁发生的时期。这一时期对流性天气活跃，局地暴雨时有发生，由于降雨的局地性和突发性较强且时空分布不均，因此，极易暴发山洪、泥石流和洪涝灾害。要加强田间管理，注意防旱、防涝、防风。

大暑节气历年平均气温，白云鄂博为 19.1～20.5 ℃，百灵庙为 20.5～22.0 ℃，满都拉为 22.1～23.8 ℃，希拉穆仁为 18.5～19.9 ℃；降水量的多年平均值，百灵庙为 32.3 mm，白云鄂博为 25.9 mm,满都拉为 16.9 mm,希拉穆仁为 31.2 mm。

11.7.3 农(牧)事活动

(1)主要作物平均生长发育期

7 月上旬小麦处于抽穗期,7 月中下旬小麦开花,7 月下旬至 8 月上旬小麦灌浆。

7 月下旬玉米进入抽雄期。

7 月上旬莜麦正处于拔节期,7 月中下旬莜麦抽穗,7 月下旬至 8 月上旬莜麦开花。

7 月上旬荞麦正处于出苗至现蕾期,7 月中旬进入现蕾至开花期,7 月下旬至 8 月中旬进入开花至结实期。

7 月上中旬马铃薯进入现蕾至初花期,块茎开始形成,7 月下旬至 8 月中旬马铃薯进入盛花至茎叶生长期,块茎增长。

(2)农事活动

小麦成熟夏收;大秋作物田间管理;抗旱、防洪、防涝、防汛,各项蓄水工程的防护补修;抓紧伏耕、压青,提高土壤肥力,防治病虫害。

有利天气:晴朗风小的好天气。

不利天气:6 级以上大风;冰雹;3 d 以上连阴雨;持续低温;干热风;暴雨、山洪。高温伏旱影响秋作物,特别是玉米扬花、授粉、灌浆受阻,造成减产,俗称“卡脖子”旱。另外,暴雨洪涝、风雹等灾害可对农业生产造成较大损失。

(3)牧事活动

大牲畜(牛)配种;大小牲畜抓膘;幼畜培育;大小畜驱虫药浴,开展传染病预防注射;修棚搭圈;草场管理,施肥灌水。

有利天气:气温在 25 ℃以下,相对湿度为 40%～60%,有 3～4 级风的雨后晴天;气温在 10 ℃以上,有 2～3 级风的多云或阴天;驱虫药浴需要有较好日照条件;配种抓膘需要多云天气,风力 1～4 级,最高气温不超过 30 ℃,也不要太低,相对湿度在 50%左右;间隔 3～5 d 有一次小到中雨,有利于牧草生长;搭棚盖圈需要 5～7 d 连续晴天,最高气温在 30 ℃以下,风力在 5 级以下。

不利天气:连阴雨(3～5 d 连续降水,降水量大于 50 mm)易引起牲畜传染病;持续高温天气、无风(22 ℃以上高温,风力在 3 级以下),牲畜中暑;暴雨、雷暴、冰雹。

(4)林事活动

幼林抚育,成林的卫生清林。

有利天气:晴好天气有利于清林工作的进行。

不利天气:阴雨大风。

11.7.4 气象服务提示

(1)满都拉 7 月 1 日、百灵庙 7 月 10 日、希拉穆仁 7 月 11 日、白云鄂博 7 月 15 日(多年平均日期),日平均气温稳定通过 20 ℃,气温达到了一般作物进行光合作用的适宜温度。

(2)希拉穆仁 7 月 20 日、白云鄂博 7 月 27 日、百灵庙 7 月 30 日(多年平均日期),日平均气温开始低于 20 ℃,夏季结束,上述地区陆续进入秋季,气候开始凉爽。

(3)7 月份进入数伏天,常言说:"热在三伏。"农历的三伏天对应在公历的 7 月中旬到 8 月中下旬,正是达茂旗最热的时期。伏天湿度大,人们的闷热感也很强烈。

(4)易发生的气象灾害:干旱、冰雹、雷雨大风、局部暴雨山洪、雷电、雨涝。

11.7.5 生产建议

7 月是农作物营养生长和生殖生长旺期(小麦开花、乳熟至收获;玉米抽雄至开花;大豆开花),也是需水的关键期,要做好抗旱防涝工作,加强田间管理,及时除治病虫草害。提前做好小麦锈病、白粉病、蚜虫等防治;做好小麦种子的田间去杂,备好收割、打轧、播种机具,运地头肥,备妥良种,种好瓜菜;旱地玉米要注意水肥管理,及时灌溉,以避免"卡脖子"旱的发生。做好蔬菜林果生产。畜禽养殖要注意防暑降温,鱼塘要合理投放饵料,防止水质变坏及水中缺氧,做好鱼苗育肥防病;牲畜防暑,鸡舍保洁。

建议各地在做好田间管理工作的同时,要密切关注天气变化,务必克服麻痹思想,树立防大汛抗大灾的意识,提前做好局地灾害性天气,特别是局地强降水和山洪、雨涝、泥石流等次生灾害的预防工作,确保河流、水库、大型工程安全度汛。

11.8 8 月气候与农(牧)事活动及生产建议

11.8.1 8 月气候概况

8 月太阳直射点赤纬为 13°13′～5°44′,达茂旗各地真太阳时正午太阳高度角为 61°54′～53°12′。8 月是达茂旗一年中降雨最集中、平均降雨量最大的月份,降雨过程多,过程雨量大,大雨、暴雨出现次数多,是达茂旗的主汛期。全旗除满都拉外,其余地区均出现过暴雨,平均暴雨次数为 0.1～0.3 次。8 月同时也是月平均气温较高的月份之一,4%～8%年份的月平均气温的年最高值、6%～12%年份的月平均最高气温的年最高值和 20%～26%年份的年极端最高气温均出现在 8 月,仅次于 7 月。8 月上半月气温、湿度较高,下半月气温明显下降,气候开始转凉,全旗进入秋季。

和 7 月相比,达茂旗 8 月平均气温下降了 2.3 ℃,平均最高气温下降了 2.3 ℃,平均最低气温下降了 1.8 ℃,降水量增加了 2.8 mm,日照时数减少了 10 h。

(1)达茂旗各地 8 月真太阳时正午太阳高度角如表 11.27 所示。

表 11.27 达茂旗各地 8 月真太阳时正午太阳高度角

地点	纬度	太阳高度角
白云鄂博	41°46′N	61°27′～53°58′
百灵庙	41°42′N	61°31′～54°02′
满都拉	42°32′N	60°41′～53°12′
希拉穆仁	41°19′N	61°54′～54°25′

(2)达茂旗各地 8 月冷空气活动情况如表 11.28 所示。

表 11.28　达茂旗各地 8 月冷空气过程次数统计(1961—2010 年)

		白云鄂博	百灵庙	满都拉	希拉穆仁
冷空气	平均	2.2	3.3	2.7	3.7
	最多	5	6	6	7
	最少	0	0	0	1
寒潮	平均	0.1	0.1	0.0	0.3
	最多	2	2	1	2
	最少	0	0	0	0
强冷空气	平均	0.1	0.3	0.1	0.4
	最多	1	3	2	2
	最少	0	0	0	0
较强冷空气	平均	0.1	0.4	0.4	0.1
	最多	2	2	2	1
	最少	0	0	0	0
中等强度冷空气	平均	0.6	0.9	0.8	1.1
	最多	3	3	3	3
	最少	0	0	0	0
弱冷空气	平均	1.3	1.7	1.3	1.8
	最多	3	4	4	4
	最少	0	0	0	0

(3)达茂旗各地 8 月日平均气温、日最高气温、日最低气温和日降水量的各级日数统计如表 11.29 所示。

表 11.29　达茂旗各地 8 月各界限气温、各级降水日数统计(1961—2010 年平均)　　单位:d

		白云鄂博	百灵庙	满都拉	希拉穆仁
日平均气温	≥10 ℃	30.8	30.9	30.9	30.7
	≥20 ℃	6.7	12.0	17.8	4.7
	≥25 ℃	0.1	0.6	3.2	0.0
日最高气温	≥20 ℃	25.2	28.7	29.8	25.2
	≥25 ℃	11.0	17.9	21.0	10.2
	≥30 ℃	1.0	3.9	7.2	0.7
日最低气温	≥10 ℃	25.2	25.7	29.3	19.0
	≥20 ℃	0.0	0.4	1.3	0.0
日降雨量	≥0.1 mm	10.9	11.1	9.3	12.8
	≥1.0 mm	7.8	7.8	6.5	8.8
	≥2.5 mm	5.6	5.6	4.3	6.6
	≥5.0 mm	4.0	4.1	2.7	4.8
	≥10.0 mm	2.0	2.3	1.2	2.6
	≥15.0 mm	1.2	1.3	0.6	1.7
	≥20.0 mm	0.9	0.7	0.4	1.0
	≥25.0 mm	0.5	0.5	0.1	0.5
	≥30.0 mm	0.3	0.3	0.1	0.3
	≥50.0 mm	0.1	0.1	0.0	0.1

11.8.2 节气气候概况

8月有立秋和处暑2个节气。

(1)立秋

每年8月7日、8日或9日，太阳到达黄经135°时为立秋节气，是二十四节气中的第13个节气。“秋”是植物快成熟的意思。从这一天起凉爽的秋天开始，秋高气爽，月明风清，气温由最热逐渐下降。由于各地纬度、海拔高度等的不同，地形复杂，气候差异很大，因此，各地秋季开始的时间很不一致，南早北迟。根据达茂旗自然生态系统特征、农事活动、物候现象，选用日平均气温稳定在20～5 ℃为秋季。希拉穆仁7月21日、白云鄂博7月28日、百灵庙7月31日、满都拉8月7日(多年平均日期)，日平均气温开始低于20 ℃，夏季结束，全旗各地陆续进入秋季，气候开始凉爽。

立秋节气历年平均气温，白云鄂博为19.3～20.1 ℃，百灵庙为20.9～21.7 ℃，满都拉为22.5～23.2 ℃，希拉穆仁为18.8～19.5 ℃；降水量的多年平均值，白云鄂博为48.9 mm，百灵庙为44.4 mm，满都拉为29.7 mm，希拉穆仁为51.4 mm。

(2)处暑

每年8月22日、23日或24日，太阳到达黄经150°时为处暑节气，是二十四节气中的第14个节气。处暑是反映气温变化的一个节气。“处”在这里含有躲藏、终止的意思，处暑即表示炎热的夏天即将结束，快要“躲藏”起来了。处暑以后，冷空气南下次数增多，气温急剧下降，天气开始转凉，是比较明显的降温转折点，达茂旗此时的气候与处暑含义基本吻合。

处暑节气历年候平均气温，白云鄂博为16.9～18.5 ℃，百灵庙为18.3～20.0 ℃，满都拉为19.9～21.6 ℃，希拉穆仁为16.2～17.9 ℃；降水量的多年平均值，白云鄂博为37.5 mm，百灵庙为40.1 mm，满都拉为21.7 mm，希拉穆仁为39.4 mm。

11.8.3 农(牧)事活动

(1)主要作物平均生长发育期

8月上旬初小麦还处于灌浆期，8月上中旬小麦进入乳熟期，8月中旬小麦蜡熟，8月中下旬小麦成熟。

8月上旬玉米进入开花期，8月中下旬进入灌浆期。

8月上旬莜麦正处于开花期，8月下旬到9月上旬莜麦成熟。

8月中旬荞麦正处于开花至结实期，8月下旬后山地区荞麦进入籽粒变褐至成熟期。

8月中旬马铃薯正处于块茎增长的盛花至茎叶生长期，8月下旬到9月上旬马铃薯进入淀粉积累期，茎叶逐渐衰老。

(2)农事活动

大秋作物田间后期管理，做好各项收获准备工作；防灾抗灾，防御各种自然灾害；山地注意防霜抢收麦田；适时收割二秋作物；田间选种。

有利天气：晴朗风小的好天气。

不利天气：6级以上大风；冰雹；暴雨、山洪；3 d以上连阴雨；霜冻。

(3)牧事活动

牲畜抓油膘，打草贮草备料；修棚搭圈；草场管理；冬羔(羊)配种；牛配种扫尾；驱虫药浴，牲畜疫病防治。

有利天气：气温在 25 ℃以下，相对湿度为 40％～60％，晴天（3～5 d 或 5 d 以上晴天），风力在 4 级左右或以下；多云或阴天，或有零星小阵雨，淋不湿草，风力在 4 级以下，有利于打草或抓膘。

不利天气：冷雨和剧烈降温（6 ℃以上）；6 级以上大风对打草、抓膘不利；霜冻，牲畜吃带霜草易着凉拉稀，使母畜流产；雷雨冰雹天气；打草贮草怕阴雨天气。

（4）林事活动

清林；采种。

有利天气：晴朗风小的好天气。

不利天气：阴雨大风。

11.8.4 气象服务提示

易发生的气象灾害有：伏旱、冰雹、雷雨大风、局部暴雨山洪、山体塌陷、雷电、雨涝。

11.8.5 生产建议

8 月为小麦收获期，玉米开花、灌浆乳熟期，大豆开花、结荚期。8 月常常是伏旱、雨涝交替出现，故既要做好防汛排涝工作，又要做好抗旱工作。建议麦田选种收割，脱粒归仓；注意防风、雹等气象灾害；高粱、玉米制种，田间去杂；雨后锄地，消灭草荒，防治病虫；中耕、追肥、治虫；种好大白菜、萝卜等秋菜；雨季造林；管好蔬菜，及时收刨大蒜；加强水产管理，培育鱼苗，人工催产，防治鱼病；防汛、防洪排涝；加强后期管理，促早熟。

11.9 9 月气候与农（牧）事活动及生产建议

11.9.1 9 月气候概况

9 月太阳直射点由北半球南移经过赤道，秋分以后直射南半球，太阳直射点赤纬为 5°29′～－1°48′，达茂旗各地真太阳时正午太阳高度角为 54°10′～45°40′。气温开始明显下降，昼夜温差加大，冷空气活动增强，降雨量明显减少，晴朗天气增多，秋高气爽，霜冻来临早，个别年份月底出现冰冻。

和 8 月相比，达茂旗 9 月平均气温下降了 6.1 ℃，平均最高气温下降了 5.4 ℃，平均最低气温下降了 6.4 ℃，降水量减少了 36.3 mm，日照时数减少了 14 h。

（1）达茂旗各地 9 月真太阳时正午太阳高度角如表 11.30 所示。

表 11.30 达茂旗各地 9 月真太阳时正午太阳高度角

地点	纬度	太阳高度角
白云鄂博	41°46′N	53°43′～46°26′
百灵庙	41°42′N	53°47′～46°30′
满都拉	42°32′N	52°57′～45°40′
希拉穆仁	41°19′N	54°10′～46°53′

(2)达茂旗各地9月冷空气活动情况如表11.31所示。

表11.31 达茂旗各地9月冷空气过程次数统计(1961—2010年)

		白云鄂博	百灵庙	满都拉	希拉穆仁
冷空气	平均	3.6	4.7	3.9	4.9
	最多	7	7	6	7
	最少	0	3	1	2
寒潮	平均	0.5	1.3	0.6	1.8
	最多	2	5	2	6
	最少	0	0	0	0
强冷空气	平均	0.1	0.3	0.3	0.1
	最多	2	2	2	1
	最少	0	0	0	0
较强冷空气	平均	0.0	0.0	0.0	0.0
	最多	0	1	1	0
	最少	0	0	0	0
中等强度冷空气	平均	1.3	1.5	1.4	1.4
	最多	4	3	3	3
	最少	0	0	0	0
弱冷空气	平均	1.8	1.8	1.6	1.9
	最多	5	5	5	4
	最少	0	0	0	0

(3)达茂旗各地9月日平均气温、日最高气温、日最低气温和日降水量的各级日数统计如表11.32所示。

表11.32 达茂旗各地9月各界限气温、各级降水日数统计(1961—2010年平均) 单位:d

		白云鄂博	百灵庙	满都拉	希拉穆仁
日平均气温	≤2 ℃	0.3	0.1	0.1	0.6
	≥5 ℃	28.2	29.1	29.5	27.7
	≥10 ℃	21.0	23.7	25.7	18.8
	≥20 ℃	0.3	0.8	2.4	0.2
日最高气温	≥10 ℃	28.8	29.5	29.7	28.9
	≥20 ℃	10.5	16.3	18.4	11.0
	≥25 ℃	1.7	4.0	6.7	1.3
日最低气温	≤0 ℃	2.1	2.5	1.0	6.2
	≤2 ℃	4.4	5.3	2.5	9.7
	≥5 ℃	19.4	18.9	23.3	14.0
	≥10 ℃	4.7	6.8	10.4	3.4
日降雨量	≥0.1 mm	6.7	6.5	5.3	8.0
	≥1.0 mm	4.3	4.4	3.2	5.2
	≥2.5 mm	2.9	2.9	2.1	3.3
	≥5.0 mm	1.9	1.8	1.4	2.0

续表

		白云鄂博	百灵庙	满都拉	希拉穆仁
日降雨量	≥10.0 mm	0.8	0.9	0.5	0.8
	≥15.0 mm	0.4	0.5	0.2	0.4
	≥20.0 mm	0.2	0.4	0.1	0.2
	≥25.0 mm	0.1	0.2	0.1	0.1
	≥30.0 mm	0.1	0.1	0.1	0.1
	≥50.0 mm	0.0	0.0	0.0	0.0
日降雨夹雪量	≥0.1 mm	0.1	0.1	0.1	0.2
	≥1.0 mm	0.1	0.1	0.0	0.2
	≥2.5 mm	0.1	0.0	0.0	0.1
	≥5.0 mm	0.1	0.0	0.0	0.1
日降雪量	≥0.1 mm	0.1	0.0	0.0	0.0

(4)达茂旗各地 9 月最大雪深及最大冻土深度统计如表 11.33 所示。

表 11.33 达茂旗各地 9 月最大雪深及最大冻土深度(1961—2010 年)

	白云鄂博	百灵庙	满都拉	希拉穆仁
最大雪深/cm	0	0	0	4
最大冻土深度/cm	10	1	0	5

11.9.2 节气气候概况

9 月有白露和秋分 2 个节气。

(1)白露

每年的 9 月 7 日、8 日或 9 日,太阳到达黄经 165°时为白露节气。顾名思义,白露就是气温降低,水汽在地面或近地面物体上凝结,清晨草木上可见到白色露水的意思。所以,白露实际上表征天气已经转凉。俗话说:“白露秋分夜,一夜冷一夜。”这时冷空气南下逐渐频繁,加上太阳直射点南移,北半球日照时间变短,日照强度减弱,夜间常晴朗少云,地面辐射散热快,温度下降速度也逐渐加快。这时达茂旗炎夏已逝,暑气渐消,天高气爽,云淡风轻,大秋作物已经成熟,迎来了气候宜人的收获季节,让人赏心悦目。

白露节气历年平均气温,白云鄂博为 14.4～16.7 ℃,百灵庙为 15.8～18.1 ℃,满都拉为 17.4～19.8 ℃,希拉穆仁为 13.8～16.1 ℃;降水量的多年平均值,白云鄂博为 25.2 mm,百灵庙为 25.1 mm,满都拉为 21.2 mm,希拉穆仁为 34.2 mm。

(2)秋分

每年 9 月 22 日、23 日或 24 日,太阳到达黄经 180°时为秋分节气。“分”为昼夜平分之意,同春分一样,此日阳光直射地球赤道,昼夜相等。此后,阳光直射位置便向南移,北半球渐趋昼短夜长,气温降低。“一场秋雨一场寒”,一股股南下的冷空气与逐渐衰减的暖湿空气相遇,产生一次次降雨,气温也一次次下降。这也与达茂旗气候情况相符。秋分以后,达茂旗雨量明显减少,暴雨、大雨一般很少出现。

秋分节气历年平均气温,白云鄂博为 10.4～13.1 ℃,百灵庙为 11.7～14.2 ℃,满都拉为 12.9～15.6 ℃,希拉穆仁为 9.7～12.3 ℃;降水量的多年平均值,白云鄂博为 15.9 mm,

百灵庙为 15.5 mm，满都拉为 11.2 mm，希拉穆仁为 18.5 mm。

11.9.3 农(牧)事活动

(1)主要作物平均生长发育期

9 月上旬玉米乳熟，9 月中旬玉米蜡熟，9 月下旬玉米成熟。

9 月上旬莜麦处于成熟期。

9 月上旬马铃薯正处于淀粉积累期，茎叶逐渐衰老；9 月中旬马铃薯块茎成熟，茎叶枯萎。

(2)农事活动

大秋作物相继成熟，秋收开始；加快碾打小麦及二秋作物的拉运登场；秋田抢收和秋耕，注意霜冻。

有利天气：晴朗风小的好天气。

不利天气：霜冻；冰雹；3 d 以上连阴雨；6 级以上大风。

(3)牧事活动

羊配种；保胎、保畜；贮草备料，准备越冬；修棚搭圈；草场管理；驱虫药浴。

有利天气：晴天或多云，风力 4 级以下，气温在 10 ℃左右，最适宜小畜配种；3～5 d 晴天，风力 4 级以下，有利于拉运草料。

不利天气：6 级以上大风；冰雹；暴雨；山洪；3 d 以上连阴雨；霜冻。

(4)林事活动

采种；防火；造林。

有利天气：晴朗风小的好天气有利于采种工作的进行；防火有利天气是阴雨天气，风小；降水多易使树木成活。

不利天气：阴雨、大风不利于采种工作的进行；连续干旱易使树木枯死；持续高温天气易发生森林火灾，且在发生林火后，易使火势蔓延加快；风速大有助于燃烧，且扑救困难；相对湿度在 30%～35%，便可能发生地面火情，相对湿度在 25%以下，发生林火的危险性很大。高温少雨天气，气候干燥，有时雨后风较大，易形成火灾。

11.9.4 气象服务提示

(1)希拉穆仁 9 月 9 日、白云鄂博 9 月 11 日、百灵庙 9 月 16 日、满都拉 9 月 21 日(多年平均日期)，地面最低温度开始小于或等于 0 ℃，这是霜冻的地面温度指标，全旗陆续进入霜冻期，牧草停止生长。

(2)希拉穆仁 9 月 8 日、百灵庙 9 月 16 日、白云鄂博 9 月 19 日、满都拉 9 月 25 日(多年平均日期)，日最低气温开始小于或等于 2 ℃，这是轻霜冻的气温指标，可出现轻霜冻。

(3)希拉穆仁 9 月 14 日、百灵庙 9 月 23 日、白云鄂博 9 月 26 日(多年平均日期)，日最低气温开始小于或等于 0 ℃，这是霜冻的气温指标，上述地区可能出现霜冻。

(4)希拉穆仁 9 月 22 日(多年平均日期)，日最低气温开始小于或等于－2 ℃，作物可出现冻害。

(5)白云鄂博和满都拉 9 月 22 日、百灵庙 9 月 27 日(多年平均日期)，雷暴现象终止。

(6)希拉穆仁 9 月 13 日、白云鄂博 9 月 17 日、百灵庙 9 月 22 日、满都拉 9 月 27 日(多年平均日期)，日平均气温开始小于或等于 10 ℃，喜温作物停止生长。

(7)9 月份太阳直射点将从北半球移到南半球,9 月 23 日前后太阳经过秋分点,此时太阳直射赤道,昼夜平分。过了秋分,太阳直射点继续南移,北半球太阳辐射逐渐减弱,白昼渐短,黑夜渐长,天气一天天变冷。

(8)易发生的气象灾害有:秋旱、冰雹、雷雨大风、雷电、雨涝、霜冻。

11.9.5 生产建议

9 月为大田作物成熟至收获期。建议加强粮食作物的后期管理;高粱、玉米、谷子等早秋作物成熟,搞好田间选种,防早霜,及时收获;绿肥作物在盛花期压青;管好秋菜,大棚蔬菜垒好墙体;加强水产生产。

11.10 10 月气候与农(牧)事活动及生产建议

11.10.1 10 月气候概况

10 月太阳直射赤道以南,太阳直射点赤纬为 −2°04′～−9°48′,达茂旗各地真太阳时正午太阳高度角为 46°37′～37°40′。气温迅速下降,冷空气势力逐渐增强,冷空气南下形成“一场秋雨一场寒”“一场秋风一场寒”,降水明显减少,秋高气爽,空气干燥,逐渐由深秋转入初冬。

和 9 月相比,达茂旗 10 月平均气温下降了 8.0 ℃,平均最高气温下降了 7.6 ℃,平均最低气温下降了 7.8 ℃,降水量减少了 17 mm,日照时数减少了 7 h。

(1)达茂旗各地 10 月真太阳时正午太阳高度角如表 11.34 所示。

表 11.34 达茂旗各地 10 月真太阳时正午太阳高度角

地点	纬度	太阳高度角
白云鄂博	41°46′N	46°10′～38°26′
百灵庙	41°42′N	46°14′～38°30′
满都拉	42°32′N	45°24′～37°40′
希拉穆仁	41°19′N	46°37′～38°53′

(2)达茂旗各地 10 月冷空气活动情况如表 11.35 所示。

表 11.35 达茂旗各地 10 月冷空气过程次数统计(1961—2010 年)

		白云鄂博	百灵庙	满都拉	希拉穆仁
冷空气	平均	4.0	4.7	4.5	4.6
	最多	6	7	7	7
	最少	2	2	2	2
寒潮	平均	1.2	2.0	1.6	2.2
	最多	4	4	5	4
	最少	0	0	0	0
强冷空气	平均	0.0	0.0	0.0	0.0
	最多	0	0	0	0
	最少	0	0	0	0

续表

		白云鄂博	百灵庙	满都拉	希拉穆仁
较强冷空气	平均	0.0	0.0	0.0	0.0
	最多	0	0	0	0
	最少	0	0	0	0
中等强度冷空气	平均	1.3	1.3	1.4	1.1
	最多	3	5	5	4
	最少	0	0	0	0
弱冷空气	平均	1.7	1.6	1.7	1.6
	最多	4	4	5	4
	最少	0	0	0	0

(3)达茂旗各地10月日平均气温、日最高气温、日最低气温和日降水量的各级日数统计如表11.36所示。

表11.36 达茂旗各地10月各界限气温、各级降水日数统计(1961—2010年平均) 单位:d

		白云鄂博	百灵庙	满都拉	希拉穆仁
日平均气温	≤0 ℃	7.0	4.8	4.1	7.6
	≤2 ℃	10.8	8.3	7.1	11.7
	≥5 ℃	13.0	16.0	17.9	12.2
	≥10 ℃	2.5	4.4	6.4	2.1
日最高气温	≥5 ℃	26.1	28.1	28.0	26.6
	≥10 ℃	17.5	21.8	22.1	18.8
	≥20 ℃	0.8	2.5	3.6	1.0
日最低气温	≤−5 ℃	7.0	7.1	5.5	11.2
	≤−2 ℃	13.9	14.1	10.7	17.6
	≤0 ℃	19.1	19.2	15.8	22.4
	≤2 ℃	23.6	23.4	20.4	26.0
日降雨量	≥0.1 mm	2.0	2.5	1.6	2.6
	≥1.0 mm	1.2	1.8	1.0	1.8
	≥2.5 mm	0.7	1.1	0.6	1.2
	≥5.0 mm	0.4	0.5	0.3	0.7
	≥10.0 mm	0.1	0.2	0.0	0.2
	≥15.0 mm	0.0	0.0	0.0	0.1
	≥20.0 mm	0.0	0.0	0.0	0.0
	≥25.0 mm	0.0	0.0	0.0	0.0
日降雨夹雪量	≥0.1 mm	0.8	0.8	0.6	1.1
	≥1.0 mm	0.5	0.6	0.4	0.9
	≥2.5 mm	0.4	0.5	0.4	0.6
	≥5.0 mm	0.2	0.3	0.2	0.4
	≥10.0 mm	0.1	0.1	0.1	0.1
	≥15.0 mm	0.0	0.1	0.0	0.1

续表

		白云鄂博	百灵庙	满都拉	希拉穆仁
日降雪量	≥0.1 mm	1.0	0.7	0.6	1.1
	≥1.0 mm	0.3	0.2	0.2	0.4
	≥2.5 mm	0.2	0.1	0.1	0.2
	≥5.0 mm	0.1	0.1	0.0	0.1

(4)达茂旗各地10月最大雪深、最大雪压及最大冻土深度统计如表11.37所示。

表11.37 达茂旗各地10月最大雪深、最大雪压及最大冻土深度(1961—2010年)

	白云鄂博	百灵庙	满都拉	希拉穆仁
最大雪深/cm	8	21	9	17
最大雪压/(g·cm^{-2})	17.0	23.3	1.7	2.4
最大冻土深度/cm	100	21	19	25

11.10.2 节气气候概况

10月有寒露和霜降2个节气。

(1)寒露

每年10月8日或9日,太阳到达黄经195°时为寒露节气,是二十四节气中的第17个节气,意思是露气寒冷,即将冻结,天气将逐渐由凉转冷。此时气温较白露时更低,露水更多,且带寒意。达茂旗寒露节气水汽已经结霜,入夜已感到寒气袭人,进入了秋收季节。

寒露节气历年平均气温,白云鄂博为7.1～10.1 ℃,百灵庙为8.2～11.3 ℃,满都拉为9.3～12.6 ℃,希拉穆仁为6.4～9.3 ℃;降水量的多年平均值,百灵庙为7.3 mm,白云鄂博为7.7 mm,满都拉为4.7 mm,希拉穆仁为10.1 mm。

(2)霜降

每年10月23日或24日,太阳到达黄经210°时为霜降节气,是二十四节气中的第18个节气。从字面上理解,霜降就是有白霜,表示天气转冷,水汽凝华成霜的意思。霜的出现表明地面最低温度已达0 ℃以下,对农作物的生长会产生一定影响。

霜降节气历年平均气温,白云鄂博为3.2～6.5 ℃,百灵庙为4.4～7.8 ℃,满都拉为5.3～8.8 ℃,希拉穆仁为2.7～6.1 ℃;降水量的多年平均值,白云鄂博为7.0 mm,百灵庙为7.3 mm,满都拉为4.7 mm,希拉穆仁为8.2 mm。

11.10.3 农(牧)事活动

(1)农事活动

生产活动:继续收获夏玉米、高粱、大豆等作物;结束秋收,抓紧拉运上场,拉净、打净;秋耕耙耢,铺施底肥;做好冬藏准备;加强秋菜管理,播种大棚黄瓜、西红柿等。

有利天气:晴朗无风的好天气。

不利天气:大风降温;寒潮;连阴雨(雪)。

(2)牧事活动

生产活动:小畜配种,贮草备料;撤回冬营地,保膘保胎,加强各类牲畜的管理工作;整群;商品畜进行短期育肥。

有利天气:晴天,风力在4级以下;缺水草场需要适量的降雪(雨)。

不利天气:大风降温、寒潮风雪天气;冷雨湿雪、大风等天气。

(3)林业活动

生产活动:采种;防火,打烧防火道;造林。

有利天气:晴朗风小的好天气有利于采种工作的进行;防火有利天气是阴雨天气,风小;降水多易使树木成活。

不利天气:阴雨、大风不利于采种工作进行;连续干旱易使树木枯死;持续高温天气易发生森林火灾,且在发生林火后,易使火势蔓延加快;风速大有助于燃烧,且扑救困难;相对湿度在30%～35%,便可能发生地面火情,相对湿度在25%以下,发生林火的危险性很大。升温少雨天气,气候干燥,有时雨后风较大,易形成火灾。

11.10.4 气象服务提示

(1)10月1日(多年平均日期),希拉穆仁雷暴现象终止。

(2)希拉穆仁10月3日、白云鄂博10月7日、百灵庙10月11日、满都拉10月14日(多年平均日期),日平均气温开始小于或等于5 ℃,全旗陆续进入冬季。

(3)满都拉10月1日(多年平均日期),日最低气温开始小于或等于0 ℃,这是霜冻的气温指标,可能出现霜冻。

(4)百灵庙10月2日、白云鄂博10月3日、满都拉10月8日(多年平均日期),日最低气温开始小于或等于−2 ℃,上述地区作物可能出现冻害。

(5)白云鄂博10月12日、百灵庙10月16日、希拉穆仁10月18日、满都拉10月21日(多年平均日期),地面开始结冰,上述地区可能出现冰冻。

(6)白云鄂博10月15日、百灵庙10月21日、满都拉10月25日、希拉穆仁10月30日(多年平均日期),5 cm深处土壤开始结冰。

(7)白云鄂博10月28日(多年平均日期),10 cm深处土壤开始结冰。

(8)白云鄂博10月10日、希拉穆仁10月11日、满都拉10月13日、百灵庙10月14日(多年平均日期),开始出现第一次降雪。

(9)易发生的气象灾害有:寒潮、大风、冰冻。

11.10.5 生产建议

建议继续秋作物收割,精收细打,霜前收获、存放,做好粮食入库;大白菜已进入生长后期,要注意水肥管理,除治病虫害;及时收藏秋菜,做好贮备;加强大棚蔬菜管理,做好防寒防霜冻工作;管好果林,采集树种,采摘果品;尽可能减少初霜冻等灾害性天气给农业生产带来的不利影响;积极开展农田水利基本建设;畜牧业要抓膘安全越冬,为牲畜过冬备好粮草;做好秋季防火工作。

11.11 11月气候与农(牧)事活动及生产建议

11.11.1 11月气候概况

11月太阳直射赤道以南，太阳直射点赤纬为－10°03′～－17°31′，达茂旗各地太阳高度角为38°38′～29°57′，是一年中太阳高度角最小的月份之一。太阳辐射较弱，全旗已进入冬季，冷空气势力进一步增强，冷空气不断补充南下，有时伴有降雪天气，造成气温频繁波动，甚至剧烈降温，平均气温继续下降，是一年中气温降幅最大的月份，日照日渐缩短，降水稀少，空气干燥。

和10月份相比，达茂旗11月平均气温下降了9.7 ℃，平均最高气温下降10.1 ℃，平均最低气温下降了9.2 ℃，降水量减少了7.8 mm，日照时数减少了37 h。

(1)达茂旗各地11月真太阳时正午太阳高度角如表11.38所示。

表11.38 达茂旗各地11月真太阳时正午太阳高度角

地点	纬度	太阳高度角
白云鄂博	41°46′N	38°11′～30°43′
百灵庙	41°42′N	38°15′～30°47′
满都拉	42°32′N	37°25′～29°57′
希拉穆仁	41°19′N	38°38′～31°10′

(2)达茂旗各地11月冷空气活动情况如表11.39所示。

表11.39 达茂旗各地11月冷空气过程次数统计(1961—2010年)

		白云鄂博	百灵庙	满都拉	希拉穆仁
冷空气	平均	3.9	4.4	4.1	4.8
	最多	7	8	7	8
	最少	1	2	1	2
寒潮	平均	1.4	2.1	1.7	2.3
	最多	3	5	4	5
	最少	0	0	0	1
强冷空气	平均	0.0	0.0	0.0	0.0
	最多	0	0	0	0
	最少	0	0	0	0
较强冷空气	平均	0.0	0.0	0.0	0.0
	最多	0	0	0	0
	最少	0	0	0	0
中等强度冷空气	平均	1.0	1.3	1.2	1.4
	最多	4	4	3	5
	最少	0	0	0	0

续表

		白云鄂博	百灵庙	满都拉	希拉穆仁
弱冷空气	平均	1.6	1.3	1.3	1.4
	最多	4	4	4	4
	最少	0	0	0	0

(3)达茂旗各地 11 月日平均气温、日最高气温、日最低气温和日降水量的各级日数统计如表 11.40 所示。

表 11.40 达茂旗各地 11 月各界限气温、各级降水日数统计(1961—2010 年平均) 单位:d

		白云鄂博	百灵庙	满都拉	希拉穆仁
日平均气温	≤−10 ℃	7.0	5.3	4.7	7.7
	≤−5 ℃	17.2	14.3	12.9	16.8
	≤0 ℃	26.1	23.6	22.7	25.5
	≤2 ℃	28.6	26.6	25.8	27.8
日最高气温	>0 ℃	15.6	20.2	19.9	18.2
	≥5 ℃	7.4	11.0	11.4	9.4
	≥10 ℃	1.3	3.9	3.8	2.6
日最低气温	≤−15 ℃	6.8	6.4	4.9	9.6
	≤−10 ℃	17.3	15.4	13.2	18.9
	≤−5 ℃	25.7	24.4	23.1	26.1
	≤0 ℃	29.8	29.3	28.7	29.7
	≤2 ℃	30.0	29.9	29.4	29.9
日降雨量	≥0.1 mm	0.1	0.1	0.1	0.1
	≥1.0 mm	0.0	0.1	0.1	0.1
	≥2.5 mm	0.0	0.1	0.1	0.0
	≥5.0 mm	0.0	0.0	0.0	0.0
	≥10.0 mm	0.0	0.0	0.0	0.0
日降雨夹雪量	≥0.1 mm	0.2	0.4	0.3	0.2
	≥1.0 mm	0.1	0.3	0.1	0.1
	≥2.5 mm	0.1	0.1	0.0	0.1
	≥5.0 mm	0.0	0.0	0.0	0.0
日降雪量	≥0.1 mm	3.3	3.1	2.8	3.9
	≥1.0 mm	0.9	0.8	0.7	1.1
	≥2.5 mm	0.2	0.4	0.2	0.4
	≥5.0 mm	0.1	0.1	0.1	0.1

(4)达茂旗各地 11 月最大雪深、最大雪压及最大冻土深度统计如表 11.41 所示。

表 11.41 达茂旗各地 11 月最大雪深、最大雪压及最大冻土深度(1961—2010 年)

	白云鄂博	百灵庙	满都拉	希拉穆仁
最大雪深/cm	18	16	18	29
最大雪压/(g·cm^{-2})	1.8	2.2	2.1	2.2
最大冻土深度/cm	81	76	73	83

11.11.2 节气气候概况

11 月有立冬和小雪 2 个节气。

(1)立冬

每年 11 月 7 日或 8 日,太阳到达黄经 225°时为立冬节气,是二十四节气中的第 19 个节气。立冬预示着季节的转换,"立"是建、始,表示冬季自此开始;"冬"作为终了之意,是指一年的田间劳作结束了,秋季作物全部收晒完毕、收藏入库。习惯上,人们把这一天当作冬季的开始。立冬一过,各地农民都将陆续地转入农田水利基本建设和其他农事活动中。由于各地纬度、海拔高度等的不同,地形复杂,气候差异很大,因此,各地冬季开始的时间很不一致,北早南迟。根据达茂旗自然生态系统特征、农事活动、物候现象,选用日平均气温稳定小于或等于 5 ℃为冬季。希拉穆仁 10 月 4 日、白云鄂博 10 月 7 日、百灵庙 10 月 11 日、满都拉 10 月 14 日(多年平均日期),日平均气温稳定小于或等于 5 ℃,此时达茂旗各地陆续进入冬季,比立冬节气提前近 1 个月。

立冬节气历年平均气温,满都拉为 1.3～2.8 ℃,百灵庙为 0.6～2.1 ℃,白云鄂博为 −1.0～0.7 ℃,希拉穆仁为 −0.9～0.5 ℃;降水量的多年平均值,白云鄂博为 2.8 mm,百灵庙为 4.5 mm,满都拉为 2.3 mm,希拉穆仁为 4.1 mm。

(2)小雪

每年 11 月 22 日或 23 日,太阳到达黄经 240°时为小雪节气,是二十四节气中的第 20 个节气,意思是气温下降,开始降雪,但还不到大雪纷飞的时节,所以叫小雪。这个时期天气逐渐变冷,已进入封冻季节。虽然开始下雪,但一般雪量较小,并且夜冻昼化。如果冷空气势力较强,暖湿气流又比较活跃的话,也有可能下大雪。开始下雪的多年平均初日,白云鄂博为 10 月 10 日、希拉穆仁为 10 月 11 日、满都拉为 10 月 13 日、百灵庙为 10 月 14 日,比小雪节气早 20～40 d。

小雪节气历年平均气温,满都拉为 −5.8～−2.1 ℃,百灵庙为 −6.2～−2.5 ℃,白云鄂博为 −7.7～−3.9 ℃,希拉穆仁为 −7.8～−3.9 ℃;降水量的多年平均值,希拉穆仁为 2.4 mm,百灵庙为 2.6 mm,白云鄂博为 1.9 mm,满都拉为 1.9 mm。

11.11.3 农(牧)事活动

(1)农事活动

生产活动:农活扫尾,做好明年生产准备,如积肥、兴修水利,进行农田基本建设。

有利天气:晴朗风小好天气。

不利天气:大风降温;寒潮。

(2)牧事活动

生产活动:保膘、保胎;小畜配种;屠宰牲畜;根据气象条件,第二次整顿牲畜;冬季打井;防火。

有利天气:晴天,风力在 4 级以下,无剧烈降温,适宜保膘、打井;缺水草场,需要适量的降雪。

不利天气:寒潮,风雪天气,白毛风(6 级以上并伴有降雪);黑白灾。

11.11.4 气象服务提示

(1)希拉穆仁11月11日(多年平均日期)开始出现第一次降雪。

(2)百灵庙11月2日、希拉穆仁11月6日、满都拉11月11日(多年平均日期),10 cm土壤开始结冰。

(3)白云鄂博11月6日、满都拉11月12日、百灵庙和希拉穆仁11月14日(多年平均日期),15 cm土壤开始结冰。

(4)白云鄂博11月10日、百灵庙和满都拉11月16日、希拉穆仁11月17日(多年平均日期),20 cm土壤开始结冰。

(5)白云鄂博11月22日、百灵庙11月20日、满都拉和希拉穆仁11月21日(多年平均日期),40 cm土壤开始结冰。

(6)百灵庙11月2日、满都拉11月7日(多年平均日期),开始出现第一次积雪。

(7)易发生的气象灾害有:寒潮、大风、冰冻。

11.11.5 生产建议

11月时值初冬,气温骤降,寒潮频发,大地开始封冻。建议立冬以后有条件的地方大田开始浇冻水,浇灌的适宜时间以“夜冻昼消,冬灌正好”,灌后注意松土;抓紧收获大白菜、大葱、胡萝卜等蔬菜;管好大棚、小拱棚瓜菜,根据天气变化对棚室蔬菜采取保暖措施;开展冬季积肥;加强牲畜、鱼塘越冬管理,越冬鱼塘并塘,鱼塘蓄水;继续打场脱粒和贮藏;大力修筑台田、条田,平整土地,做好农田基本建设,根治旱涝盐碱;做好马铃薯储存、畜舍防寒、果树修剪等工作,果树落叶开始进入休眠期,此时应刮皮涂药,防治腐烂病;及时防治番茄晚疫病、苹果腐烂病及梨黑星病;搞好多种经营和副业生产,注意森林防火,预防寒潮和强冷空气南下造成的强降温及初霜冻带来的危害。

11.12 12月气候与农(牧)事活动及生产建议

11.12.1 12月气候概况

12月太阳直射南半球,太阳直射点赤纬为$-17°47'\sim-23°27'\sim-21°19'$,达茂旗各地真太阳时正午太阳高度角为$30°54'\sim24°01'\sim26°09'$,这是达茂旗一年中太阳高度角最小、太阳辐射最弱、日照时间最短的月份。受强大的蒙古高压控制,地面上空盛行寒冷干燥的偏北风,较强冷空气频繁东移南下,有时伴有大风、降雪天气,造成气温频繁波动,甚至剧烈降温。气温在波动中继续下降,河、湖冰封,大地冰冻,天气严寒,寒冷程度仅次于1月份,降雪稀少,空气干燥。20%年份的月平均气温的年最低值、16%年份的月平均最低气温的年最低值、27%年份的年极端最低气温均出现在12月。

和11月相比,达茂旗12月平均气温降低了7.4 ℃,平均最高气温降低了7.6 ℃,平均最低气温降低了7.4 ℃,降水量减少了2.1 mm,日照时数减少了9 h。

(1)达茂旗各地 12 月真太阳时正午太阳高度角如表 11.42 所示。

表 11.42 达茂旗各地 12 月真太阳时正午太阳高度角

地点	纬度	太阳高度角
白云鄂博	41°46′N	30°27′～24°47′～26°55′
百灵庙	41°42′N	30°31′～24°51′～26°59′
满都拉	42°32′N	29°41′～24°01′～26°09′
希拉穆仁	41°19′N	30°54′～25°14′～27°22′

(2)达茂旗各地 12 月冷空气活动情况如表 11.43 所示。

表 11.43 达茂旗各地 12 月冷空气过程次数统计(1961—2010 年)

		白云鄂博	百灵庙	满都拉	希拉穆仁
冷空气	平均	3.7	4.8	4.1	5.0
	最多	6	7	7	8
	最少	0	2	1	3
寒潮	平均	1.3	2.5	1.6	2.5
	最多	4	6	5	6
	最少	0	0	0	0
强冷空气	平均	0.0	0.0	0.0	0.0
	最多	0	0	0	0
	最少	0	0	0	0
较强冷空气	平均	0.0	0.0	0.0	0.0
	最多	0	0	0	0
	最少	0	0	0	0
中等强度冷空气	平均	1.1	1.1	1.2	1.2
	最多	3	3	4	4
	最少	0	0	0	0
弱冷空气	平均	1.5	1.6	1.4	1.7
	最多	4	4	4	5
	最少	0	0	0	0

(3)达茂旗各地 12 月日平均气温、日最高气温、日最低气温和日降水量的各级日数统计如表 11.44 所示。

表 11.44 达茂旗各地 12 月各界限气温、各级降水日数统计(1961—2010 年平均) 单位:d

		白云鄂博	百灵庙	满都拉	希拉穆仁
日平均气温	≤−20 ℃	3.1	2.5	2.2	4.4
	≤−15 ℃	10.9	9.2	7.8	12.1
	≤−10 ℃	23.0	19.5	18.6	22.2
	≤−5 ℃	29.9	28.7	28.1	29.3
日最高气温	≤−15 ℃	3.0	1.8	1.9	2.6
	≤−10 ℃	9.3	6.1	6.7	7.5
	≤−5 ℃	19.6	14.9	15.6	16.8
	≤0 ℃	28.6	24.7	25.4	25.6

续表

		白云鄂博	百灵庙	满都拉	希拉穆仁
日最低气温	≤−25 ℃	2.7	3.7	2.2	6.0
	≤−20 ℃	10.2	10.9	8.5	14.6
	≤−15 ℃	22.1	21.4	19.2	24.0
	≤−10 ℃	29.9	28.7	28.0	29.5
日降雨夹雪量	≥0.1 mm	0.0	0.0	0.0	0.0
日降雪量	≥0.1 mm	2.8	3.3	2.9	3.3
	≥1.0 mm	0.5	0.6	0.4	0.5
	≥2.5 mm	0.0	0.2	0.1	0.1

(4)达茂旗各地 12 月最大雪深、最大雪压及最大冻土深度统计如表 11.45 所示。

表 11.45 达茂旗各地 12 月最大雪深、最大雪压及最大冻土深度(1961—2010 年)

	白云鄂博	百灵庙	满都拉	希拉穆仁
最大雪深/cm	8	13	7	13
最大雪压/(g·cm^{-2})	1.9	2.3	1.4	2.5
最大冻土深度/cm	151	139	127	137

11.12.2 节气气候概况

12 月有大雪和冬至 2 个节气。

(1)大雪

每年的 12 月 6 日、7 日或 8 日,太阳到达黄经 255°时为大雪节气,是二十四节气中的第 21 个节气。大雪的意思是天气更冷,降雪的可能性比小雪时更大了。此时达茂旗降雪和积雪日数增多,河流全线封冻,呈现出“千里冰封,万里雪飘”的严冬景象。

大雪节气历年平均气温,白云鄂博为−11.3～−8.6 ℃,百灵庙为−9.9～−7.3 ℃,满都拉为−9.3～−6.9 ℃,希拉穆仁为−11.2～−8.6 ℃;降水量的多年平均值,白云鄂博为 0.9 mm,百灵庙为 1.1 mm,满都拉为 1.3 mm,希拉穆仁为 1.0 mm。

(2)冬至

每年的 12 月 21 日、22 日或 23 日,太阳到达黄经 270°时为冬至节气,是二十四节气中的第 22 个节气。冬至日太阳直射南回归线,是北半球全年中白天最短、黑夜最长、太阳高度角最小的一天,愈往北愈显著,南半球相反。过了冬至,虽然阳光直射位置逐渐北移,北半球白昼渐长,黑夜渐短,但是在短期内仍然是昼短夜长,地面每天散失的热量比吸收的热量多,使得气温继续下降,最冷的数九严冬将到来。到“三九”前后,近地面辐射差额和热量差额最小,综合效应的结果使得这个时节气温最低,天气最冷,所以说“冷在三九”。

冬至历年平均气温,白云鄂博为−13.4～−11.6 ℃,百灵庙为−12.6～−10.5 ℃,满都拉为−11.9～−9.8 ℃,希拉穆仁为−13.8～−11.7 ℃;降水量的多年平均值,白云鄂博为 0.9 mm,百灵庙和希拉穆仁为 1.2 mm,满都拉为 1.0 mm。

11.12.3 农(牧)事活动

(1)农事活动

生产活动:明年生产准备工作;积肥。

有利天气:晴朗风小的好天气。

不利天气:大风降温、寒潮风雪天气。

(2)牧事活动

生产活动:小畜配种;骆驼配种、接羔,其他家畜保畜保胎,加强放牧管理;防火。

有利天气:晴朗好天气,风力在3级以下。

不利天气:大风降温、寒潮风雪天气,或者6级以上大风并伴有降雪(白毛风);黑白灾。

11.12.4 气象服务提示

冬至日太阳直射南回归线,这是北半球一年中太阳高度角最小、白昼最短、黑夜最长的一天。冬至过后,太阳直射点开始北移,日照时间逐渐延长。这时达茂旗已值隆冬,并开始进入一年当中最寒冷的季节。

易发生的气象灾害:寒潮、大风、沙尘暴和凌汛灾害。

11.12.5 生产建议

12月冷空气活动频繁,常出现寒潮、雪灾、冻害等气象灾害,特别是大范围降雪后伴随的剧烈降温,容易造成自来水、供暖等设施管线冻裂,人畜冻伤,果树、窖藏瓜菜受冻等各类冻害,对牧业、交通、电力通信等行业产生较大影响。建议有关部门提前制定防御各种冻害及各类交通事故的预案;林区应注意防火,加强林木果树的防寒护理;农牧区要加强草原放牧和舍饲管理,做好牲畜防寒保暖;继续搞好多种经营、副业生产,开展冬季积肥、种子保管、检查;开展冬季灭鼠。提醒公众一定要注意天气变化,及时增衣保暖,注意身体健康,特别要预防呼吸道和心脑血管疾病。

第 12 章　近 50 年气候变化

当前全球气候正经历一次以变暖为主要特征的显著变化，人类活动加剧了全球近 50 年来的普遍增温。在此背景下，持续的气候变暖已经对全球的生态系统以及社会经济系统产生了明显而又深远的影响，极端天气气候事件的频繁发生以及气候突变发生的潜在可能性使人类的生存和发展面临着巨大挑战。认识本地气候状况，研究气候演变趋势，掌握气候变化对本地社会、经济、生态的影响，对于应对气候变化，防御气象灾害，促进社会经济可持续发展具有重要意义。在全球变暖背景下，近 100 年来我国年平均气温明显升高，升幅达到 0.5～0.8 ℃，近 50 年增暖尤其明显。

本章所用资料为达茂旗境内 4 个国家地面气象观测站 1961—2010 年的气温、降水、风等要素 50 年的资料。为了消除气候要素时间序列的波动性和气象观测资料受局地的不均一性等随机因素的影响，空间上采用 4 个站资料同期平均，时间上采用 10 年平均逐年或 5 年滑动的统计方法，对 50 年气温、降水、风等要素的时空分布和强度变化趋势进行分析。

12.1　气温变化

气温变化采用 10 年平均逐年滑动的方法进行分析。

12.1.1　年平均气温变化

(1)平均气温变化

达茂旗年平均气温的 10 年平均值，1961—1970 年到 1968—1977 年基本稳定；1968—1977 年开始在微幅波动中上升，滑动到 1998—2007 年从最低值 3.1 ℃上升到最高值 4.9 ℃，升高了 1.8 ℃；1999—2008 年到 2001—2010 年，略微下降了 0.2 ℃。详见图 12.1。

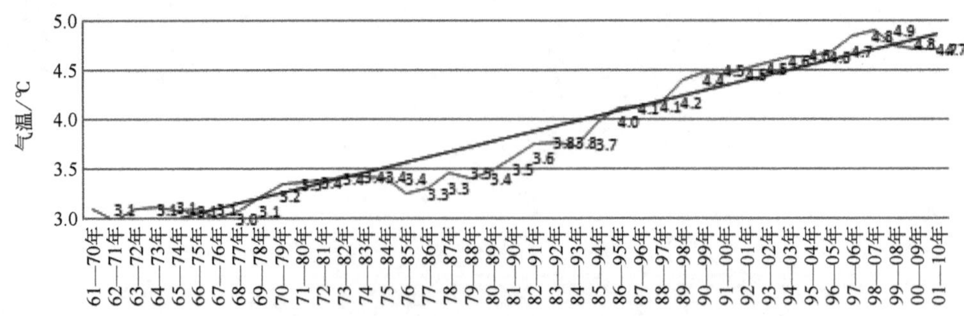

图 12.1　达茂旗历年平均气温 10 年平均逐年滑动曲线(1961—2010 年)

(2)平均最高气温变化

年平均最高气温的10年平均值，1961—1970年到1977—1986年在小幅波动中下降，从10.6 ℃下降到最低的10.3 ℃，下降了0.3 ℃；1977—1986年到1998—2007年，从10.3 ℃上升到11.7 ℃，升高了1.4 ℃；1998—2007年到2001—2010年，略降0.2 ℃。详见图12.2。

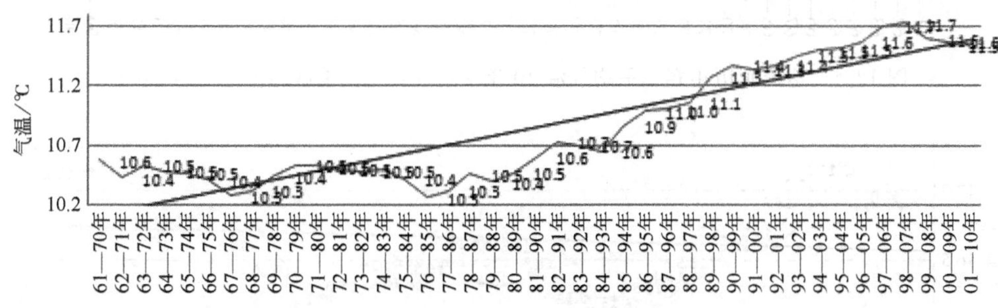

图12.2 达茂旗历年平均最高气温10年平均逐年滑动曲线(1961—2010年)

(3)平均最低气温变化

年平均最低气温的10年平均值，1961—1970年到1998—2007年在微幅波动中上升，从−3.6 ℃上升到−1.1 ℃，升高了2.5 ℃，这是最显著的变化；1998—2007年到2001—2010年略有下降，降幅为0.3 ℃。详见图12.3。

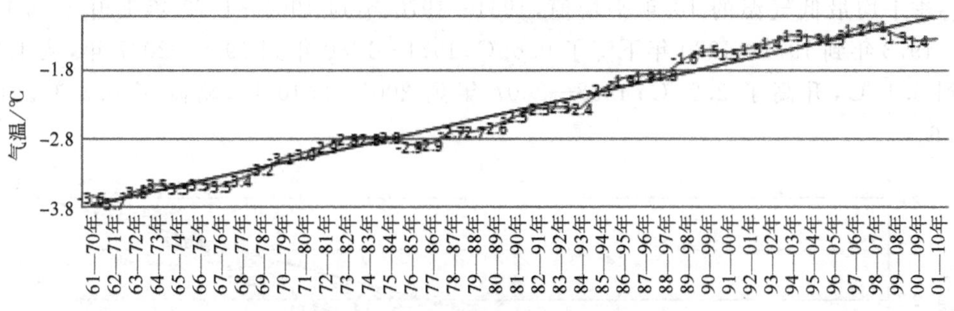

图12.3 达茂旗历年平均最低气温10年平均逐年滑动曲线(1961—2010年)

12.1.2 春季平均气温变化

(1)平均气温变化

春季平均气温的10年平均值，1961—1970年到1963—1972年，从9.2 ℃升到9.5 ℃，升高了0.3 ℃；1964—1973年到1971—1980年，从9.5 ℃降到8.8 ℃，下降了0.7 ℃；1974—1983年到2000—2009年在微小波动中上升，从8.8 ℃上升到最高值10.3 ℃，升高了1.5 ℃；2000—2009年到2001—2010年略降了0.3 ℃。详见图12.4。

(2)平均最高气温变化

春季平均最高气温的10年平均值，1961—1970年到1988—1997年在小幅波动中从17.0 ℃下降到最低值16.1 ℃，下降了0.9 ℃；1988—1997年到1998—2007年在小幅波动中从16.1 ℃持续上升到17.3 ℃，升高了1.2 ℃；1998—2007年到2001—2010年在0.3 ℃以内小幅波动。详见图12.5。

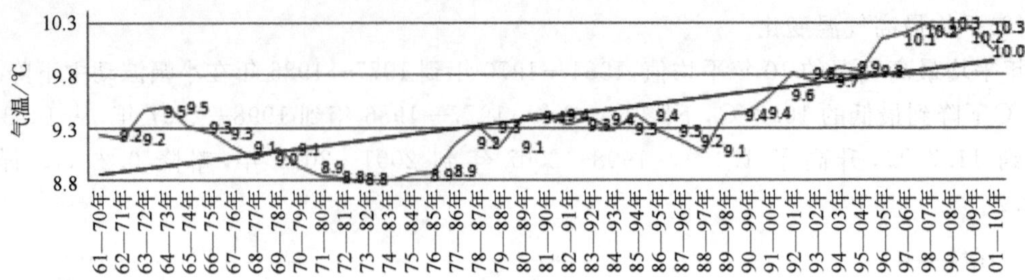

图 12.4 达茂旗历年春季平均气温 10 年平均逐年滑动曲线(1961—2010 年)

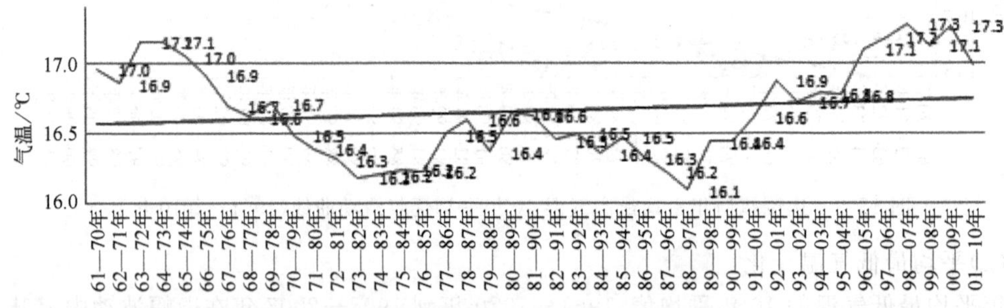

图 12.5 达茂旗历年春季平均最高气温 10 年平均逐年滑动曲线(1961—2010 年)

(3)平均最低气温变化

春季平均最低气温的 10 年平均值,1961—1970 年到 1964—1973 年上升了 0.4 ℃;1964—1973 年到 1971—1980 年下降了 0.6 ℃;1971—1980 年到 1998—2007 年,从 1.2 ℃上升到 3.4 ℃,升高了 2.2 ℃;1998—2007 年到 2001—2010 年,略降了 0.3 ℃。详见图 12.6。

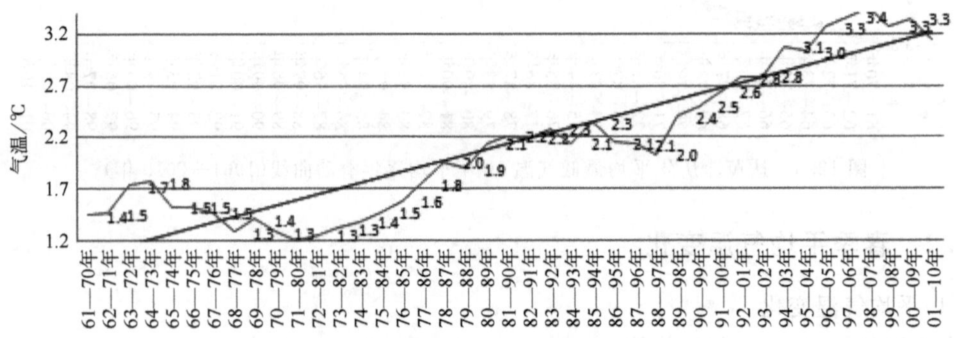

图 12.6 达茂旗历年春季平均最低气温 10 年平均逐年滑动曲线(1961—2010 年)

12.1.3 夏季平均气温变化

(1)平均气温变化

夏季平均气温的 10 年平均值,1961—1970 年到 1966—1975 年稳定少变;1966—1975 年到 1976—1985 年在小幅波动中从 19.0 ℃下降到 18.5 ℃,下降了 0.5 ℃;1976—1985 年到 2001—2010 年持续上升,从 18.5 ℃升到 20.2 ℃,升高了 1.7 ℃。详见图 12.7。

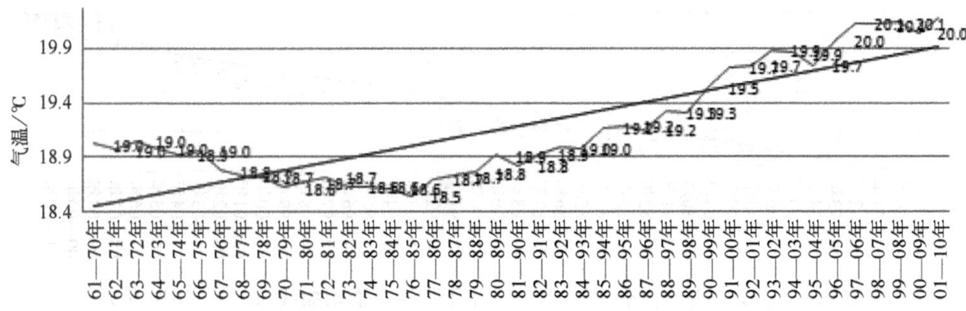

图 12.7 达茂旗历年夏季平均气温 10 年平均逐年滑动曲线(1961—2010 年)

(2)平均最高气温变化

夏季平均最高气温的 10 年平均值,1961—1970 年到 1976—1985 年在小幅波动中从 25.8 ℃下降到最低的 24.8 ℃,下降了 1.0 ℃;1976—1985 年到 2001—2010 年在小幅波动中上升到最高值 26.5 ℃,升高了 1.7 ℃。详见图 12.8。

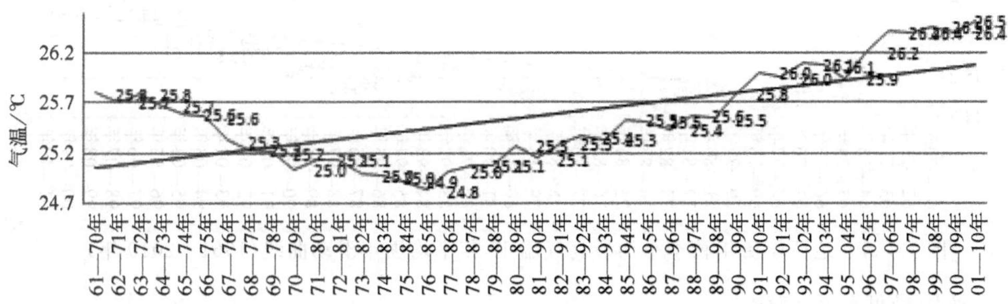

图 12.8 达茂旗历年夏季平均最高气温 10 年平均逐年滑动曲线(1961—2010 年)

(3)平均最低气温变化

夏季平均最低气温的 10 年平均值,1961—1970 年到 2001—2010 年在微幅波动中上升,从 11.9 ℃上升到 13.9 ℃,升高了 2.0 ℃。详见图 12.9。

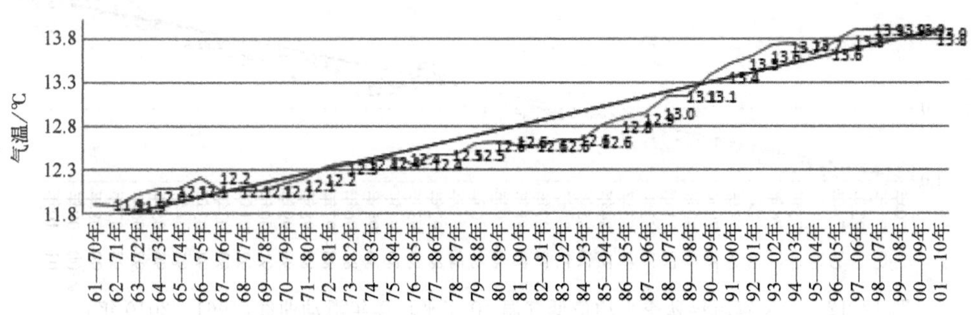

图 12.9 达茂旗历年夏季平均最低气温 10 年平均逐年滑动曲线(1961—2010 年)

12.1.4 秋季平均气温变化

(1)平均气温变化

秋季平均气温的 10 年平均值,1961—1970 年到 1966—1975 年下降了 0.4 ℃;1967—1976 年到 2001—2010 年在小幅波动中从 7.5 ℃上升 9.4 ℃,升高了 1.9 ℃。详见图 12.10。

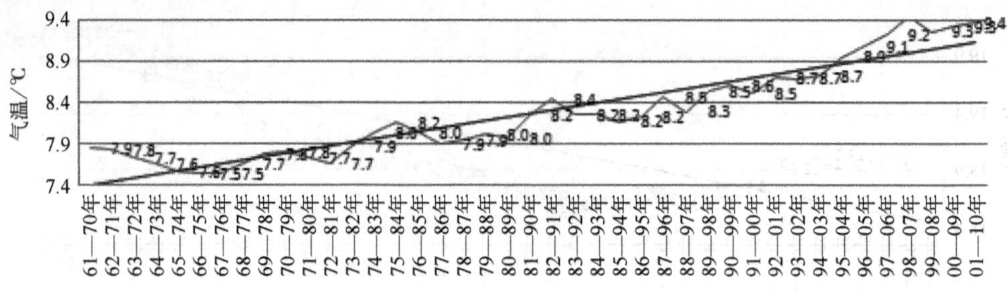

图 12.10 达茂旗历年秋季平均气温 10 年平均逐年滑动曲线(1961—2010 年)

(2)平均最高气温变化

秋季平均最高气温的 10 年平均值,1961—1970 年到 1972—1981 年在小幅波动中下降了 0.8 ℃;1972—1981 年到 1998—2007 年在小幅波动中从 14.8 ℃上升到 16.5 ℃,升高了 1.7 ℃;1998—2007 年到 2001—2010 年变化不大。详见图 12.11。

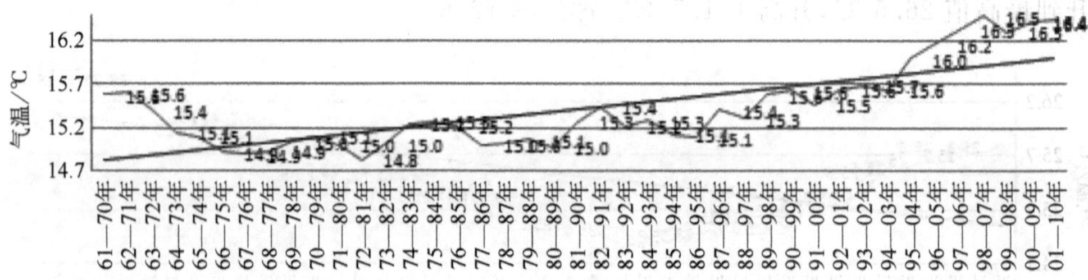

图 12.11 达茂旗历年秋季平均最高气温 10 年平均逐年滑动曲线(1961—2010 年)

(3)平均最低气温变化

秋季平均最低气温的 10 年平均值,1961—1970 年到 2001—2010 年在小幅波动中上升,从 1962—1971 年的最低值 1.1 ℃上升到 1998—2007 年的最高值 3.7 ℃,升高了 2.6 ℃。详见图 12.12。

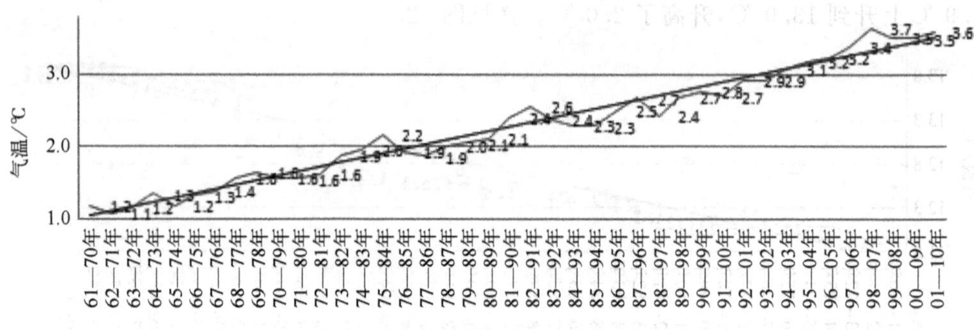

图 12.12 达茂旗历年秋季平均最低气温 10 年平均逐年滑动曲线(1961—2010 年)

12.1.5 冬季平均气温变化

(1)平均气温变化

冬季平均气温的 10 年平均值,1961—1970 年到 2001—2010 年在小幅波动中上升,从 1962—1971 年的最低值−11.2 ℃上升到 1998—2007 年的最高值−8.4 ℃,升高了 2.8 ℃。详见图 12.13。

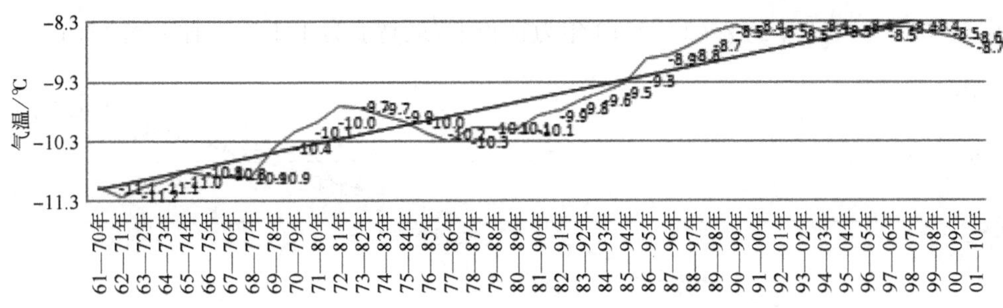

图 12.13　达茂旗历年冬季平均气温 10 年平均逐年滑动曲线(1961—2010 年)

(2)平均最高气温变化

冬季平均最高气温的 10 年平均值,1961—1970 年到 1972—1981 年上升了 1.0 ℃;1973—1982 年到 1977—1986 年下降了 0.6 ℃;1977—1986 年到 1995—2004 年在波动中上升了 1.8 ℃;1995—2004 年到 2001—2010 年下降了 0.5 ℃。详见图 12.14。

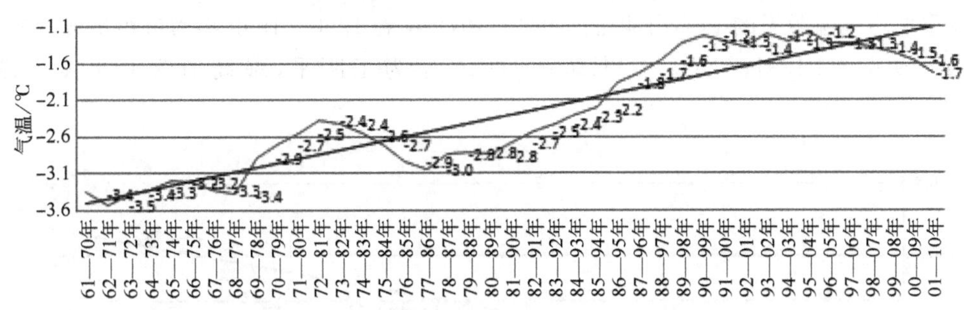

图 12.14　达茂旗历年冬季平均最高气温 10 年平均逐年滑动曲线(1961—2010 年)

(3)平均最低气温变化

冬季平均最低气温的 10 年平均值,1961—1970 年到 1995—2004 年在波动中从－17.4 ℃上升到－13.9 ℃,升高了 3.5 ℃;1995—2004 年到 2001—2010 年下降了 0.5 ℃。详见图 12.15。

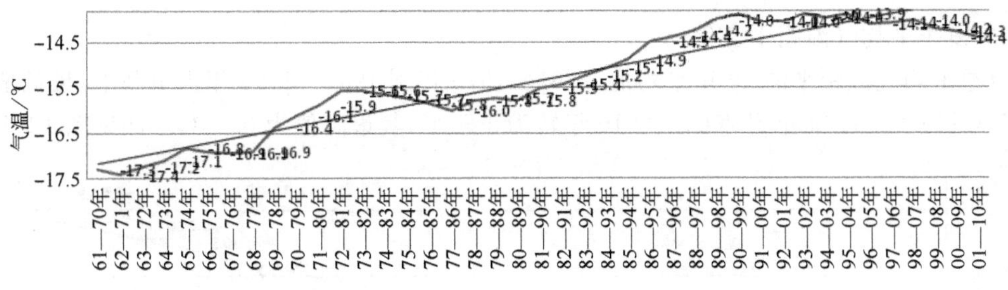

图 12.15　达茂旗历年冬季平均最低气温 10 年平均逐年滑动曲线(1961—2010 年)

12.1.6　平均气温距平变化

平均气温距平变化采用 10 年平均逐年滑动的方法进行分析。

(1)年平均气温距平变化

年平均气温距平的 10 年平均值,1961—1970 年到 1984—1993 年为负距平,最低值为

－0.9 ℃；1985—1994 年到 2001—2010 年为正距平，最高值为 1.1 ℃。详见图 12.16。

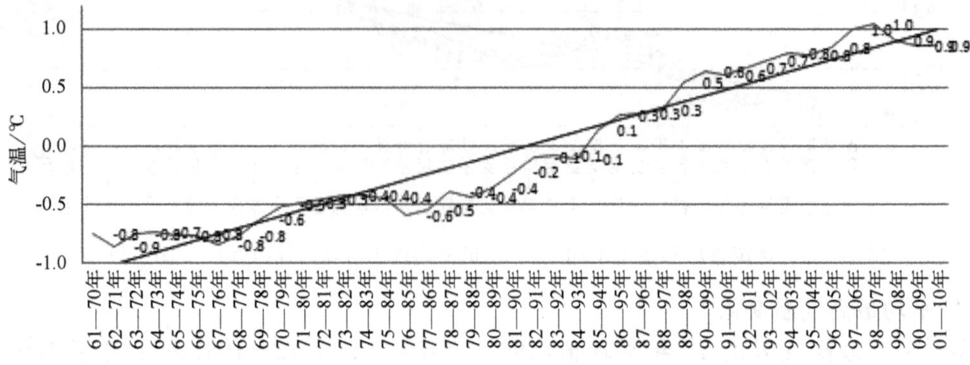

图 12.16 达茂旗历年平均气温距平的 10 年平均逐年滑动曲线(1961—2010 年)

(2)春季平均气温距平变化

春季平均气温距平的 10 年平均值，1961—1970 年到 1990—1999 年为负距平或 0 ℃，最低值为－0.6 ℃；1991—2000 年到 2001—2010 年为正距平，最高值为 0.9 ℃。详见图 12.17。

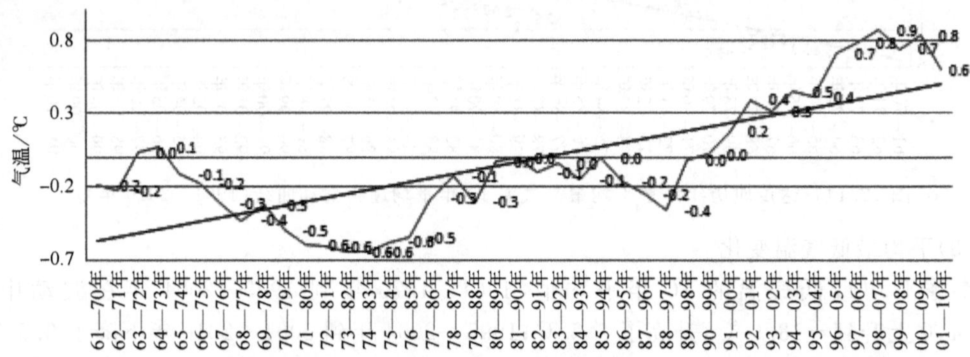

图 12.17 达茂旗历年春季平均气温距平的 10 年平均逐年滑动曲线(1961—2010 年)

(3)夏季平均气温距平变化

夏季平均气温距平的 10 年平均值，1961—1970 年到 1987—1996 年为负距平，最低值为－0.7 ℃；1990—1999 年到 2001—2010 年转为正距平，其最高值为 0.9 ℃。详见图 12.18。

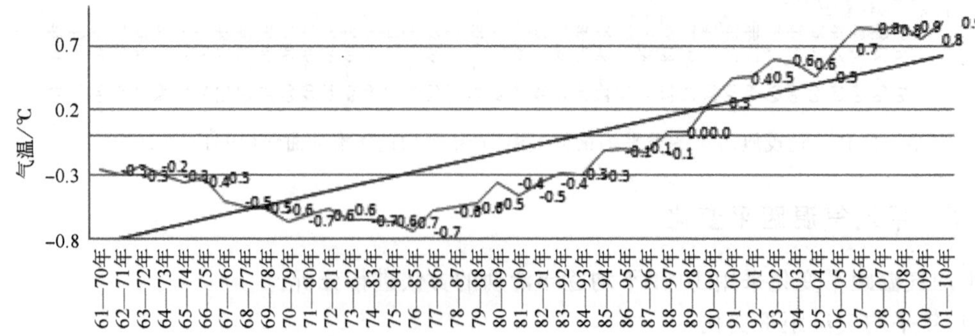

图 12.18 达茂旗历年夏季平均气温距平的 10 年平均逐年滑动曲线(1961—2010 年)

(4)秋季平均气温距平变化

秋季平均气温距平的 10 年平均值,1961—1970 年到 1981—1990 年为负距平,最低值为 －0.8 ℃;1989—1998 年到 2001—2010 年转为正距平,最高值为 1.1 ℃。详见图 12.19。

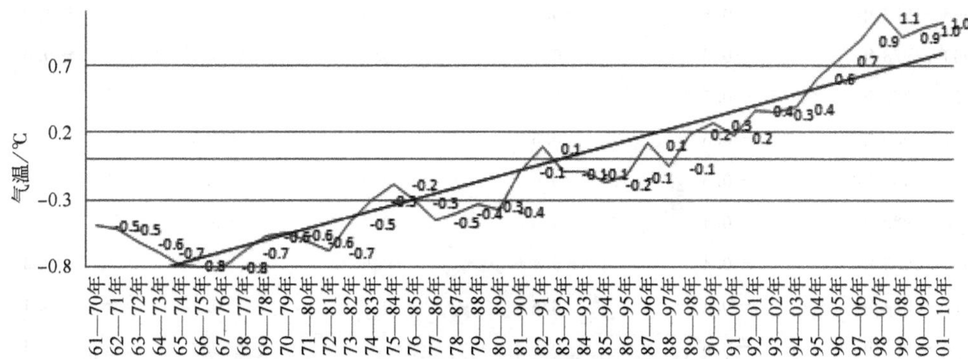

图 12.19　达茂旗历年秋季平均气温距平的 10 年平均逐年滑动曲线(1961—2010 年)

(5)冬季平均气温距平变化

冬季平均气温距平的 10 年平均值,1961—1970 年到 1981—1990 年为负距平,最低值为 －1.4 ℃;1983—1992 年到 2001—2010 年转为正距平,最高值为 1.3 ℃。详见图 12.20。

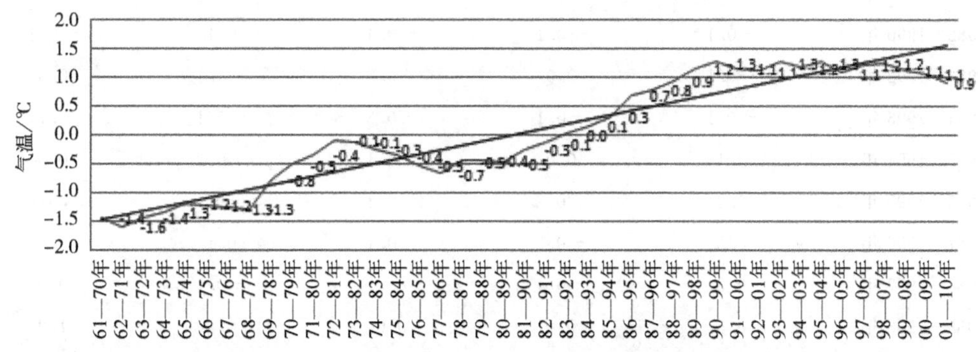

图 12.20　达茂旗历年冬季平均气温距平的 10 年平均逐年滑动曲线(1961—2010 年)

由此可见,年平均、冬季平均气温距平在 20 世纪 80 年代中期开始由负距平转为正距平,春、夏季平均气温距平 20 世纪 90 年代以后由负距平转为正距平,秋季平均气温距平 20 世纪 80 年代末期以后由负距平转为正距平。可见气候变暖主要是冬季气温升高带动的。详见表 12.1。

表 12.1　达茂旗历年年、季平均气温距平 10 年平均逐年滑动统计(1961—2010 年)　单位:℃

	年	春季	夏季	秋季	冬季
1961—1970 年	－0.8	－0.2	－0.3	－0.5	－1.4
1962—1971 年	－0.9	－0.2	－0.3	－0.5	－1.6
1963—1972 年	－0.8	0.0	－0.2	－0.6	－1.4
1964—1973 年	－0.7	0.1	－0.3	－0.7	－1.3
1965—1974 年	－0.8	－0.1	－0.4	－0.8	－1.2
1966—1975 年	－0.8	－0.2	－0.3	－0.8	－1.2

续表

	年	春季	夏季	秋季	冬季
1967—1976 年	−0.8	−0.3	−0.5	−0.8	−1.3
1968—1977 年	−0.8	−0.4	−0.5	−0.7	−1.3
1969—1978 年	−0.6	−0.3	−0.6	−0.6	−0.8
1970—1979 年	−0.5	−0.5	−0.7	−0.6	−0.5
1971—1980 年	−0.5	−0.6	−0.6	−0.6	−0.4
1972—1981 年	−0.5	−0.6	−0.6	−0.7	−0.1
1973—1982 年	−0.4	−0.6	−0.7	−0.5	−0.1
1974—1983 年	−0.4	−0.6	−0.6	−0.3	−0.3
1975—1984 年	−0.4	−0.6	−0.7	−0.2	−0.4
1976—1985 年	−0.6	−0.5	−0.7	−0.3	−0.5
1977—1986 年	−0.5	−0.3	−0.6	−0.5	−0.7
1978—1987 年	−0.4	−0.1	−0.6	−0.4	−0.5
1979—1988 年	−0.4	−0.3	−0.5	−0.3	−0.4
1980—1989 年	−0.4	0.0	−0.4	−0.4	−0.5
1981—1990 年	−0.2	0.0	−0.5	−0.1	−0.3
1982—1990 年	−0.1	−0.1	−0.4	0.1	−0.1
1983—1992 年	−0.1	0.0	−0.3	−0.1	0.0
1984—1993 年	−0.1	−0.1	−0.3	−0.1	0.1
1985—1994 年	0.1	0.0	−0.1	−0.2	0.3
1986—1995 年	0.3	−0.2	−0.1	−0.1	0.7
1987—1996 年	0.3	−0.2	−0.1	0.1	0.8
1988—1997 年	0.3	−0.4	0.0	−0.1	0.9
1989—1998 年	0.5	0.0	0.0	0.2	1.2
1990—1999 年	0.6	0.0	0.3	0.3	1.3
1991—2000 年	0.6	0.2	0.4	0.2	1.1
1992—2001 年	0.7	0.4	0.5	0.4	1.1
1993—2002 年	0.7	0.3	0.6	0.3	1.3
1994—2003 年	0.8	0.5	0.6	0.4	1.2
1995—2004 年	0.8	0.4	0.5	0.6	1.3
1996—2005 年	0.8	0.7	0.7	0.7	1.1
1997—2006 年	1.0	0.8	0.8	0.9	1.2
1998—2007 年	1.0	0.9	0.8	1.1	1.2
1999—2008 年	0.9	0.7	0.9	0.9	1.1
2000—2009 年	0.9	0.8	0.8	1.0	1.1
2001—2010 年	0.9	0.6	0.9	1.0	0.9

12.1.7 积温变化

积温变化采用10年平均逐年滑动的方法进行分析。

(1)大于0 ℃积温变化

日平均气温大于0 ℃积温10年平均,最小值为2 798.9 ℃·d,出现在1973—1982年,最大值为3 129.0 ℃·d,出现在1998—2007年。从1961—1970年滑动到1973—1982年,积温值先增后降,在上下波动中达到最小值。从1973—1982年往后积温值在波动中持续上升,1983—1992年到1998—2007年积温值持续稳定上升达到最大值3 129.0 ℃·d。1998—2007年滑动到2001—2010年积温值略有减少。从最小值到最大值的25年中,日平均气温大于0 ℃积温增加了330.1 ℃·d。详见图12.21。

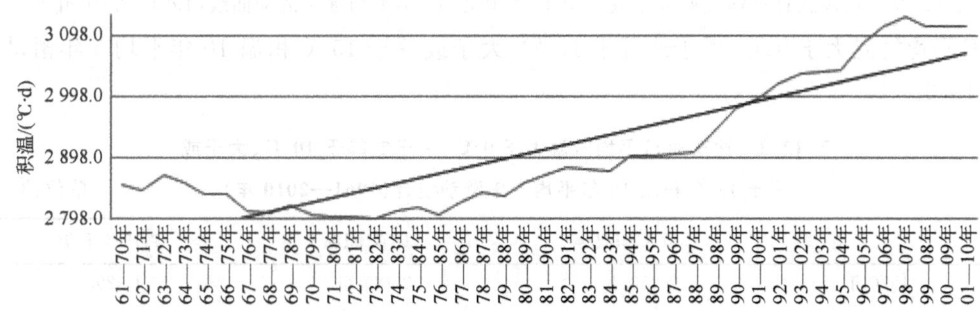

图12.21 达茂旗日平均气温大于0 ℃积温10年平均逐年滑动曲线(1961—2010年)

(2)大于或等于10 ℃积温变化

日平均气温大于或等于10 ℃积温10年平均,最小值为2 446.0 ℃·d,出现在1973—1982年,最大值为2 791.3 ℃·d,出现在1998—2007年。从1973—1982年到2001—2010年,大于或等于10 ℃积温值在波动中持续上升,1984—1993年到1998—2007年积温值持续稳定上升达到最大值。1998—2007年往后积温值略有减少。从最小值到最大值的25年中,大于或等于10 ℃积温增加了345.3 ℃·d。详见图12.22。

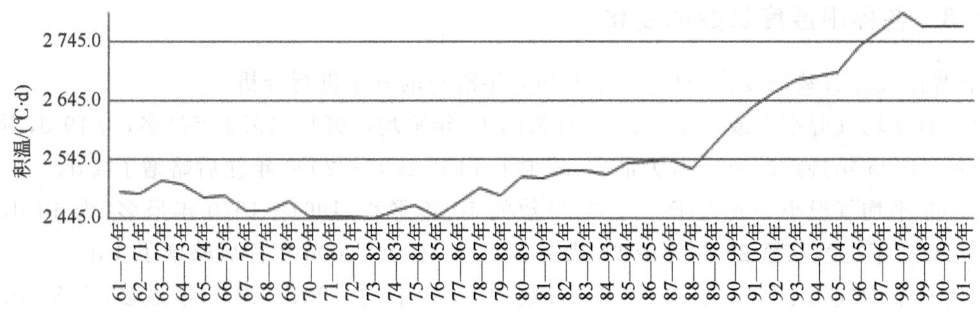

图12.22 达茂旗日平均气温大于或等于10 ℃积温10年平均逐年滑动曲线(1961—2010年)

(3)大于或等于15 ℃积温变化

日平均气温大于或等于15 ℃积温10年平均,最小值为1 833.7 ℃·d,出现在1976—1985年,最大值为2 221.6 ℃·d,出现在1998—2007年。从1963—1972年到1976—1985年,大于或等于15 ℃积温值在波动中下降到最小值;1976—1985年往后积温值持续上升,到1998—2007年达到最大值;1998—2007年往后积温值略有减少。从最小值到最大值的

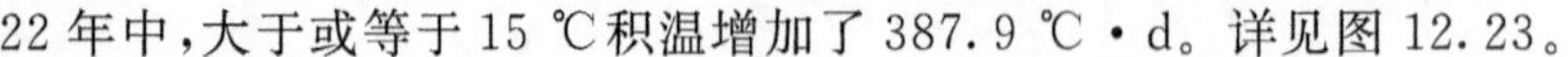

22 年中，大于或等于 15 ℃积温增加了 387.9 ℃·d。详见图 12.23。

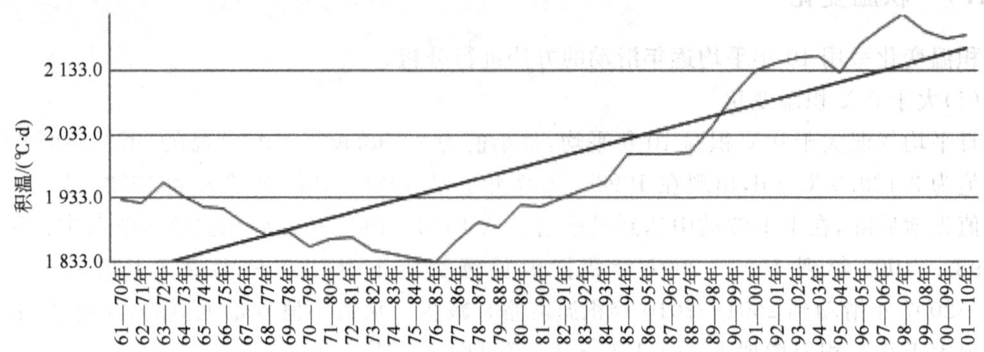

图 12.23　达茂旗日平均气温大于或等于 15 ℃积温 10 年平均逐年滑动曲线(1961—2010 年)

日平均气温大于 0 ℃、大于或等于 10 ℃、大于或等于 15 ℃积温 10 年平均 5 年滑动值见表 12.2。

表 12.2　达茂旗日平均气温大于 0 ℃、大于或等于 10 ℃、大于或等于 15 ℃积温 10 年平均 5 年滑动统计(1961—2010 年)

单位:℃·d

	>0 ℃积温	≥10 ℃积温	≥15 ℃积温
1961—1970 年	2 853.4	2 489.6	1 929.5
1966—1975 年	2 837.5	2 484.6	1 915.9
1971—1980 年	2 801.4	2 448.9	1 867.5
1976—1985 年	2 803.3	2 448.8	1 833.7
1981—1990 年	2 869.5	2 514.3	1 917.7
1986—1995 年	2 900.2	2 540.1	2 003.3
1991—2000 年	2 995.4	2 635.4	2 131.8
1996—2005 年	3 083.6	2 738.4	2 174.3
2001—2010 年	3 113.4	2 769.9	2 191.3

12.1.8　各界限温度日数的变化

各界限温度日数的变化采用 10 年平均 5 年滑动的方法进行分析。

(1)日平均气温小于或等于－20 ℃日数的 10 年平均，1961—1970 年最多，为 19 d，滑动到 1986—1995 年持续减至 5 d，为最少，减少了 14 d；1991—2000 年往后略增了 4 d。

(2)日平均气温小于或等于－15 ℃日数的 10 年平均，1961—1970 年最多，为 48 d，到 1991—2000 年持续减至 26 d，为最少，减少了 22 d；1991—2000 年往后略增了 4 d。

(3)日平均气温小于或等于－10 ℃日数的 10 年平均，1961—1970 年最多，为 85 d，到 1996—2005 年减至 63 d，为最少，减少了 22 d；2001—2010 年略增多了 2 d。

(4)日平均气温小于或等于－5 ℃(冻害)日数的 10 年平均，1966—1975 年最多，为 119 d，到 2001—2010 年减至 105 d，为最少，减少了 14 d。

(5)日平均气温小于或等于 0 ℃(霜冻)日数的 10 年平均，1971—1980 年最多，为 152 d，到 2001—2010 年持续减至 143 d，为最少，减少了 9 d。

(6)日平均气温小于或等于 2 ℃(轻霜冻)日数的 10 年平均，1966—1975 年最多，为

165 d,到 2001—2010 年持续减至 156 d,为最少,减少了 9 d。

(7)日平均气温大于或等于 5 ℃日数的 10 年平均,1971—1980 年最少,为 179 d,到 2001—2010 年增至 190 d,为最多,增加了 11 d。

(8)日平均气温大于或等于 10 ℃日数的 10 年平均,1971—1980 年最少,为 143 d,到 2001—2010 年增至 155 d,为最多,增加了 12 d。

(9)日平均气温大于或等于 20 ℃日数的 10 年平均,1976—1985 年最少,为 35 d,到 2001—2010 年持续增至 53 d,为最多,增加了 18 d。

(10)日平均气温大于或等于 25 ℃日数的 10 年平均,1961—1970 年最少,为 3 d,到 2001—2010 年增至 9 d,为最多,增加了 6 d。详见表 12.3。

表 12.3 达茂旗日平均气温各界限日数变化(1961—2010 年) 单位:d

	≤−20 ℃	≤−15 ℃	≤−10 ℃	≤−5 ℃	≤0 ℃	≤2 ℃	≥5 ℃	≥10 ℃	≥20 ℃	≥25 ℃
1961—1970 年	19	48	85	118	151	164	181	144	40	3
1966—1975 年	18	46	84	119	151	165	180	144	40	4
1971—1980 年	12	37	76	116	152	165	179	143	37	4
1976—1985 年	14	40	78	118	151	164	181	145	35	3
1981—1990 年	9	37	76	116	149	162	184	147	37	3
1986—1995 年	5	27	68	111	147	162	183	146	40	4
1991—2000 年	6	26	65	108	144	160	184	148	47	7
1996—2005 年	7	28	63	106	144	158	189	154	51	8
2001—2010 年	9	30	65	105	143	156	190	155	53	9

12.2 地面温度变化

地面温度的变化采用 10 年平均 5 年滑动的方法进行分析。

12.2.1 平均地面温度变化

(1)达茂旗年平均地面温度的 10 年平均,从 1966—1975 年的最低值 5.0 ℃持续稳定上升到 2001—2010 年的最高值 7.1 ℃,升高了 2.1 ℃。

(2)春季平均地面温度的 10 年平均,从 1971—1980 年到 2001—2010 年升高了 1.7 ℃。

(3)夏季平均地面温度的 10 年平均,从 1976—1985 年到 2001—2010 年升高了 2.1 ℃。

(4)秋季平均地面温度的 10 年平均,从 1966—1975 年到 2001—2010 年升高了 2.1 ℃。

(5)冬季平均地面温度的 10 年平均,从 1966—1975 年到 1991—2000 年持续稳定升高了 2.9 ℃。详见表 12.4。

表 12.4 达茂旗地面年、季平均温度 10 年平均 5 年滑动统计(1961—2010 年) 单位:℃

	年	春季	夏季	秋季	冬季
1961—1970 年	5.3	13.0	23.6	10.0	−10.8
1966—1975 年	5.0	12.8	23.2	9.4	−11.0
1971—1980 年	5.3	12.5	22.8	9.5	−10.1
1976—1985 年	5.5	12.8	22.8	10.0	−9.9
1981—1990 年	6.1	13.7	23.4	10.4	−9.4

续表

	年	春季	夏季	秋季	冬季
1986—1995年	6.6	13.7	23.8	10.3	−8.5
1991—2000年	6.8	13.8	24.3	10.5	−8.1
1996—2005年	6.9	14.2	24.3	11.1	−8.2
2001—2010年	7.1	14.2	24.9	11.5	−8.3

12.2.2 平均地面最高温度变化

(1)达茂旗年平均地面最高温度的10年平均,最低值出现在1961—1970年和1966—1975年,最高值出现在2001—2010年,1961—1970年到2001—2010年,升高了2.9 ℃。

(2)春季平均地面最高温度的10年平均,最低值出现在1961—1970年,最高值出现在1981—1990年,1981—1990年到1996—2005年降低了1.0 ℃,1961—1970年到1981—1990年持续稳定升高了3.1 ℃。

(3)夏季平均地面最高温度的10年平均,最低值出现在1971—1980年和1976—1985年,最高值出现在2001—2010年,1976—1985年到2001—2010年在波动中升高了3.3 ℃。

(4)秋季平均地面最高温度的10年平均,最低值出现在1971—1980年,最高值出现在2001—2010年,1971—1980年到2001—2010年在波动中升高了3.0 ℃。

(5)冬季平均地面最高温度的10年平均,最低值出现在1966—1970年,最高值出现在1991—2000年,1966—1975年到1991—2000年持续稳定升高了4.1 ℃。详见表12.5。

表12.5 达茂旗年、季平均地面最高温度10年平均5年滑动统计(1961—2010年) 单位:℃

	年	春季	夏季	秋季	冬季
1961—1970年	23.9	33.9	45.1	29.4	5.3
1966—1975年	23.9	34.5	45.0	28.4	4.9
1971—1980年	24.1	34.6	44.4	28.3	5.9
1976—1985年	24.7	35.3	44.4	29.3	6.6
1981—1990年	25.8	37.0	45.5	29.8	7.6
1986—1995年	26.2	36.7	46.1	29.6	8.4
1991—2000年	26.3	36.2	46.0	30.0	9.0
1996—2005年	26.4	36.0	45.8	30.7	9.0
2001—2010年	26.8	36.4	47.7	31.3	8.4

12.2.3 平均地面最低温度变化

(1)达茂旗年平均地面最低温度的10年平均,最低值出现在1966—1975年,最高值出现在2001—2010年,1966—1975年到2001—2010年持续稳定升高了2.4 ℃。

(2)春季平均地面最低温度的10年平均,最低值出现在1971—1980年,最高值出现在2001—2010年,1971—1980年到2001—2010年升高了1.9 ℃。

(3)夏季平均地面最低温度的10年平均,最低值出现在1961—1970年和1966—1975年,最高值出现在2001—2010年,1966—1975年到2001—2010年持续稳定升高了1.9 ℃。

(4)秋季平均地面最低温度的10年平均,最低值出现在1966—1975年,最高值出现在

2001—2010 年,1966—1975 年到 2001—2010 年升高了 2.5 ℃。

(5)冬季平均地面最低温度的 10 年平均,最低值出现在 1966—1975 年,最高值出现在 2001—2010 年,1966—1975 年到 2001—2010 年升高了 3.0 ℃。详见表 12.6。

表 12.6 达茂旗年、季平均地面最低温度 10 年平均 5 年滑动统计(1961—2010 年) 单位:℃

	年	春季	夏季	秋季	冬季
1961—1970 年	−6.6	−1.7	9.6	−1.6	−20.6
1966—1975 年	−6.7	−1.8	9.6	−1.8	−20.7
1971—1980 年	−6.0	−2.0	9.8	−1.3	−19.4
1976—1985 年	−5.6	−1.3	10.2	−0.7	−18.9
1981—1990 年	−5.2	−0.8	10.4	−0.3	−18.6
1986—1995 年	−4.9	−1.2	10.6	−0.5	−17.8
1991—2000 年	−4.8	−0.9	11.2	−0.6	−17.8
1996—2005 年	−4.6	−0.2	11.4	0.0	−18.0
2001—2010 年	−4.3	−0.1	11.5	0.7	−17.7

12.3 最大冻土深度变化

最大冻土深度的变化采用 10 年平均 5 年滑动的方法进行分析。

(1)达茂旗年最大冻土深度的 10 年平均,最大值出现在 1966—1975 年,最小值出现在 2001—2010 年,1966—1975 年到 2001—2010 年减少了 48 cm。

(2)春季最大冻土深度的 10 年平均,最大值出现在 1966—1975 年,最小值出现在 1996—2005 年,1966—1975 年到 1996—2005 年持续稳定减少了 77 cm,1996—2005 年至 2001—2010 年最大冻土深度增加了 5 cm。

(3)秋季最大冻土深度 10 年平均,最大值出现在 1971—1980 年,最小值出现在 1981—1990 年,1971—1980 年到 1981—1990 年持续稳定减少了 11 cm,1986—1995 年到 2001—2010 年略增了 1 cm。

(4)冬季最大冻土深度 10 年平均,最大值出现在 1966—1975 年,最小值出现在 1991—2000 年,1966—1975 年到 1991—2000 年减少了 51 cm,1991—2000 年到 2001—2010 年略增加了 5 cm。详见表 12.7。

表 12.7 达茂旗年、季最大冻土深度 10 年平均 5 年滑动统计(1961—2010 年) 单位:cm

	年	春季	秋季	冬季
1961—1970 年	225	224	14	224
1966—1975 年	246	245	17	244
1971—1980 年	237	236	23	237
1976—1985 年	237	235	20	237
1981—1990 年	228	225	12	228
1986—1995 年	203	197	15	203
1991—2000 年	193	174	15	193
1996—2005 年	199	168	15	199
2001—2010 年	198	173	14	198

12.4 平均风速变化

平均风速的变化采用10年平均5年滑动方法进行分析。

达茂旗年、春季、夏季和秋季平均风速的10年平均，最大值均出现在1971—1980年，最小值均出现在2001—2010年，1971—1980年到2001—2010年分别减少了1.4 m/s，2.0 m/s，1.3 m/s和1.1 m/s。

冬季平均风速的10年平均，最大值出现在1966—1975年，最小值出现在2001—2010年，1966—1975年到2001—2010年减少了1.5 m/s。详见表12.8。

表12.8 达茂旗年、季平均风速10年平均5年滑动统计(1971—2000年) 单位:m/s

	年	春季	夏季	秋季	冬季
1961—1970年	4.9	6.0	4.4	4.1	5.1
1966—1975年	5.2	6.4	4.6	4.5	5.4
1971—1980年	5.2	6.5	4.6	4.5	5.3
1976—1985年	4.8	5.9	4.3	4.2	4.8
1981—1990年	4.3	5.2	4.1	3.9	4.3
1986—1995年	4.1	4.9	3.8	3.8	4.1
1991—2000年	4.0	4.7	3.6	3.8	4.0
1996—2005年	3.9	4.6	3.5	3.7	4.1
2001—2010年	3.8	4.5	3.3	3.4	3.9

12.5 天气现象日数变化

天气现象日数的变化采用10年平均5年滑动的方法进行分析。

12.5.1 大风日数的变化

(1)达茂旗年、春季和秋季大风日数的10年平均，从1971—1980年到2001—2010年分别减少了34.9 d，10.3 d和3.9 d。

(2)夏季大风日数的10年平均，从1981—1990年到2001—2010年持续减少了10.5 d。

(3)冬季大风日数的10年平均，从1971—1980年到1986—1995年持续减少了10.5 d，1986—1995年到1996—2005年增加了4.1 d，1996—2005年到2001—2010年减少了2.6 d。详见表12.9。

大风日数明显减少表明大气环流形势发生了某种变化。强冷空气的活动减弱，也是近些年来气候变暖的原因之一。

表12.9 达茂旗年、季大风日数10年平均5年滑动统计(1971—2010年) 单位:d

	年	春季	夏季	秋季	冬季
1971—1980年	85.7	26.4	18.9	9.2	31.0
1976—1985年	82.6	25.6	19.4	8.9	28.3
1981—1990年	72.6	23.0	19.5	7.9	22.8

续表

	年	春季	夏季	秋季	冬季
1986—1995 年	60.6	19.3	14.1	7.3	20.5
1991—2000 年	54.7	15.8	9.8	7.3	20.9
1996—2005 年	57.2	16.2	9.5	6.8	24.6
2001—2010 年	50.8	16.1	9.0	5.3	22.0

12.5.2 沙尘天气日数的变化

沙尘天气是指浮尘、扬沙、沙尘暴等现象先后或同时出现的天气。

(1)达茂旗年、夏季和冬季沙尘天气日数的 10 年平均,最高值出现在 1966—1975 年,最低值出现在 1991—2000 年,1966—1975 年到 1991—2000 年分别减少了 24.9 d,4.6 d 和 10.8 d,1991—2000 年到 2001—2010 年分别增加了 3.5 d,0.5 d 和 2.0 d。

(2)春季沙尘天气日数的 10 年平均,最高值出现在 1971—1980 年,最低值出现在 1991—2000 年,1971—1980 年到 1991—2000 年持续减少了 10.5 d,1991—2000 年到 2001—2010 年略增加了 1.3 d。

(3)秋季沙尘天气日数的 10 年平均,最高值出现在 1966—1975 年和 1971 年—1980 年,最低值出现在 2001—2010 年,1971—1980 年到 2001—2010 年减少了 1.0 d。详见表 12.10。

表 12.10 达茂旗年、季沙尘天气日数 10 年平均 5 年滑动统计(1961—2010 年) 单位:d

	年	春季	夏季	秋季	冬季
1961—1970 年	26.4	10.6	4.7	0.7	10.6
1966—1975 年	32.5	14.5	5.1	1.1	13.3
1971—1980 年	30.2	14.8	4.2	1.1	10.2
1976—1985 年	20.9	11.0	2.1	0.4	7.2
1981—1990 年	15.5	9.0	2.0	0.5	4.1
1986—1995 年	11.9	6.9	1.3	0.4	3.3
1991—2000 年	7.6	4.3	0.5	0.2	2.5
1996—2005 年	9.6	4.8	0.8	0.2	3.8
2001—2010 年	11.1	5.6	1.0	0.1	4.5

12.5.3 雷暴日数的变化

(1)达茂旗年雷暴日数的 10 年平均,最高值出现在 1976—1985 年,最低值出现在 2001—2010 年,1976—1985 年到 2001—2010 年持续减少了 7.6 d。

(2)春季雷暴日数的 10 年平均,最高值出现在 1981—1990 年,最低值出现在 2001—2010 年,1981—1990 年到 2001—2010 年减少了 1.6 d。

(3)夏季雷暴日数的 10 年平均,最高值出现在 1976—1985 年,最低值出现在 2001—2010 年,1976—1985 年到 2001—2010 年减少了 6.9 d。

(4)秋季雷暴日数的 10 年平均,最高值出现在 1961—1970 年,最低值出现在 1991—2000 年,1961—1970 年到 1991—2000 年雷暴日数持续减少了 2.0 d。详见表 12.11。

表 12.11 达茂旗年、季雷暴日数 10 年平均 5 年滑动统计(1961—2010 年) 单位:d

	年	春季	夏季	秋季
1961—1970 年	31.3	3.1	23.9	4.4
1966—1975 年	30.0	2.7	23.4	4.0
1971—1980 年	31.6	2.5	25.5	3.6
1976—1985 年	33.0	3.6	26.3	3.1
1981—1990 年	32.5	3.8	25.0	3.7
1986—1995 年	28.7	2.5	22.8	3.5
1991—2000 年	25.6	2.3	21.0	2.4
1996—2005 年	26.1	2.9	20.0	3.2
2001—2010 年	25.4	2.2	19.4	3.8

12.6 年降水量变化

达茂旗年降水量 10 年平均的最大值出现在 1976—1985 年,最小值出现在 1962—1971 年,详见表 12.12。

表 12.12 达茂旗年降水量 10 年平均 5 年滑动统计(1961—2010 年) 单位:mm

	1961—1970 年	1966—1975 年	1971—1980 年	1976—1985 年	1981—1990 年	1986—1995 年	1991—2000 年	1996—2005 年	2001—2010 年
降水量	225.8	232.9	243.9	259.6	248.7	235.0	229.5	234.5	235.2

从时间演变曲线看,达茂旗历年降水量的 10 年平均值围绕平均值上下波动,没有明显的趋势性变化规律,看不出周期性的变化趋势。见图 12.24。

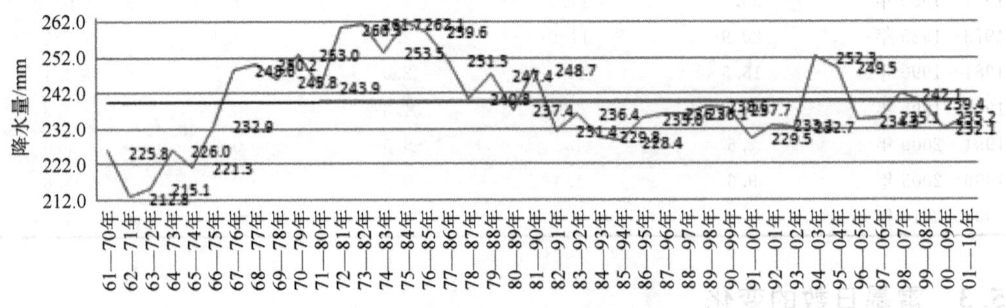

图 12.24 达茂旗历年降水量 10 年平均逐年滑动曲线(1961—2010 年)

12.7 气候要素变化分析

对达茂旗 50 年(1961—2010 年)主要气候要素时间变化特征分析得出以下结论:

(1)年平均气温的 10 年平均值自 1967—1976 年到 1998—2007 年升高了 1.9 ℃;年平均气温距平的 10 年平均值自 1985—1994 年由负值转为正值;春季平均气温的 10 年平均值自 1973—1982 年到 1998—2007 年升高了 1.5 ℃;夏季平均气温的 10 年平均值自 1976—1985 年到 2001—2010 年升高了 1.6 ℃;秋季平均气温的 10 年平均值自 1966—1975 年到

1998—2007 年升高了 1.9 ℃；冬季平均气温的 10 年平均值自 1962—1971 年到 1995—2004 年升高了 2.9 ℃。季平均气温上升幅度冬季最大，秋季次之，夏季较小，春季最小。

(2)年平均最高气温的 10 年平均值自 1976—1985 年到 1998—2007 年升高了 1.5 ℃；春季平均最高气温的 10 年平均值自 1988—1997 年到 1998—2007 年升高了 1.2 ℃；夏季平均最高气温的 10 年平均值自 1976—1985 年到 1999—2008 年升高了 1.7 ℃；秋季平均最高气温的 10 年平均值自 1972—1981 年到 1998—2007 年升高了 1.6 ℃；冬季平均最高气温的 10 年平均值自 1962—1971 年到 1995—2004 年升高了 2.4 ℃。季平均最高气温升高幅度冬季最大，其次是夏季，再次是秋季，春季最小。

(3)年平均最低气温的 10 年平均值自 1962—1971 年到 1998—2007 年升高了 2.6 ℃；春季平均最低气温的 10 年平均值自 1971—1980 年到 1998—2007 年升高了 2.2 ℃；夏季平均最低气温的 10 年平均值自 1962—1971 年到 1997—2006 年升高了 2.0 ℃；秋季平均最低气温的 10 年平均值自 1962—1971 年开始到 1998—2007 年升高了 2.6 ℃；冬季平均气温的 10 年平均值自 1962—1971 年到 1995—2004 年升高了 3.5 ℃。季平均最低气温上升幅度冬季最大，其次是秋季，再次是春季，夏季最小。

(4)地面温度的 10 年平均值自 20 世纪 60 年代中期开始持续上升，年平均地面温度的 10 年平均值升高了 2.1 ℃，年平均地面最高温度的 10 年平均值升高了 2.9 ℃，年平均地面最低温度的 10 年平均值升高了 2.4 ℃。

(5)最大冻土深度的 10 年平均值自 20 世纪 60 年代中期以来减少了 48 cm。

(6)年平均风速的 10 年平均值自 20 世纪 70 年代中期以来减小了 1.4 m/s，其中春季平均风速的 10 年平均值减小了 2.0 m/s，夏季平均风速的 10 年平均值减小了 1.3 m/s，秋季平均风速的 10 年平均值减小了 1.1 m/s，冬季平均风速的 10 年平均值减小了 1.5 m/s。

(7)大风日数的 10 年平均值，自 20 世纪 70 年代以来减少了 34.9 d。其中春季减少了 10.3 d，夏季和冬季减少了 10.5 d，秋季减少了 3.9 d。

(8)沙尘天气日数的 10 年平均值，自 20 世纪 60 年代中期以来减少了 24.9 d。其中春季减少了 10.5 d，夏季减少了 4.6 d，秋季减少了 1.0 d，冬季减少了 10.8 d。

(9)雷暴日数的 10 年平均值，自 20 世纪 70 年代中期以来减少了 7.6 d。其中春季减少了 1.6 d，夏季减少了 6.9 d，秋季减少了 2.0 d。

(10)历年降水量在多年平均值上下波动，没有明显的趋势性变化。

50 年来达茂旗气候发生了显著变化，气温逐渐升高，特别是 20 世纪 80 年代至 20 世纪 90 年代气温持续升高，冬季最为明显，暖冬已成为常态；风速持续减小，大风、沙尘天气及雷暴等天气和天气现象日数明显减少，表明冷空气强度明显减弱；降水量没有明显的趋势性变化。进入 21 世纪 10 年代以后，气候变暖的趋势有所减缓。

达茂旗境内 4 个国家地面气象观测站分布在白云鄂博、百灵庙、满都拉和希拉穆仁，测站周围探测环境保护良好，气象观测资料的代表性、准确性和完整性较高，能够客观反映气候变化的真实过程，具有较高的可信度。

12.8 气候变化对农牧业的影响

(1)在气候变暖的背景下，极端天气、气候事件将增加，使未来农业生产的不稳定性增

加，产量波动增大。

（2）在降水量没有明显增加的情况下，冬季气温偏高会加速土壤水分的蒸发，降低土壤底墒，对春耕、春播不利，直接影响农作物的出苗率和正常生长；气温偏高使农作物病虫卵更容易越冬生存，并在春季大量繁殖，使农业病虫害加重。

（3）春季气温偏高，使作物发育期提前，抗寒能力降低，一旦出现寒潮或“倒春寒”天气，将使春霜冻危害加重，严重的还会影响全年的农业收成，造成粮食大幅度减产；另一方面会加剧春旱，使农田难以下种，影响牧草返青、生长及产量和质量，农牧业生产力下降。

（4）作物生长季节气温偏高，积温增加，在降水正常的条件下，蒸发量增大，干旱发生的概率增高。遇到降水量少的年份，蒸发量越大，干旱程度越重。制约达茂旗农牧业生产的主要因素是干旱。高温干旱使得地表河流断流、干涸，农田表层土壤疏松，部分灌溉农田因水资源枯竭而变成旱地，旱地又因干旱变成荒滩或沙化。干旱发展到一定程度还可导致地下水位下降，湖泊和水库枯竭，河水断流，使牲畜饮水困难，导致掉膘、疾病或死亡。

（5）达茂旗水资源不足，对气候变化极为敏感，降水稍有减少，即可引起水资源的严重匮乏。气候变暖不仅可以改变区域降水量和降水格局，还可以使蒸发加强，径流减少，旱涝灾害频率和一些地区的水质等发生变化，水资源供需矛盾更为突出。气候变暖使作物生长季延长，农业对水的需求量不断增加，从而影响水资源的可持续利用。

（6）气候变暖使农业生产条件改变，农业成本和投资大幅度增加。气候变暖后，土壤有机质的微生物分解将加快，造成地力下降，农药的施用量将增大。随着气候变暖，作物生长季延长，昆虫在春、夏、秋三季繁衍的代数将增加。温度高还为各种杂草的生长提供了优越的条件。

（7）气候变暖加重土地沙化和草地退化。草场退化使草群的种类成分发生变化，可食性牧草产量下降，特别是优良牧草产量大幅度下降，适口性差的牧草大量增加。

（8）冬、春季气温偏高，各种病菌、病毒趋于活跃，病虫害滋生蔓延，很多有害生物减少了被冻死的概率，此类传染病载体的数量大增，对人畜健康构成了严重威胁。对气候变化敏感的传染性疾病传播范围可能增加，危害人畜健康。

（9）气候变暖会导致高温、干旱、洪涝、沙尘暴、森林草原火灾等极端事件发生的频率和强度增加，由这些事件引起的后果也会加剧。

（10）气候变暖对达茂旗农牧业生产有利的一面是热量资源增加，一些喜温作物和牧草的种植不断向冷凉地区扩展，对农牧业的增产、稳产起到重要作用。暖冬对于节约能源、交通运输、农田水利建设以及人们的户外作业都非常有利；温暖的冬天，温度高、日照足，还有利于大棚作物的生长。

第13章 气象服务关注重点

13.1 灾害性天气季节分布

达茂旗位于包头市北部，是北方冷空气南侵的必经之路，每当冷空气从北侵入影响包头时，达茂旗便首当其冲。可以概括为：春季干旱，天气复杂多变，忽冷忽热，多寒潮、霜冻、大风和沙尘天气；夏季短促温热，降水集中，常有冰雹、雷雨大风、强降水等天气发生，容易造成局地洪涝；秋季气温急剧下降，低温、霜冻和干旱时有发生；冬季冷空气不断暴发南下，带来寒潮、大风降温，有时伴随沙尘天气或大雪(暴雪)，易形成“白灾”。

13.2 常见气象灾害及主要影响

表 13.1 达茂旗天气气候特点、常见气象灾害及主要影响

季节	天气气候特点和常见气象灾害	主要影响
春季	春季多晴朗大风天气，干燥少雨 气象及衍生灾害有：寒潮、干旱、沙尘暴、霜冻、暴风雪、雪灾、冰冻、雾、霾、森林草原火灾等	寒潮、干旱、沙尘暴、霜冻、暴风雪、雪灾、冰冻在全旗都有可能发生，干旱属常见自然灾害 寒潮所带来的强降温、大风、雨雪、暴风雪、霜冻、冰冻对农牧业、人民生活、环境、交通、林业、民航、电力、电信、建筑等会产生严重影响 沙尘天气对环境、交通、航空、建筑、农业、牧业、林业以及人们的出行、健康影响巨大 雾、霾影响环境、交通、航空，以及人体健康 霜冻低温会对农作物产生严重冻害，是达茂旗春季常见的农业气象灾害 森林草原火灾主要发生在草原和中部低山丘陵林区
夏季	降雨集中，昼夜温差明显 气象及衍生灾害有：干旱、暴雨、洪涝、雷电、冰雹、高温、地质灾害等	干旱主要危害农牧业、生态环境，影响人民生活 暴雨、洪涝、冰雹主要危害农业，给人民生命财产带来损失；城市内涝对建筑、电力、交通等影响严重 雷电可严重影响到人民生命财产安全 高温影响从事户外工作的人员，如从事建筑、电力及一些行业的野外作业等

续表

季节	天气气候特点和常见气象灾害	主要影响
秋季	秋季多晴朗天气，天高气爽，降水稀少，气温下降明显 气象及衍生灾害有：暴雨、洪涝、雷电、高温、地质灾害、大风降温、干旱、沙尘暴、霜冻、森林草原火灾等	暴雨、洪涝主要危害农业，给人民生命财产带来损失；城市内涝对建筑、交通等影响严重 雷电可严重危害人民生命财产安全 高温影响从事户外工作的人员，如从事建筑、电力及一些行业的野外作业等 寒潮所带来的大风降温对达茂旗各行业都有影响 干旱主要危害农牧业、生态环境、人民生活 霜冻低温会使农作物发生严重冻害，是达茂旗秋季常见的农业气象灾害 沙尘天气对环境、交通、建筑、农业、牧业、林业以及人们的出行、健康影响巨大 森林草原火灾主要危害草原和中部低山丘陵林区
冬季	冬季寒冷漫长 气象及衍生灾害有：寒潮、暴风雪、雪灾、严寒、冰冻、沙尘暴、森林草原火灾等	寒潮、暴风雪、冰冻、沙尘暴，在全旗都有可能发生 寒潮所带来的强降温、大风、暴风雪、冰冻对牧业、人民生活、交通、民航、电力、电信等会产生严重影响 沙尘天气对环境、交通、航空、建筑、牧业，以及人们的出行、健康影响巨大 严寒天气主要影响北部的广大牧区，对人们的出行、交通及许多行业都会产生一定程度的影响 森林草原火灾主要危害草原和林区 冬季降雪、道路结冰对交通产生严重影响，每年各地都有此类灾害发生

13.3 四季气象服务关注重点

气象服务工作要一年四季不放松、每次天气过程不放过。紧紧抓住气象条件对工农牧业生产、经济发展、人民生活影响的焦点问题和关键时期，服务工作要有针对性、超前性、预见性、敏锐性。春季重点做好寒潮、大风、春旱、沙尘天气、霜冻、首场透雨等气象服务工作；夏季重点做好强对流天气、暴雨洪涝、地质灾害、高温、干旱、雷电等气象服务工作；秋季重点做好连阴雨、强对流天气、低温寡照等气象服务工作；冬季重点做好大雾、大雪、寒潮（强降温）、大风等气象服务工作；汛期要根据达茂旗天气气候特点，树立防大汛、抗大旱、抢大险、救大灾的意识，重点做好局地灾害性天气服务，适时做好水库的蓄水建议，确保重点部门安全度汛。

（1）春季气象服务关注重点

表 13.2　春季气象灾害及其主要影响

灾害类型	主要影响
冻害	使大棚蔬菜发生冻害
寒潮天气	影响春耕春播期，作物不能及时下种
严重晚霜冻（倒春寒）	影响农作物播种和出苗生长及移苗定植

续表

灾害类型	主要影响
低温连阴雨(3天以上无日照)	使作物烂根烂种;粮食、中草药晾晒,作物育种,大棚蔬菜受到影响
春旱	春耕春播受阻,牧草返青延迟
沙尘天气	沙流淹没农田和牧场,刮走表土和种子,污染环境
较大范围的降水(尤其第一场透雨)	有利土壤增墒、春耕和春播,缓解旱情
局地大雨、暴雨	诱发洪涝或山洪灾害
大风	影响建筑物,导致交通事故、火险,作物幼苗受到影响
城市局地大风	破坏高层建筑、广告牌等,影响人们出行
雨夹雪	影响牲畜、架空输电线路
森林、草原火灾	毁坏森林草原资源,污染环境

(2)夏季气象服务关注重点

表 13.3 夏季气象灾害及其主要影响

灾害类型	主要影响
大范围降水	有利于土壤增墒和春播作物生长
连阴雨	影响作物光合作用,阻碍作物生长,易生病虫害
大雨、暴雨	诱发山洪内涝、地质灾害,影响作物生长、建筑物和人畜安全、水利设施
汛期雨季	诱发沿河地区洪水和山洪灾害
局地强对流天气(雷暴、冰雹)	建筑物和人畜安全、农作物受影响
雷雨大风	建筑物和人畜安全受影响
连续高温	加剧旱情、影响人民生活
低温冷害	影响春播作物生长,使作物出现障碍性冷害
初夏旱	使春播作物生长受阻
伏旱	使春、夏播作物生长受阻
森林、草原火灾	毁坏森林草原资源,污染环境

(3)秋季气象服务关注重点

表 13.4 秋季气象灾害及其主要影响

灾害类型	主要影响
连阴雨	影响秋收、秋种,使粮食发芽变质
初霜冻	使作物发生冻害,影响收成
低温冷害、冻害	导致农作物积温不够而大幅度减产
暴风雪	影响人畜生命及财产和交通
秋旱	对秋收作物后期生长不利
森林、草原火灾	毁坏森林、草原资源
雾害	影响交通,造成空气污染
大风	影响建筑物、交通、高层建筑、广告牌等

(4)冬季气象服务关注重点

表 13.5 冬季气象灾害及其主要影响

灾害类型	主要影响对象
暴风雪	影响交通和畜牧业
雪灾	影响交通和畜牧业
冰冻灾害	影响交通和畜牧业
雾害	影响交通,污染空气
逆温层下空气污染	影响环境和人体健康
大风	影响建筑物、交通,诱发火险
城市局地大风	破坏高层建筑、广告牌等,影响人们出行
沙尘天气	污染环境,危害人体健康

(5)全年气象服务关注重点

表 13.6 全年气象服务重点

月份	气象服务重点
12—2 月	重点关注降雪和结冰对交通的影响,做好交通(公路和铁路)预报,道路结冰预警,一氧化碳中毒气象条件潜势预报和预警,电网运行安全、城市火险气象等级预报,采暖预报 根据春节时间发布春运天气预报
3 月	重点关注沙尘暴、降雪和结冰对交通的影响,做好交通(公路和铁路)预报、道路结冰预警;关注沙尘暴和湿雪对电网运行安全的影响;春旱造成的不利气象条件易出现高城市火险气象等级和高森林草原气象火险等级,需重点关注森林草原火险气象等级和城市火险气象等级的发布。由于春季冷空气活动频繁,还要关注大风降温天气对人体健康的影响
4 月	重点关注沙尘暴、降雪和结冰对交通的影响,做好交通(公路和铁路)预报、道路结冰预警;关注沙尘暴和湿雪对电网运行安全的影响;由于春季干旱造成的不利气象条件易出现高城市火险气象等级和高森林草原气象火险等级,需重点关注森林草原火险气象等级和城市火险气象等级的发布,尤其在清明节前后更要重点关注
5 月	重点关注草原和林区森林火险气象等级预报,关注强沙尘暴对道路交通和人体健康的影响,沙尘天气对电网跳闸的影响
6—8 月	重点关注暴雨、洪涝对铁路、公路和电网线路的影响,强对流天气造成的城市积涝,雷电对电子设备、电网设施的影响,雷击对人身安全的危害,局地暴雨引发的山洪对低洼区居民和黄花滩水库的影响;做好旅游景点天气预报
9 月	重点关注 9 月上旬局部地区暴雨、洪涝对铁路、公路和电网线路的影响,秋霜冻对马铃薯及秋季作物的影响,低温冷雨、大风、强降温、雨夹雪等不利天气对畜群及棚圈的影响,秋季森林草原火灾 做好“十一”黄金周天气预报
10—11 月	重点关注降雪和结冰对交通的影响,做好交通(公路和铁路)预报,道路结冰预警;做好一氧化碳中毒气象条件潜势预报和预警;关注雨夹雪天气(湿雪天气)对电网运行安全的影响,做好城市火险气象等级预报;关注强降温(寒潮)天气对人体健康的影响

13.4 重要时段气象服务

13.4.1 春节、“五一”、国庆等节日服务

(1) 主要影响

天气状况、气温对交通、旅游、商业、用电、用气、用水等的影响。

(2)服务措施

①提前发布节日天气公告。

②通过公共媒体，适时滚动发布节日天气预报信息。

③提供相关地区、景点气象信息等。

④注意做好对旅游局、交通运输部门、公用事业等单位的服务。

13.4.2 春运服务

(1)主要影响

天气状况(大风、雾、冰雪等)对交通运输的影响。

(2)服务措施

①发布春运期间长、中、短期预报，遇到重要天气及时为有关单位提供服务。

②提供相关交通运输路线预报。

③注意做好对春运指挥部、交通运输(包括远洋运输)等单位的服务。

13.4.3 重要农事季节(“三夏”“三秋”等)服务

(1)主要影响

天气状况对收获、种植时间，抢收、抢种等有影响。

(2)服务措施

做好重要农事季节的长、中、短期预报，遇到重要天气及时为有关农业生产单位提供服务。

13.4.4 重大活动及重点工程保障

(1)相关需求

不同活动及工程对各种气象要素有不同的需求，如大桥合龙对温度的要求，城市规划对气候平均值和气候极值的要求，露天活动对天气的要求等。

(2)服务措施

①及时了解用户或使用单位对气象信息的要求，确定具体服务方案。

②收集、整理和分析有关资料，以需求信息或服务内容作为预报或分析研究对象，分别进行相关气候要素出现规律的统计分析，或建立有关天气气候预报模式，或制作延伸气象预报产品等，初步提出分析意见和有关实施具体建议和措施。

③通过适当渠道适时发布或提供相关气象信息，并提出相关的操作建议。

④必要时开展现场跟踪气象服务或实施人工影响天气作业。

13.4.5 高考、中考等时段的服务

(1)主要影响

恶劣天气直接影响考场安全,造成的交通拥堵会使被堵学生延误考试时间。另外,天气条件对考生临场发挥有不同程度影响。

(2)服务措施

①通过报纸、广播、电视、手机短信、互联网等途径,滚动发布考期天气预报信息。

②建立考期及考前气象专题服务栏目,提供精细化天气预报及相关预防知识。

③提醒相关部门及广大考生和家长注意收听收看天气预报及相关信息,采取必要的防御措施。

13.4.6 汛期(6—9月)服务

(1)主要影响

汛期是暴雨、冰雹、雷雨、大风等灾害性天气多发季节,对工农牧业正常生产和市民生活影响较大;同时,汛期也是高温灾害的主要发生季节,电力供应压力极大,与高温天气相关联的疾病明显上升。

(2)服务措施

①相关部门及应急处置部门和抢险单位加强值班,落实防范预案和应急措施。

②提醒市民注意经常收听收看天气预报及相关信息,及时了解天气变化信息,采取有效防御措施。

③注意做好对防汛、公用事业、卫生等单位的服务。

13.5 气象服务产品制作流程

(1)服务人员了解每日天气形势变化,参加每日天气预报会商。

(2)做好雨情、气象灾情监测、收集和分析。

(3)根据天气气候特征、农时农事、天气实况、灾情分布、决策建议、未来预报等内容加工制作相应的服务产品,文字言简意明,图文并茂。

(4)报送主管局领导审阅、签发。

(5)打印输出。

第 14 章　重要性、转折性和异常天气气候的气象服务

14.1　连阴雨

连续 5 d 内有大于或等于 3 个雨日或 10 d 内有大于或等于 5 个雨日，且阴天的日照时数在 5 h 以下。

(1)主要影响

物体霉变，农作物生长受到影响，病害增加，电器受潮造成用电事故增加等。

(2)防御指南

①农业相关部门和生产单位及时清理农田沟系，加强田间水肥管理；夏熟和秋熟作物注意防治病虫害，适时收获；春播作物抓适期播种，防止烂种烂秧；增施磷、钾肥提高植物抗逆性。

②提高春季工厂化育苗规模，加大农业大棚温湿度控制和病虫害的防治。

(3)服务要点

注意做好对仓储、农业等部门的服务。

14.2　转折性天气

14.2.1　久晴转雨

(1)防御指南

①农业相关部门和生产单位采取追施肥料等田间管理措施，促进农作物有效生长。

②城市市政管理等相关部门及时疏理灌排设施，确保排水畅通。

(2)服务要点

注意做好对防汛、农业生产等部门的服务。

14.2.2　久雨转晴

由于已连续出现阴雨天气，日照时数短缺，此时出现转晴的转折性天气，在转晴初期，因白天增温强烈、夜间辐射降温明显和蒸发强，容易形成近地面逆温和浓雾天气而加剧空气污染。

(1)防御指南

①农业相关部门和生产单位及时排干田间积水，适时松土撤墒，肥料流失多的田块及时补施肥料，田块出现徒长时要控制氮肥用量，增施磷钾肥，促进农作物有效生长。

②市民及时洗晒衣被，注意居室内通风降湿。

③转晴初期，相关部门注意预防空气污染。

(2)服务要点

注意做好对农业生产等部门的服务。

14.3 连续高温的开始和结束

连续 3 d 或以上日最高气温大于或等于 35 ℃的炎热天气称为高温。

(1)连续高温开始的防御指南

①市民做好各种防暑降温准备，减少户外活动，注意饮食卫生。

②相关部门和室外作业人员采取必要的防暑降温措施。

③供电系统合理调度电力，相关企业实施错峰用电方案，保障生产生活用电；交通等运输单位注意行车安全。

④农业相关部门和生产单位采取以水调温、调整作物种植方式或播栽期、选择耐高温品种等预防高温的适应对策。

⑤选择适宜的遮阳网、防虫网和遮阳防虫网。

(2)连续高温结束的防御指南

①高温期结束前市民仍需注意避暑降温，并防止温度变化过大对人体健康的影响。

②供电系统及时调整电力供应，保障生产正常用电。

③农业、绿化等相关部门和生产单位注意发挥降温和水资源集聚效应，加强大田和绿化管理，满足植物生长对水分的需求，并利用土壤墒情尚好时期，抓紧蔬菜播栽工作。

(3)服务要点

注意做好对共用事业(水、电、煤)、农业、绿化等部门的服务。

14.4 倒春寒

入春以后到 5 月底，出现 3 个候的候平均气温低于同期常年值 1 ℃以上为倒春寒。

(1)主要影响

春播作物生长受到影响。

(2)防御指南

①农业相关部门和生产单位注意春播作物抢晴或抓冷尾暖头播种或适期晚种或保温育苗(秧)，合理进行大田水浆管理(日排夜灌、以水调温)。

②适时采取得力的保温措施，灌水、覆盖秸秆、地膜或增加覆盖物。

(3)服务要点

注意做好对农业生产等部门的服务。

14.5 阶段性干旱

干旱是指水分的收与支或供与求不平衡形成的水分短缺现象。气象上指由于降水和蒸发的收支不平衡造成的异常水分短缺现象，通常以降水的短缺程度作为干旱指标。

干旱按发生时段分主要有伏旱和秋冬旱。伏旱是指进入盛夏后，连续 30 d 以上不下透雨（即 1 d 内无大于 15 mm 降水），或连续 2 d 累积雨量小于或等于 18 mm，或连续 3 d 累积雨量小于或等于 20 mm（以上 3 个条件中只要有一条不满足，即认为没有伏旱），且连旱期间平均日降水量小于 1 mm。秋冬旱是指在 10 月至次年 2 月出现连续 30 d 不下透雨。

(1)主要影响

长期无雨或少雨，土壤水分不能满足作物生长需要，影响植物根系吸收，蒸腾作用受阻，特别在农作物需水关键期或临界期以及谷类作物灌浆成熟期和播种期出现干旱影响尤为严重，轻者影响正常出苗、活棵，重者导致严重减产。

(2)防御指南

①植树造林，兴修水利，建设旱涝高产稳产田等。

②培育和选择抗旱作物或改种耐旱作物；改进施肥技术，加强虫害防治。

③采取灌溉、喷水等抗旱措施，湿种、湿地播种或遮阳栽培，铺盖秸秆或地膜，使用保湿剂抑制土壤水分蒸发。

④市民注意防晒和饮食卫生。

⑤必要时实施人工增雨应急措施。

(3)服务要点

注意做好对防汛、农业、绿化、供水、发电等单位的服务。

14.6 洪涝

洪涝通常是指由于江河洪水泛滥淹没农田和城乡，或因长期降雨等产生积水或径流淹没低洼土地，造成农业或其他财产损失和人员伤亡的一种灾害。根据洪涝的表现形式和危害的不同，可分为洪灾、涝灾、湿害。

洪灾：是指因江河洪水泛滥淹没农田和城乡，危及人民生命财产安全的现象。

涝灾：指因长时间大雨或暴雨产生的积水或径流淹没低洼土地所造成的灾害。

湿害：指因长期阴雨（降水强度不一定很大），地下水位升高，及洪、涝灾过后排水不良或早春积雪（或表面湿冻土）迅速融化，在土壤尚未化通时水分下渗受阻等，使土壤水分长期处于饱和状态引起的灾害。

(1)主要影响

洪涝常造成田地淹没，农田长期积水，破坏作物正常生理机能，造成农作物歉收以致失收。洪涝全年各季都有可能发生，突发性较强。

(2)防御指南

①加强植树造林和防洪工程建设。

②市民注意收听收看天气预报和相关信息，了解掌握降水时空分布和演变趋势，采取避洪避险的自救措施，预防传染性疾病的发生和流行。

③相关应急处置部门和抢险单位随时准备启动抢险应急预案。

④道路和水上交通运输部门注意出行安全。

(3)服务要点

注意做好对防汛、水利、农业、仓储、交通运输等单位的服务。

14.7 极端天气气候事件

极端天气气候事件是指天气(气候)的状态严重偏离其平均态,在统计意义上属于不易发生的事件。一般来讲,极端天气气候事件的出现概率都要小于或等于10%。对于不同地区,极端天气也将会有不同的特征。

(1)防御指南

①加强对极端天气和异常气候的预测预估和影响评价。

②根据极端天气和异常气候的发生特点、范围和影响危害的程度,及时提供受影响地区和人群采取应急防御和救灾措施的气象决策服务。

③各级政府、相关部门和生产单位及时采取多种形式的预防和救灾措施。

④确定是否实施人工影响天气作业。

(2)服务要点

注意做好对防汛等部门的服务,加强宣传和提示。

14.8 其他需关注的天气或事件

14.8.1 静风或逆温层空气污染

(1)天气特点

由于近地气层风速偏小,乱流及对流比较弱,上下空气不易混合,或者出现大气层结呈稳定型的逆温层,造成各种废气、粉尘、烟雾等有害微粒较长时间滞留在近地气层,能见度大为降低或出现持久难闻的气味。这类天气在每年的12月至次年1月尤为多见。

(2)防御指南

①停止室外文体和健身活动,出行戴口罩进行适当防护。

②工厂企业适当调整生产时间,减少各种废气、粉尘、烟雾等排放量。

③露天、街头饮食注意卫生,防止食品污染。

(3)服务要点

注意做好宣传、提示。

14.8.2 突发事件

(1)突发事件种类

突发事件包括地质灾害、生产安全事故、核和化学污染、重大高传染性疫情(禽流感、非典)等。

(2)突发事件特点

事件具有突发性,对工农业正常生产、生态环境以及人体健康造成的影响及其后果较为严重。气象部门在突发事件中可以根据自身条件为政府部门处置突发事件提供必要的服务。

(3)服务和防御

①对于以气候因素为主要激发因子的地质灾害等,要求加强突发灾害的“落区”和“定

点”监测和预报，以加强突发性灾害的防范，有利于受灾群众采取自救措施；对于其他突发灾害则建立健全应对突发事件的快速反应机制或组织指挥机构，并适时启动紧急气象服务预案。

②根据各级政府或抢险救灾机构的具体要求，及时、有针对性地定期提供未来时间段的天气趋势预报以及过去时间段的温度、降水、湿度、气压、风向风速等相关气象要素实况。

③必要时建立现场临时气象要素观测站，提供最接近现场的气象要素的监测数据。

④运用气象现代高科技成果(遥感技术、天气气候预报模式以及大气运动扩散模式等)，及时研究与分析气象条件对于突发事件发展趋势、后果、风险的影响与评估，并提供相关决策气象服务。

⑤确定是否实施人工影响天气作业。

第15章 农牧业气象服务指标

15.1 设施牧业气象服务指标

近年来，由于工厂化舍饲发展迅速，人工控制畜舍气候条件的可能性已成为现实，尤其是计算机自控技术的发展，人们对畜禽生态气候的研究提出了更高的要求，不仅要求提供适宜畜禽生长的一般小气候参数，而且要求提供在畜禽健康、饲料利用率、畜产品的产量与品质、节能等诸方面因素综合考虑下的小气候参数。畜禽的生长发育直接受温度、湿度、雨量、光照、风速、气压等因素的影响。

(1)温度

温度是畜禽赖以生存的主要气象因子之一。畜禽体温调节的平衡既取决于环境温度，又取决于畜禽的新陈代谢。因此，畜禽、环境、饲养管理水平三者是相辅相成的。每种畜禽都有一个适宜的温度范围，温度过高或过低，对畜禽都不利。因此，必须创造冬暖夏凉的小气候环境以适应畜禽的生长。

(2)湿度

畜禽一般适宜的空气相对湿度为40%～70%，低于20%或高于80%都是不利的。湿度影响体热的散发，气候炎热时，湿度过大会造成畜体过热而中暑；寒冷时，湿度大会使畜体加剧冻害。高湿还会增加疾病的发生发展，有利于病菌(病毒)的繁殖生长。湿度太低，空气干燥，也易引起尘土飞扬，导致呼吸道疾病。因此，选择湿度高的场址，要注意通风、透光、换气，保持清洁卫生，增加垫草和放置吸湿性的物质都是降湿的有效措施。

(3)光照

对于光照的研究不仅是对光照长度、光的强度、光质等方面的研究，同时还要研究光照与增重、免疫力、饲料利用率的关系，以及与控制性成熟、产蛋量、换羽等关系的问题。在光照研究中，已证明长光照可提早性成熟，短光照可推迟性成熟，促进换羽。弱光(5 lx为宜，最多不超过10 lx)即可满足鸡的需要。在光质的研究中，已证明鸡在红光下较安静，啄癖少，性成熟略迟，产蛋稍有增加，受精率较低；在蓝光或黄光下，增重快，成熟早，产蛋较少，个体略大，饲料利用率稍低，公鸡交配力强。光照也影响畜禽的繁殖，在自然条件下，短日照下公羊的精液质量较好；相反，长日照下公马的精液质量较好，家兔的受孕率较高。产蛋鸡每天要求13～16 h的光照，强度是10 lx左右。秋季光照时间缩短，往往会造成产蛋鸡停产换羽。肥育的猪、鸡对光照要求不严，黑暗在一定程度上使之减少活动，降低其能量消耗，有利于增肥。太阳辐射是自然热量的主要来源，因而畜禽舍应保证一定的受光面积和采光时间。

(4)风

夏季高温时，刮风能促进畜禽食欲；低温时刮风则会增加畜禽热量消耗。大风对畜禽都是不利的。雷雨前的闷热低气压，可使畜禽精神不振，食欲下降。因此，在夏天必须加强畜禽舍的通风换气，降低湿度；冬季必须加强棚圈保暖设施，防止冷风直吹畜体。

(5)空气污染物

空气污染物包括气体和固体微粒。气体污染物主要有：二氧化碳、甲烷、氨气、硫化氢以及畜禽粪便分解产生的微量气体等。封闭式的畜禽舍环境中的固体微粒主要来源于饲料的粉尘和畜禽的细碎羽毛、粪便、皮屑等。

氨气浓度高于0.02%时会刺激畜禽打喷嚏、流口水使畜禽食欲下降，长时间作用会引起呼吸道疾病和肺炎。硫化氢具有刺激性和窒息性，在低浓度下暴露会对眼睛和呼吸器官产生刺激，畜禽在0.002%浓度下生长时会惧光、紧张并且食欲减退，在0.005%～0.02%时会出现呕吐、恶心和腹泻，在浓度为0.1%时畜禽会休克或死亡。在清理粪便时，搅动粪便会产生高浓度的硫化氢。在平时若不搅动粪便，充足的通风可保持硫化氢浓度在0.002%以下。甲烷的危险浓度为5%，由于甲烷比空气轻，通常聚集在空气滞流区上部，正常通风条件下可将甲烷排走。

表 15.1　畜禽适宜环境

<table>
<tr><th colspan="2" rowspan="2">畜禽舍类别</th><th colspan="3">舍温/℃</th><th rowspan="2">相对湿度/%</th><th colspan="3">有害气体含量/%(体积)</th></tr>
<tr><th>最低温度</th><th>最适温度</th><th>最高温度</th><th>二氧化碳</th><th>氨气</th><th>硫化氢</th></tr>
<tr><td rowspan="6">雏鸡舍</td><td>1～3 日龄</td><td></td><td>35</td><td></td><td rowspan="9">50～80</td><td rowspan="9">0.25</td><td rowspan="9">0.003</td><td rowspan="9">0.001</td></tr>
<tr><td>1 周龄</td><td></td><td>32～35</td><td></td></tr>
<tr><td>1～2 周龄</td><td></td><td>29～32</td><td></td></tr>
<tr><td>2～3 周龄</td><td></td><td>27～29</td><td></td></tr>
<tr><td>3～4 周龄</td><td></td><td>24～27</td><td></td></tr>
<tr><td>4 周龄以后</td><td></td><td>18～21</td><td></td></tr>
<tr><td colspan="2">育成鸡舍</td><td>10</td><td>14～22</td><td></td></tr>
<tr><td colspan="2">肉鸡舍</td><td>10</td><td>18～24</td><td>27.5</td></tr>
<tr><td colspan="2">蛋鸡舍</td><td>7</td><td>13～23</td><td>29</td></tr>
<tr><td colspan="2">肥猪舍</td><td>10</td><td>15～24</td><td>29</td><td rowspan="9">60～85</td><td rowspan="9">0.35</td><td rowspan="9">0.003</td><td rowspan="9">0.001</td></tr>
<tr><td colspan="2">产仔母猪舍</td><td>15</td><td>18～22</td><td>29</td></tr>
<tr><td rowspan="6">仔猪舍</td><td>1～3 日龄</td><td></td><td>30～32</td><td></td></tr>
<tr><td>4～7 日龄</td><td></td><td>28～30</td><td></td></tr>
<tr><td>8～15 日龄</td><td></td><td>25～27</td><td></td></tr>
<tr><td>16～27 日龄</td><td></td><td>22～24</td><td></td></tr>
<tr><td>28～25 日龄</td><td></td><td>20～22</td><td></td></tr>
<tr><td>36～60 日龄</td><td></td><td>18～20</td><td></td></tr>
<tr><td colspan="2">仔猪活动区</td><td></td><td>23～32</td><td></td></tr>
<tr><td colspan="2">四月龄肉犊牛舍</td><td>10</td><td>12～20</td><td></td><td rowspan="4">50～75</td><td rowspan="4">0.35</td><td rowspan="4">0.003</td><td rowspan="4">0.001</td></tr>
<tr><td colspan="2">犊牛舍</td><td>5</td><td>15～20</td><td></td></tr>
<tr><td colspan="2">乳牛舍</td><td>2</td><td>10～15</td><td>24</td></tr>
<tr><td colspan="2">肉牛舍</td><td>−6</td><td>10～15</td><td>24</td></tr>
</table>

续表

畜禽舍类别	舍温/℃			相对湿度/%	有害气体含量/%(体积)		
	最低温度	最适温度	最高温度		二氧化碳	氨气	硫化氢
初生羔羊舍		24～27					
育肥羊舍	5	10～15	21	50～75	0.35	0.003	0.001
母羊舍	7	13	24				

表 15.2 鸡舍环境气象参数要求

群别	日龄	换气量/(m^2·只$^{-1}$·h^{-1})			换气风速/($m \cdot s^{-1}$)			舍内温度/℃	舍内相对湿度/%	光照/lx
		夏	春、秋	冬	夏	春、秋	冬			
雏鸡	0～40	6.6	3.3	1.8	1～1.5	0.5～1	0.3～0.5	25～30	70	5～10
育成鸡	41～140	8	4	2	1～1.5	0.5～1	0.5	10～20	55～65	5～10
蛋鸡	141～505	12	6	2	1～20	0.5～1	0.5～0.7	5～29	55～65	10

注:换气风速为吹到鸡体风速。

表 15.3 充分满足猪生物需求的最优小气候环境指标

指标		不孕和易孕母猪	公猪	怀孕母猪	哺乳母猪	断奶仔猪	小猪	饲养 165 d	165 d 以上
温度/℃		16	16	18	20	16	20	18	16
相对湿度/%		75	75	70	70	70	70	75	75
空气变换/(100 kg·m^{-2}·h^{-1})	冬季	35	45	35	35	45	35	35	35
	过渡季节	45	60	45	45	55	45	45	45
	夏季	60	70	60	60	65	60	65	35
风速/($m \cdot s^{-1}$)	冬季	0.3	0.2	0.2	0.15	0.3	0.2	0.2	0.2
	过渡季节	0.3	0.2	0.2	0.15	0.3	0.2	0.2	0.2
	夏季	1	1	1	0.4	1	0.6	1	1
有害气体浓度	二氧化碳/%	0.2	0.3	0.2	0.2	0.2	0.2	0.2	0.2
	氨/(mg·L^{-1})	02	03	02	015	02	02	02	02
	硫化氢/(mg·L^{-1})	0.1	01	01	01	01	01	01	01
	允许细菌污染浓度/(千个细菌体·m^{-3})	80～100	50～60	50～60	40～50	40～50	40～50	50～80	50～80

15.2 天然牧草生长气象指标

在降水量正常,土壤湿度适宜的前提下,天然牧草的生长发育与气温关系密切。当日平均气温稳定通过 0 ℃时,牧草开始萌动;日平均气温稳定通过 3 ℃时,牧草进入生长季;日平均气温稳定通过 5 ℃时,牧草进入旺盛生长的返青期。大于或等于 0 ℃的积温达 140～150 ℃·d,是羊、马饱青期的温度指标;大于或等于 0 ℃的积温达 370～380 ℃·d,是牛饱青期的温度指标;当温度降到 0 ℃或以下时,绝大多数牧草枯黄。详见表 15.4。

表 15.4　天然牧草生长气温指标

气温通过 0 ℃	初日	冰雪开始融化，土壤开始解冻，牧草萌动
	终日	土壤开始冻结，牧草进入休眠期
大于或等于 0 ℃积温	140～150 ℃·d	羊、马饱青期
	370～380 ℃·d	牛饱青期
气温通过 3 ℃	初日	多年生牧草返青，牧草开始生长
	终日	多年生牧草开始黄枯。3 ℃初终间日期为天然牧草生长季(或生长期)
气温通过 5 ℃	初日	多年生牧草开始旺盛生长，进入青草期，牲畜膘情开始恢复
	终日	大部分多年生牧草种子(果实)成熟。5 ℃初终间日期为天然牧草生长旺季

15.3　设施农业气象服务指标

表 15.5　大棚蔬菜生长发育 50 cm 高度空气温度、相对湿度指标

			空气温度指标/℃									空气相对湿度指标/%			
			重霜冻	中霜冻	轻霜冻	重冷害	中冷害	轻冷害	适宜		热害	过干	适宜		过湿
			上限	上限	上限	上限	上限	上限	下限	上限	下限	上限	下限	上限	下限
1	番茄	苗期	−2.0	0.0	1.0	4.0	7.0	10.0	24.0	28.0	35.0	35	46	60	86
		花期	−2.0	0.0	1.0	4.0	7.0	10.0	19.0	30.0	35.0	35	46	60	76
		成熟期	−2.0	0.0	1.0	4.0	7.0	12.0	14.0	26.0	35.0	35	46	60	76
2	青椒	苗期	−1.0	1.0	2.0	4.0	7.0	12.0	17.0	28.0	35.0	35	56	80	91
		花期	−1.0	1.0	2.0	4.0	7.0	10.0	19.0	25.0	35.0	35	56	80	91
		食用期	−2.0	0.0	1.0	2.0	4.0	10.0	14.0	30.0	35.0	35	56	80	91
3	茄子	苗期	−1.0	0.5	1.5	4.0	7.0	12.0	22.0	25.0	33.0	55	66	80	91
		花期	−1.0	0.5	1.5	4.0	7.0	12.0	25.0	30.0	35.0	55	66	80	91
		食用期	−2.0	0.0	1.0	4.0	7.0	12.0	25.0	30.0	35.0	55	66	80	91
4	黄瓜	苗期	0.0	1.0	2.5	4.0	7.0	12.0	15.0	25.0	35.0	45	56	70	86
		花期	−1.0	1.0	2.5	4.0	7.0	12.0	20.0	25.0	35.0	45	56	70	86
		成熟期	−1.0	1.0	2.5	4.0	7.0	15.0	25.0	30.0	35.0	45	56	70	86
5	西葫芦	苗期	0.0	1.0	2.5	4.0	7.0	11.0	17.0	25.0	39.0	30	41	55	76
		花期	0.0	1.0	2.5	4.0	7.0	11.0	21.0	25.0	32.0	30	41	55	76
		成熟期	0.0	1.0	2.5	4.0	7.0	11.0	17.0	25.0	39.0	30	41	55	76
6	萝卜	苗期	−4.0	−3.0	−2.0	0.0	3.0	5.0	14.0	20.0	30.0	45	66	80	86
		茎叶生长期	−4.0	−3.0	−2.0	0.0	3.0	5.0	14.0	20.0	30.0	45	66	80	86
		肉质生长期	−5.0	−3.0	−2.0	0.0	3.0	5.0	14.0	20.0	30.0	45	66	80	86
7	胡萝卜	苗期	−7.0	−5.0	−3.0	0.0	3.0	5.0	14.0	20.0	30.0	35	46	60	76
		茎叶生长期	−7.0	−5.0	−3.0	0.0	3.0	5.0	14.0	20.0	30.0	35	46	60	76
		肉根膨大期	−6.0	−4.0	−3.0	0.0	3.0	5.0	14.0	20.0	30.0	35	46	60	76

续表

			空气温度指标/℃									空气相对湿度指标/%			
			重霜冻	中霜冻	轻霜冻	重冷害	中冷害	轻冷害	适宜		热害	过干	适宜		过湿
			上限	上限	上限	上限	上限	上限	下限	上限	下限	上限	下限	上限	下限
8	水萝卜	苗期	0.0	1.0	2.0	6.0	9.0	12.0	14.0	25.0	35.0	55	76	90	96
		花期	0.0	1.0	2.0	6.0	9.0	12.0	19.0	25.0	35.0	55	76	90	96
		成熟期	0.0	1.0	2.0	6.0	9.0	12.0	19.0	25.0	35.0	55	76	90	96
9	花椰菜	苗期	−4.0	−2.0	0.0	2.0	4.0	7.0	19.0	25.0	30.0	55	76	90	96
		莲座期	−4.0	−2.0	0.0	2.0	4.0	7.0	14.0	23.0	30.0	55	76	90	96
		花球形成期	−4.0	−2.0	0.0	2.0	4.0	7.0	16.0	21.0	30.0	55	76	90	96
		结荚期	−4.0	−2.0	0.0	2.0	4.0	7.0	14.0	23.0	30.0	55	76	90	96
10	大白菜	苗期	−3.0	−2.0	−1.0	0.0	2.0	5.0	22.0	25.0	30.0	45	66	80	91
		莲座期	−3.0	−2.0	−1.0	0.0	2.0	5.0	17.0	22.0	30.0	45	66	80	91
		结球期	−7.0	−4.0	−3.0	0.0	2.0	5.0	12.0	22.0	30.0	45	66	80	91
11	甘蓝	苗期	−7.0	−5.0	−4.0	0.0	2.0	6.0	15.0	20.0	30.0	45	76	90	96
		花期	−3.0	−2.0	−1.0	0.0	2.0	6.0	15.0	20.0	30.0	45	76	90	96
		成熟期	−8.0	−6.0	−5.0	0.0	2.0	6.0	15.0	20.0	30.0	45	76	90	96
12	马铃薯	苗期	−3.0	−2.0	−1.0	0.0	3.0	5.0	14.0	20.0	28.0	35	56	80	91
		茎叶生长期	−2.0	−1.0	−0.5	0.0	3.0	5.0	14.0	20.0	28.0	35	56	80	91
		肉质生长期	−2.0	−1.0	−0.5	0.0	3.0	5.0	14.0	20.0	28.0	35	56	80	91
13	小油菜	苗期	−5.0	−3.0	0.0	3.0	6.0	9.0	15.0	22.0	25.0	35	56	70	86
		花期	−5.0	−3.0	0.0	3.0	6.0	9.0	11.0	20.0	25.0	35	56	70	86
		成熟期	−5.0	−3.0	0.0	3.0	6.0	9.0	11.0	20.0	25.0	35	56	70	86
14	豌豆	苗期	−6.0	−5.0	−4.0	0.0	4.0	5.0	13.0	16.0	30.0	35	56	90	96
		花期	−3.0	−2.0	−1.0	0.0	8.0	11.0	16.0	19.0	30.0	35	56	90	96
		成熟期	−4.0	−3.0	−2.0	0.0	10.0	12.0	17.0	20.0	30.0	35	56	90	96
15	蚕豆	苗期	−6.0	−4.0	−3.0	0.0	4.0	5.0	15.0	25.0	30.0	35	66	90	96
		花期	−3.0	−2.0	−1.0	0.0	8.0	11.0	13.0	16.0	30.0	35	66	90	96
		成熟期	−4.0	−3.0	−1.0	0.0	9.0	12.0	14.0	20.0	30.0	35	66	90	96
16	莱豆	苗期	−1.5	−0.5	0.5	6.0	9.0	12.0	14.0	25.0	35.0	35	46	60	86
		花期	−1.5	−0.5	0.5	6.0	9.0	12.0	19.0	25.0	35.0	35	46	60	86
		成熟期	−2.5	−1.0	0.5	6.0	9.0	12.0	19.0	25.0	35.0	35	46	60	86
17	豇豆	苗期	−1.5	−0.5	0.5	5.0	6.0	10.0	19.0	30.0	35.0	35	46	60	86
		花期	−1.5	−0.5	0.5	5.0	6.0	10.0	19.0	30.0	35.0	35	46	60	86
		成熟期	−2.5	−1.0	0.5	5.0	6.0	10.0	19.0	30.0	35.0	35	46	60	86
18	芫荽	苗期	−9.0	−8.0	−7.0	−4.0	0.0	3.0	11.0	26.0	30.0	35	56	70	86
		花期	−3.0	−2.0	−1.0	0.0	1.5	3.0	11.0	26.0	30.0	35	56	70	86
		成熟期	−4.0	−3.0	−2.0	−1.0	1.0	3.0	11.0	26.0	30.0	35	56	70	86
19	芹菜	苗期	−6.0	−4.0	−2.5	0.0	5.0	9.0	14.0	23.0	30.0	35	56	70	86
		茎叶生长期	−8.0	−5.0	−4.0	0.0	5.0	9.0	14.0	20.0	30.0	35	56	70	86

续表

			空气温度指标/℃									空气相对湿度指标/%			
			重霜冻	中霜冻	轻霜冻	重冷害	中冷害	轻冷害	适宜		热害	过干	适宜		过湿
			上限	上限	上限	上限	上限	上限	下限	上限	下限	上限	下限	上限	下限
20	草莓	花芽膨大	−7.5	−6.0	−2.5	0.0	2.0	5.0	19.0	26.0	39.0	35	51	65	81
		花蕾期	−6.0	−4.0	−2.0	0.0	2.0	5.0	14.0	24.0	39.0	35	51	65	81
		初花期	−5.0	−3.0	−1.5	0.0	2.0	5.0	14.0	24.0	39.0	35	51	65	81
		盛花期	−4.0	−3.0	−1.0	0.0	2.0	5.0	14.0	24.0	39.0	35	51	65	81
		初果期	−5.0	−3.0	−1.0	0.0	2.0	5.0	17.0	22.0	39.0	35	51	65	81
21	甜菜	苗期	−8.0	−7.0	−5.0	−1.0	0.0	4.0	14.0	20.0	39.0	35	51	65	76
		成熟期	−3.0	−2.0	−1.0	0.0	1.0	4.0	14.0	20.0	39.0	35	51	65	76
22	甜瓜	苗期	−1.0	0.0	1.0	4.0	9.0	14.0	18.0	26.0	35.0	35	46	60	76
		花期	−1.0	0.0	1.0	4.0	9.0	14.0	21.0	29.0	35.0	35	46	60	76
		成熟期	−1.0	0.0	1.0	4.0	9.0	14.0	22.0	30.0	35.0	35	46	60	76
23	西瓜	苗期	−1.0	0.5	1.5	4.0	5.0	12.0	21.0	25.0	40.0	35	46	60	76
		伸蔓期	−1.0	0.5	1.5	4.0	5.0	10.0	24.0	28.0	40.0	35	46	60	76
		结果期	−2.0	0.0	1.0	4.0	5.0	15.0	29.0	35.0	40.0	35	46	60	76

表 15.6　大棚蔬菜生长发育 10 cm 深度土壤温度、湿度指标

			土壤温度指标/℃				土壤湿度指标/%			
			冷害	适宜		热害	过干	适宜		过湿
			上限	下限	上限	下限	上限	下限	上限	下限
1	番茄	苗期	13.0	19.0	22.0	38.0	35	56	70	86
		花期	13.0	19.0	22.0	38.0	35	56	70	86
		成熟期	13.0	19.0	22.0	38.0	35	56	70	86
2	青椒	苗期	12.0	16.0	22.0	35.0	40	66	80	91
		花期	12.0	16.0	22.0	35.0	40	66	80	91
		食用期	12.0	16.0	22.0	35.0	40	66	80	91
3	茄子	苗期	12.0	16.0	20.0	36.0	40	66	80	91
		花期	12.0	16.0	20.0	36.0	40	66	80	91
		食用期	12.0	16.0	20.0	36.0	40	66	80	91
4	黄瓜	苗期	11.0	19.0	25.0	37.0	55	81	90	96
		花期	11.0	19.0	25.0	37.0	55	81	90	96
		成熟期	11.0	19.0	25.0	37.0	55	81	90	96
5	西葫芦	苗期	11.0	14.0	25.0	28.0	55	66	80	91
		花期	11.0	14.0	25.0	28.0	55	66	80	91
		成熟期	11.0	14.0	25.0	28.0	55	66	80	91
6	萝卜	苗期	4.0	19.0	26.0	35.0	55	66	80	91
		茎叶生长期	4.0	19.0	26.0	35.0	55	66	80	91
		肉质生长期	4.0	19.0	26.0	35.0	55	66	80	91

续表

			土壤温度指标/℃				土壤湿度指标/%			
			冷害	适宜		热害	过干	适宜		过湿
			上限	下限	上限	下限	上限	下限	上限	下限
7	胡萝卜	苗期	5.0	19.0	26.0	34.0	40	56	80	91
		茎叶生长期	5.0	19.0	26.0	34.0	40	56	80	91
		肉根膨大期	5.0	19.0	26.0	34.0	40	56	80	91
8	水萝卜	苗期	9.0	14.0	18.0	25.0	40	61	80	91
		花期	9.0	14.0	18.0	25.0	40	61	80	91
		成熟期	9.0	14.0	18.0	25.0	40	61	80	91
9	花椰菜	苗期	7.0	14.0	20.0	25.0	40	66	80	91
		莲座期	7.0	14.0	20.0	25.0	40	66	80	91
		花球形成期	7.0	14.0	20.0	25.0	40	66	80	91
		结荚期	7.0	14.0	20.0	25.0	40	66	80	91
10	大白菜	苗期	12.0	19.0	26.0	37.0	40	76	90	96
		莲座期	12.0	19.0	26.0	37.0	40	71	85	96
		结球期	12.0	19.0	26.0	37.0	40	81	95	96
11	甘蓝	苗期	4.0	19.0	24.0	37.0	40	66	80	91
		花期	4.0	19.0	24.0	37.0	40	66	80	91
		成熟期	4.0	19.0	24.0	37.0	40	66	80	91
12	马铃薯	苗期	4.0	14.0	18.0	24.0	40	66	80	91
		茎叶生长期	4.0	14.0	18.0	24.0	40	56	75	91
		肉质生长期	4.0	14.0	18.0	24.0	40	76	85	91
13	小油菜	苗期	3.0	14.0	20.0	20.0	40	66	80	91
		花期	3.0	14.0	20.0	20.0	40	66	80	91
		成熟期	3.0	14.0	20.0	20.0	40	66	80	91
14	豌豆	苗期	2.0	19.0	25.0	33.0	40	56	80	91
		花期	2.0	19.0	25.0	33.0	40	56	80	91
		成熟期	2.0	19.0	25.0	33.0	40	56	80	91
15	蚕豆	苗期	3.0	15.0	20.0	34.0	40	66	90	96
		花期	3.0	15.0	20.0	34.0	40	66	90	96
		成熟期	3.0	15.0	20.0	34.0	40	66	90	96
16	菜豆	苗期	9.0	21.0	26.0	38.0	40	56	80	91
		花期	9.0	21.0	26.0	38.0	40	56	80	91
		成熟期	9.0	21.0	26.0	38.0	40	56	80	91
17	豇豆	苗期	9.0	24.0	29.0	38.0	40	56	80	91
		花期	9.0	24.0	29.0	38.0	40	56	80	91
		成熟期	9.0	24.0	29.0	38.0	40	56	80	91
18	芫荽	苗期	3.0	14.0	19.0	29.0	40	66	80	91
		花期	3.0	14.0	19.0	29.0	40	66	80	91
		成熟期	3.0	14.0	19.0	29.0	40	66	80	91

续表

			土壤温度指标/℃				土壤湿度指标/%			
			冷害	适宜		热害	过干	适宜		过湿
			上限	下限	上限	下限	上限	下限	上限	下限
19	芹菜	苗期	5.0	17.0	23.0	32.0	40	66	80	91
		茎叶生长期	5.0	17.0	23.0	32.0	40	66	80	91
20	草莓	花芽膨大	5.0	17.0	23.0	32.0	40	51	65	81
		花蕾期	8.0	14.0	23.0	25.0	40	51	65	91
		初花期	8.0	14.0	23.0	25.0	40	61	75	91
		盛花期	8.0	14.0	23.0	25.0	40	61	75	91
		初果期	8.0	14.0	23.0	25.0	40	71	85	96
21	甜菜	苗期	8.0	14.0	23.0	25.0	45	66	80	86
		成熟期	8.0	14.0	23.0	25.0	45	66	80	86
22	甜瓜	苗期	13.0	21.0	25.0	33.0	40	56	70	86
		花期	13.0	21.0	25.0	33.0	40	56	80	91
		成熟期	13.0	21.0	25.0	33.0	40	51	65	86
23	西瓜	苗期	14.0	24.0	30.0	38.0	40	56	70	86
		伸蔓期	14.0	24.0	30.0	38.0	40	56	80	91
		结果期	14.0	24.0	30.0	38.0	40	51	65	86

表 15.7　大棚蔬菜生长发育光照条件

	蔬菜种类	光照长度	光照强度补偿点/klx	光照强度饱和点/klx
1	西红柿	喜光作物,适宜光照长度为 11～13 h	＜4 不能开花	70,一般 30～35
2	辣椒	好光作物,对光照要求不严格	1.5	30
3	茄子	适宜光照长度为 9～12 h	2.0	40
4	黄瓜	适宜光照长度为 8～12 h	1.5	60
5	西葫芦	喜光短日照作物,又较耐弱光,适宜光照长度为 10～12 h	1.5	45
6	萝卜	适宜光照长度＞12 h	0.6	25
7	胡萝卜	适宜光照长度为 12～14 h	2.7	30
8	水萝卜		4.8	25
9	花椰菜	适宜光照长度＞12 h,长日照作物	—	—
10	大白菜	适宜光照长度＞12 h,长日照作物	1.5～2.0	40
11	甘蓝	适宜光照长度＞12 h,长日照作物	4.7	50
12	马铃薯	喜光作物,幼苗期和发棵期宜长日照,结薯期宜短光照	3.7	40
13	小油菜	长日照作物,一般需要日照 14 h 以上	3.0	30
14	豌豆	长日照作物,但忌高温	2.0	40
15	菜豆		1.5	25
16	豇豆		3.2	20
17	香菜	—	—	—
18	芹菜	低温长日照作物,适宜光照长度＞12 h	2.0	45,10～40 最佳
19	芸豆		1.5	25

续表

	蔬菜种类	光照长度	光照强度补偿点/klx	光照强度饱和点/klx
20	甜瓜	适宜光照长度为10～12 h,小于8 h发病	4.0	55
21	西瓜	适宜光照长度为10～12 h	4.0	80
22	苦瓜	短日照作物,对光照长度要求不严	—	—
23	丝瓜	短日照作物	—	—
24	菠菜	典型长日照作物,适宜光照长度为12～14 h	—	—
25	莴苣	喜阳性长日照作物,适宜光照长度＞12 h	1.5～2.0	25
26	空心菜	短日照作物,适宜光照长度＜8 h	—	—
27	茼蒿	—	—	—
28	大葱	适宜光照长度为10～25 h	1.2	25
29	大蒜	光照长度≥13 h开始形成鳞茎,光照长度＜13 h分化新叶,不形成鳞茎	—	—
30	韭菜	中光性作物	1.2	40
31	芸豆	中光性作物,适宜光照长度为12～14 h	1.5	20～25
32	毛豆	短日照作物,适宜光照长度为12 h左右	—	—
33	生姜	耐阴,不耐强光,光周期8 h即可	0.5～0.8	25～30
34	山药	耐阴,块茎积累养分需强光	—	—

15.4 大田作物气象服务指标

表15.8 大田粮食作物生长发育温度指标

单位:℃

		重霜冻	中霜冻	轻霜冻	重冷害	中冷害	冷害	最低温度	最适温度	最高温度	热害
		上限	上限	上限	上限	上限	上限				下限
春小麦	播种	−5.0	−4.0	−3.0			2.0	3.0	15.0～25.0	32.0	37.0
	幼苗	−5.0	−4.0	−3.0			3.0	4.0	15.0～18.0	32.0	35.0
	分蘖	−5.0	−4.0	−3.0			0.0	1.0	10.0～17.0	28.0	30.0
	拔节	−3.0	−2.0	−1.0			8.0	9.0	12.0～16.0	30.0	32.0
	抽穗	−3.0	−2.0	−1.0			9.0	10.0	13.0～20.0	32.0	35.0
	开花	−3.0	−2.0	−1.0			9.0	10.0	18.0～24.0	30.0	32.0
	灌浆—成熟	−4.0	−3.0	−2.0			10.0	11.0	18.0～22.0	32.0	35.0
玉米	播种	−4.0	−2.0	−0.1			6.0	7.0	10.0～12.0		
	幼苗	−4.0	−2.0	−0.1	3.0	5.0	9.0	10.0	18.0～20.0	30.0	33.0
	拔节—抽雄	−3.0	−2.0	−1.0	13.0	15.0	19.0	20.0	24.0～26.0	30.0	31.0
	开花授粉	−3.0	−2.0	−1.0	13.0	15.0	18.0	19.0	25.0～27.0	32.0	35.0
	灌浆成熟	−3.0	−2.0	−1.0	13.0	15.0	17.0	18.0	22.0～24.0	25.0	26.0
高粱	播种						4.0	8.0～12.0	18.0～35.0		
	苗期	−3.0	−2.0	−1.0	4.0	5.0	7.0	18.0	20.0～25.0		
	拔节孕穗	−2.0	−1.0	0.0	4.0	5.0	10.0	18.0	25.0～30.0		
	抽穗开花	−3.0	−2.0	−1.0	4.0	5.0	16.0	18.0	26.0～30.0		
	灌浆成熟	−3.0	−2.0	−1.0	4.0	5.0	16.0	18.0	20.0～24.0		

续表

		重霜冻	中霜冻	轻霜冻	重冷害	中冷害	冷害	最低温度	最适温度	最高温度	热害
		上限	上限	上限	上限	上限	上限				下限
马铃薯	芽条生长期						4.0	5.0	13.0～18.0	35.0	36.0
	幼苗期	-3.0	-2.0	-1.5	-1.0	3.0	7.0	8.0	16.0～21.0	32.0	35.0
	块茎形成期	-3.0	-2.0	-1.0	-1.0	3.0	5.0	6.0	15.0～17.0	25.0	38.0
	块茎增长期	-2.0	-1.0	-0.5	0.0	1.0	2.0	3.0	17.0～19.0	29.0	30.0
	淀粉积累期	-2.0	-1.0	-0.5	0.0	1.0	2.0	3.0	17.0～19.0	29.0	30.0
荞麦	播种							10.0	15.0～22.0		
	出苗生根期				4.0	7.0	10.0	13.0	18.0～22.0	25.0	26.0
	茎叶分化期	-2.0	-1.0	0.0	4.0	7.0	10.0	13.0	18.0～22.0	25.0	26.0
	现蕾—开花期	-2.0	-1.0	0.0	4.0	7.0	10.0	13.0	18.0～22.0	25.0	26.0
	成熟期	-2.0	-1.0	0.0	4.0	7.0	10.0	13.0	21.0～26.0	25.0	26.0
莜麦	播种							3.0			
	出苗—分蘖	-8.0	-7.0	-6.0	-5.0	-4.0	-3.0	7.0	5.0～14.0		
	拔节—孕穗	-8.0	-7.0	-6.0			9.0	10.0	12.0～15.0	20.0	25.0
	开花—授粉	-2.0	-1.0	0.0	2.0	5.0	10.0	16.0	18.0～24.0	24.0	30.0
	成熟期	-3.0	-2.0	-1.0			4.0	5.0	20.0～25.0	26.0	30.0
谷子	播种							7.0	15.0～25.0	30.0	
	出苗—分蘖	-3.0	-2.0	-1.0	2.0	5.0	10.0	20.0	22.0～23.0	40.0	
	拔节—抽穗	-3.0	-2.0	-1.0	2.0	5.0	10.0	20.0	25.0～26.0	30.0	
	开花—授粉	-2.0	-1.0	0.0	2.0	5.0	10.0	22.0	25.0～26.0	30.0	
	灌浆—成熟	-2.0	-1.0	0.0	2.0	10.0	14.0	15.0	20.0～22.0	23.0	
葵花	播种							8.0	10.0	30.0	
	子叶期	-5.0	-4.0	-3.0			5.0	10.0	25.0	30.0	
	幼苗期	-5.0	-4.0	-3.0			5.0	10.0	25.0	30.0	
	现蕾—开花期	-3.0	-2.0	-1.0			5.0	16.0	20.0	25.0	26.0
	成熟期	-3.0	-2.0	-1.0			5.0	10.0	20.0	25.0	26.0
亚麻	萌芽期							1.0～3.0	20.0～25.0		
	苗期								15.0	18.0	
	丛型期								20.0	22.0	
	快速生长期	-1.0	-0.5	0.5					20.0	22.0	
	现蕾—花期	-1.0	-0.5	0.5					20.0	22.0	
	成熟期	-1.0	-0.5	0.5					20.0	22.0	
胡麻	萌芽期							1.0～3.0	8.0～10.0	25.0	
	苗期								15.0	18.0	
	花期	-1.0	-0.5	0.5					20.0	22.0	
	现蕾期	-1.0	-0.5	0.5					20.0	22.0	
	子实期	-1.0	-0.5	0.5					20.0	22.0	
	成熟期	-1.0	-0.5	0.5					20.0	22.0	

15.5 蔬菜贮藏气象服务指标

表 15.9 蔬菜贮藏最适温度及冷害温度指标

品种名称	最适温度/℃	冷害温度/℃
胡萝卜	1～2	0
慈姑	2～3	0
白萝卜	1～2	0
大白菜	0～1	−2
青萝卜	1～2	0
青豆角	2～4	0
马铃薯	3～5	0
甜豆	2～4	0
魔芋	3～5	0
荷兰豆	3～5	0
洋葱	0～3	−1
豆苗	3～5	0
大蒜	3～1	−5
扩好	3～5	0
蒜薹	0～1	−1
粉葛	2～4	−1
大葱	0～1	−2
沙葛	4～5	1
韭菜	1～2	0
椰菜	1～2	0
韭菜花	1～2	0
椰菜花	1～4	−2
韭黄	5～6	1
莴苣	2～4	0
菜心	3～4	0
芥蓝	3～4	0
大肉姜	15	10
莲藕	2～3	0
芋头	10～15	2
茭白	0～1	−1
茄子	8～10	7
芹菜	−2～1	−3
番茄(绿熟)	10～12	7
番茄(红熟)	2～3	−1
黄瓜	8～10	7
马蹄	2～3	0
苦瓜	7～9	6

续表

品种名称	最适温度/℃	冷害温度/℃
珠葱	1～2	−3
南瓜	9～10	8
葱头	1～2	−3
冬瓜	10～12	8
芫荽	0～1	−2
山药	8～10	6
甜玉米	1～2	−1
番薯	13～15	9
食用菌	2～6	0
节瓜	10～12	6
百合	5～6	−1
菜豆	10～13	3
黑蔗	2～3	2
辣椒	10～12	6
菠菜	−2～0	−5
生菜	2～4	0

参考文献

[1] 王文辉.内蒙古气候.北京:气象出版社,1990.

[2] 夏彭年,邓文政,王娴.内蒙古资源大辞典(气候资源分册).呼和浩特:内蒙古人民出版社,1997.

[3] 高绍凤,陈万隆,朱超群,等.应用气候学.北京:气象出版社,2001.